省级精品在线开放课程配套教材
高等职业教育系列教材

电工电子产品制作与调试

主 编 易 群

副主编 闵祥娜 吴龙龙

参 编 张朋伟 罗 昕 钟慧欣

主 审 王敏军

机械工业出版社

本书主要内容包括新能源汽车信号灯电路的连接与调试、工业用电热管的接线与调试、风机控制柜的装配与调试、OTL 功率放大器的制作与调试、红外线报警器的设计与制作、直流稳压电源的分析与制作、多人表决器电路设计与制作和数字钟的制作与调试。每个项目以实际产品制作为目标，以任务为核心，实现课程内容与企业岗位对接。

本书可用作本科和专科层次高等职业教育装备制造大类专业、电子信息大类专业的"电工与电子"等课程的教材，也可供有关工程技术人员参考。配套在线课程在学习通和智慧职教等学习平台同时上线，可供读者学习与交流。

本书配有动画、视频等资源，可扫描书中二维码直接观看，还配有授课电子课件、习题答案等，需要的教师可登录机械工业出版社教育服务网（www.cmpedu.com）免费注册后下载，或联系编辑索取（微信：13261377872，电话：010-88379739）。

图书在版编目（CIP）数据

电工电子产品制作与调试 / 易群主编．—北京：机械工业出版社，2023.4（2024.8 重印）
高等职业教育系列教材
ISBN 978-7-111-72293-9

Ⅰ．①电… Ⅱ．①易… Ⅲ．①电工产品-制作-高等职业教育-教材 ②电工产品-调试-高等职业教育-教材 ③电子产品-制作-高等职业教育-教材 ④电子产品-调试-高等职业教育-教材 Ⅳ．①TM②TN

中国国家版本馆 CIP 数据核字（2023）第 010240 号

机械工业出版社（北京市百万庄大街 22 号　邮政编码 100037）
策划编辑：曹帅鹏　　　　　　责任编辑：曹帅鹏
责任校对：陈 越 李 杉　　　责任印制：单爱军
北京虎彩文化传播有限公司印刷
2024 年 8 月第 1 版・第 2 次印刷
184mm×260mm・14.5 印张・377 千字
标准书号：ISBN 978-7-111-72293-9
定价：59.80 元

电话服务　　　　　　　　　网络服务
客服电话：010-88361066　　机 工 官 网：www.cmpbook.com
　　　　　010-88379833　　机 工 官 博：weibo.com/cmp1952
　　　　　010-68326294　　金 书 网：www.golden-book.com
封底无防伪标均为盗版　　　机工教育服务网：www.cmpedu.com

Preface 前　言

党的二十大报告中指出，科技是第一生产力、人才是第一资源、创新是第一动力，为了培养高素质技术技能人才，加快实现制造强国、交通强国等国家战略，满足电工与电子产品制作与装调工作岗位要求，按照国家教学标准有关要求，我们编写了本书。

本书是国家"双高计划"院校重点建设课程和省级精品在线开放课程"电工与电子产品制作与调试"的配套教材，经过编写组多年的教学研究和课程整合。本书"以职业能力为本位，以任务驱动为途径，以典型产品制作为载体，以完整的工作过程为行动体系"的总体设计要求，以八个典型的产品制作为工作任务，融入新技术、新知识、新工艺，使学生掌握电工电子元器件、电动机控制电路、交流电路、放大电路和集成运算放大器、数字电路及应用等内容，通过学习具备独立制定计划、独立实施计划和独立评估计划的工作能力。

本书共分为八个项目，每个项目以实际产品制作为目标，以任务为核心，每个项目通过项目描述、项目目标、任务引入、知识链接、工作任务分析、工作任务实施和评价反馈，实现"做中学、学中做"，最终达到企业岗位任职要求。

同时，本书融入了思政元素。通过拓展阅读环节，扩充本项目的知识和时代背景，养成学生认真钻研的科学素养和热爱祖国的人文情怀；通过配套资源中大国工匠的典型案例，激发学生精益求精的工匠精神和坚韧不拔的品格；通过具体项目的实施，帮助学生形成团队协作精神和良好的职业素养。

本书的参考学时为 96 学时，建议采用理实一体化形式教学。本书可用作本科和专科层次高等职业教育装备制造大类专业、电子信息大类专业的"电工与电子"等课程的教材，也可供有关工程技术人员参考。配套在线课程在学习通和智慧职教等学习平台同时上线，可供读者学习与交流。

本书由江西交通职业技术学院易群副教授担任主编，闵祥娜和吴龙龙担任副主编，张朋伟、罗昕和钟慧欣参与编写。各位教师的编写内容为：项目 3、5 由易群编写，项目 6、7 由闵祥娜编写，项目 2、8 由吴龙龙编写，项目 1 由张朋伟和钟慧欣编写，项目 4 由罗昕编写。全书由易群统稿。江西佳时特数控技术有限公司李莉工程师、麦格纳动力总成（江西）有限公司陈红斌工程师等提供了部分企业案例。全书由江西交通职业技术学院王敏军教授主审。

本书是江西省精品在线开放课程"电工电子产品制作与调试"配套教材，国家"双高计划"高水平专业群机电设备技术专业核心课程建设成果之一、江西省装备制造产业产教融合育人基地校企合作建设成果之一、江西省首批教师教学创新团队建设成果之一，江西省首批

电工电子产品制作与调试

现代学徒制试点专业机电设备技术建设成果之一等，以下是对项目的列举，在此对项目（课题）立项支持单位谨表谢意。

序号	项目类型	项目名称	项目编号或批文
1	国家"双高计划"重点建设项目	江西交通职业技术学院高水平专业群机电设备技术专业核心课程	教职成函〔2019〕14号
2	江西省精品在线开放课程	江西省精品在线开放课程《电工电子产品制作与调试》	赣教职成字〔2021〕54号
3	江西省首批现代学徒制试点专业	机电设备技术专业重点建设教材《电工电子产品制作与调试》	2020-31
4	江西省首批教师教学创新团队	江西交通职业技术学院机电设备技术专业教学团队"电工电子产品制作与调试"课程建设项目	赣教职成字〔2021〕38号
5	江西省教育厅科学技术研究项目	基于可重构及数据安全聚合的智能电表隐私数据保护研究	项目编号191324
6	教育部人才培养基地	教育部智能制造领域中外人文交流人才培养基地项目	人文中心函〔2020〕9号
7	江西省产教融合育人基地	江西省装备制造产业产教融合育人基地（江西交通职业技术学院）	赣府厅字〔2019〕12号
8	教育部创新实践基地	教育部-瑞士GF智能制造领域创新实践基地（江西交通职业技术学院）	项目办〔2021〕1号
9	教育部SGAVE项目	教育部中德先进职业教育合作项目智能制造领域试点专业（机电设备技术）	教外司欧〔2022〕67号

本书在编写过程中，参考了有关教材、专著等资料，在此一并对作者表示衷心的感谢！限于编者的水平及时间，书中难免有疏漏之处，恳请广大读者批评指正，以便再版时修正。

编　者

二维码资源清单

序号	名称	页码	序号	名称	页码
1	电路的组成和基本物理量	2	22	安全用电和节约用电	85
2	电能表的使用	9	23	二极管的识别与检测	105
3	电路元件	10	24	晶体管的识别与检测	110
4	电阻与电容器的识别与检测	10	25	基本放大电路的组成	113
5	电路的工作状态和基本工具的使用	18	26	静态工作点对输出波形的影响	117
6	万用表的使用	31	27	功率放大器的特点与分类 1	124
7	钳形表和绝缘电阻表的使用	31	28	功率放大器的特点与分类 2	127
8	交流电的基本知识及安全用电	41	29	整流电路的结构与工作原理	157
9	三相交流电的基本知识	52	30	滤波电路的结构与工作原理	160
10	低压断路器的识别与检测	64	31	稳压电路的结构与工作原理	163
11	交流接触器的识别与检测	65	32	直流稳压电源的组成	166
12	热继电器和熔断器的识别与检测	67	33	常用元器件的识别与检测	168
13	组合开关和按钮的识别与检测	71	34	直流稳压电源的制作与调试	168
14	三相异步电动机的结构	72	35	数字电路与数制概述	173
15	三相异步电动机的工作原理	73	36	基本逻辑门电路	178
16	三相异步电动机的铭牌数据	75	37	逻辑函数及其表示方法	182
17	变压器的结构与工作原理	77	38	时钟 RS 触发器	198
18	电动机控制电路	82	39	555 定时器组成的振荡器	201
19	电动机控制电路的分析 1	83	40	555 定时器组成的秒脉冲发生器	205
20	电动机控制电路的分析 2	83	41	译码与显示电路	213
21	电动机正反转控制电路的制作与调试	84	42	数字钟的制作与调试	218

目 录 Contents

前言

二维码资源清单

项目1　新能源汽车信号灯电路的连接与调试 …… 1

任务1.1　电路的认识与分析 …… 1
 1.1.1　电路的组成 …… 2
 1.1.2　电路的基本物理量 …… 4
 1.1.3　电路元件 …… 10
 1.1.4　电压源与电流源 …… 16
 1.1.5　电路的工作状态 …… 18
 1.1.6　电路的分析方法 …… 19

任务1.2　常用电工工具的使用 …… 26
任务1.3　新能源汽车信号灯电路的装配与测试 …… 34
 1.3.1　工作任务分析 …… 34
 1.3.2　工作任务实施 …… 36

思考与练习 …… 39

项目2　工业用电热管的接线与调试 …… 41

任务2.1　正弦交流电的认识与分析 …… 41
 2.1.1　正弦交流电的三要素 …… 42
 2.1.2　正弦交流电的相量表示法 …… 43

任务2.2　单相交流电路的分析 …… 45
 2.2.1　单一参数的正弦交流电路分析 …… 45
 2.2.2　RLC串并联电路分析 …… 49

任务2.3　三相正弦交流电的认识与使用 …… 52
 2.3.1　三相正弦交流电的产生 …… 52
 2.3.2　三相交流电路的分析 …… 55

任务2.4　电热管的接线与调试 …… 57
 2.4.1　工作任务分析 …… 58
 2.4.2　工作任务实施 …… 59

思考与练习 …… 62

项目3　风机控制柜的装配与调试 …… 63

任务3.1　常用低压电器的识别与检测 …… 63
 3.1.1　低压断路器的识别与检测 …… 64
 3.1.2　交流接触器的识别与检测 …… 65
 3.1.3　热继电器的识别与检测 …… 67
 3.1.4　熔断器的识别与检测 …… 68
 3.1.5　按钮和指示灯的识别与检测 …… 70
 3.1.6　组合开关的识别与检测 …… 71

任务3.2　三相异步电动机的装配与接线 …… 72

3.2.1	三相异步电动机的基本结构	72	3.4.2	电动机正反转控制电路的分析 83
3.2.2	三相异步电动机的工作原理	73	**任务 3.5**	**安全用电 85**
3.2.3	三相异步电动机的铭牌数据	75	3.5.1	触电的危害与急救 85
3.2.4	三相异步电动机的接线	76	3.5.2	触电的预防 88

任务 3.3　变压器的选择与使用 77

 3.3.1　变压器的基本结构 77
 3.3.2　变压器的运行 79

任务 3.4　电动机控制系统分析 81

 3.4.1　电动机直接起动控制电路的分析 82

 3.5.3　安全用电措施 90

任务 3.6　控制柜的装配与调试 92

 3.6.1　工作任务分析 94
 3.6.2　工作任务实施 96

思考与练习 100

项目 4　OTL 功率放大器的制作与调试 …………… 102

任务 4.1　常用半导体器件的识别
　　　　与检测 102

 4.1.1　二极管的识别与检测 105
 4.1.2　晶体管的识别与检测 110

任务 4.2　基本放大电路的认识
　　　　与运用 113

 4.2.1　共射极放大电路的认识 113
 4.2.2　其他基本放大电路的认识 119
 4.2.3　多级放大电路的认识 120

任务 4.3　功率放大器的应用 123

 4.3.1　功率放大电路的特点与分类 124
 4.3.2　乙类互补对称功率放大电路 125
 4.3.3　甲乙类互补对称功率放大电路 127

任务 4.4　功率放大器的制作
　　　　与调试 128

 4.4.1　工作任务分析 128
 4.4.2　工作任务实施 129

思考与练习 135

项目 5　红外线报警器的设计与制作 …………… 137

任务 5.1　差分放大电路的组装
　　　　与测试 137

任务 5.2　集成运算放大器的组成
　　　　与调试 141

 5.2.1　集成运算放大器的认识 141
 5.2.2　集成运算放大器的线性应用 144
 5.2.3　集成运算放大器的非线性应用 147

 5.2.4　集成运算放大器的组装与调试 149

任务 5.3　红外线报警器的组装
　　　　与调试 150

 5.3.1　工作任务分析 151
 5.3.2　工作任务实施 151

思考与练习 155

项目 6　直流稳压电源的分析与制作 …………… 157

任务 6.1　整流电路的分析 157

 6.1.1　单相半波整流电路 158

6.1.2 单相桥式整流电路 ··············· 159

任务 6.2 滤波电路的分析 ············ 160
6.2.1 电容滤波 ························ 161
6.2.2 电感滤波 ························ 162
6.2.3 复式滤波 ························ 163

任务 6.3 稳压电路的分析 ············ 163
6.3.1 硅稳压管稳压电路 ··············· 163
6.3.2 串联型稳压电路 ················· 164
6.3.3 三端集成稳压器 ················· 165

任务 6.4 直流稳压电源的制作与调试 ············ 166
6.4.1 工作任务分析 ··················· 166
6.4.2 工作任务实施 ··················· 167

思考与练习 ····························· 171

项目 7 多人表决器电路设计与制作 ············ 173

任务 7.1 数字电路的认识 ············ 173
7.1.1 数字电路的特点与分类 ··········· 174
7.1.2 数制与码制的认识 ··············· 174

任务 7.2 逻辑门电路的认识 ·········· 177
7.2.1 基本逻辑门电路的认识 ··········· 178
7.2.2 常用复合逻辑门电路的认识 ······· 180

任务 7.3 逻辑函数表示方法的认知 ··· 182
7.3.1 逻辑函数的表示方法及相互转换 ··· 182
7.3.2 逻辑代数的基本公式及规则 ······· 184
7.3.3 逻辑函数化简 ··················· 184

任务 7.4 组合逻辑电路的分析与设计 ············ 188
7.4.1 组合逻辑电路的特点 ············· 189
7.4.2 组合逻辑电路的分析 ············· 189
7.4.3 组合逻辑电路的设计 ············· 189

任务 7.5 多人表决器电路的设计与制作 ············ 190
7.5.1 工作任务分析 ··················· 191
7.5.2 工作任务实施 ··················· 191

思考与练习 ····························· 196

项目 8 数字钟的制作与调试 ············ 197

任务 8.1 时序逻辑电路的分析与设计 ············ 197
8.1.1 时钟 RS 触发器的分析 ··········· 198
8.1.2 时钟 JK 触发器的分析 ··········· 199
8.1.3 时钟 D 触发器的分析 ············ 200

任务 8.2 振荡器的分析与设计 ········ 201
8.2.1 555 定时器组成的振荡器 ········· 201
8.2.2 555 定时器构成的施密特触发器 ··· 202
8.2.3 555 定时器构成的单稳态触发器 ··· 203
8.2.4 晶体振荡器电路的分析与设计 ····· 204

任务 8.3 分频器与计数器的分析与设计 ············ 205
8.3.1 分频器的分析与设计 ············· 205
8.3.2 计数器的分析与设计 ············· 207

任务 8.4 译码显示器的分析与设计 ··· 211
8.4.1 编码器的分析与设计 ············· 211
8.4.2 译码显示电路的分析与设计 ······· 213

任务 8.5 数字钟制作与调试 ·········· 215
8.5.1 工作任务分析 ··················· 216
8.5.2 工作任务实施 ··················· 218

思考与练习 ····························· 223

参考文献 ············ 224

项目 1　新能源汽车信号灯电路的连接与调试

【项目描述】

近年来，新能源汽车的使用量逐渐增加，在行驶过程中汽车信号灯电路对于行驶安全起着至关重要的作用，一旦信号灯发生故障，极有可能造成严重交通事故。因此，需要对新能源汽车信号灯电路进行检查并排除低压元器件的常见故障，针对某品牌新能源汽车信号灯电路，电工班组接到任务单后，按要求完成相关工作。

【项目目标】

目标类型	目标
知识目标	1. 掌握新能源汽车信号灯电路的组成，建立电路模型基本认知 2. 掌握电路的作用及电流、电压、电位、电动势、电能、功率等常用物理量 3. 掌握电阻、电感、电容等基本元器件的特性与参数 4. 熟练掌握电路有载、开路、短路三种工作状态及特性 5. 掌握电压源和电流源基础知识，并熟练掌握其等效变换方法 6. 掌握基尔霍夫定律、支路电流法、戴维南定理等电路分析方法
能力目标	1. 能够正确识读电路图，并能根据图样进行电路分析 2. 能熟练计算电流、电压、电位、电动势、电能、功率等物理量 3. 能够根据电路图要求，正确运用电工工具连接线路 4. 能够正确运用万用表对电路进行测量、调试、故障排除
素质目标	1. 熟悉电路连接的基本规则和操作规范 2. 养成良好的安全用电习惯和职业素养 3. 培养分工协作的团队意识，发扬热爱劳动的劳动精神和精益求精的工匠精神

任务 1.1　电路的认识与分析

【任务引入】

随着电子技术在新能源汽车上的广泛应用，新能源汽车信号灯电路图已成为汽车维修人员必备的技术资料。目前，大部分新能源汽车都装备有较多的信号灯信号控制装置，其技术要求高，电路较为复杂，正确识读新能源汽车信号灯电路图、掌握新能源汽车信号灯电路的性能及特点，对电路连接和调试有很重要的作用。

【知识链接】

新能源汽车信号灯电路承载着安全驾乘的重要使命，电路是信号灯电流的通路，是为了实现信号灯控制需求由电路元器件按照一定方式组合而成的。在新能源汽车信号灯实际电路中存在复杂的连接方式和较多的元器件,为了便于分析与计算实际电路,可以将实际电路简化成由电源、负载和中间环节组成的电路模型,对电路进行分析,进而完成连接与调试。

在电路模型中,常忽略实际部件的次要因素而突出其主要功能性质,并简化出电路元件,主要有电阻元件、电感元件、电容元件和电源元件等。

在电路模型中,常用到的电路物理量主要包含:电流、电压、电位、电动势、电功率、电能等。

在电路模型中,对于电路而言有三种工作状态:有载状态、开路状态、短路状态,其中有载状态属于正常工作状态,开路状态和短路状态属于非正常工作状态。

在电路模型中,对于简单电路而言,常使用欧姆定律进行分析;对于复杂电路而言,常用的分析方法有基尔霍夫定律、支路电流法、戴维南定理、叠加定理等。

1.1.1 电路的组成

电路的应用在日常生活中随处可见,例如我们使用的汽车、计算机、手机、家用电器、火车等都离不开电路。电路类型多种多样,其结构形式也各不相同。

电路的组成和基本物理量

1. 电路的概念

电路是为实现某种需求或功能,由某些电气设备或元件按一定方式组成的电流流通路径,能使电流流通的整体称为实际电路。

2. 电路的作用

电路的作用主要包括以下两个方面。

一是进行电能的传输、分配和转换。如电力系统电路,发电机组将其他形式的能量转换成电能,经变压器、输电线传输到各用电部门后,用电部门再把电能转换成光能、热能、机械能等其他形式的能量加以利用。图1-1是电力系统输送电能的电路示意图。

二是实现对电信号的传递、变换、处理和存储。如扩音机、收音机或电视机把电信号经过调频、滤波、放大等环节的处理,使其成为人们所需要的其他信号。图1-2是扩音机电路的示意图。

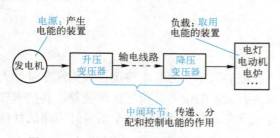

图1-1 电力系统输送电能的电路示意图　　图1-2 扩音机电路的示意图

3. 电路的组成

电路的功能不同,其复杂程度也不同。一个完整的电路是由电源、负载、中间环节三部分按一定方式组成的。在图1-1中,发电机是电源,电灯、电动机和其他电设备是负载,变压器和输电线路是中间环节。在图1-2中，传声器是电源（信号源），扬声器是负载，放大器是中间环节。

（1）电源

电源是电路的核心部件，是将其他形式的能量转变成电能的装置，是为电路提供电能的设备，如发电机、蓄电池、光电池等都是电源。

对于电源来说，由负载和中间环节组成的电流通路称为外电路，电流方向由电源正极指向负极；电源内部的电流通路又称为内电路，电流方向由电源负极指向正极。

（2）负载

负载是电路中消耗电能的设备或器件，它将电能转化为其他形式的能量。如电灯是将电能转化为光能；电动机是将电能转化为机械能；电炉是将电能转化为热能等。

负载的大小是以单位时间内耗电量的多少来衡量的。由于电路中的负载都表现出一定的电阻性，当电源电压一定时，电阻大的负载所取用的电流较小，消耗的功率也小；反之，负载的电阻越小，消耗的电功率越大。

（3）中间环节

中间环节是传输、控制电能或信号的部分，它连接电源和负载，提供电流通过的路径，并对电流的通断等进行控制，如连接导线、控制电器、保护电器、放大器等都是中间环节。电路种类有很多，由直流电源供电的电路称为直流电路；由交流电源供电的电路称为交流电路；由晶体管放大元件组成将信号进行放大的电路称为放大电路。

4．电路的模型

由于实际的电路元器件在工作时的电磁性质是比较复杂的，绝大多数元器件具备多种电磁效应。如果在分析电路时都用实际电路去分析，会给分析问题带来困难。为了使电路的分析与计算简化，在分析和研究具体电路时，常将电路元件进行近似化、理想化处理，并用理想电路元件及其组合来表征电气设备、电工器件的主要电性能。这种用理想元件及其组合代替实际电路中的电气设备、电气元件，即把实际电路的本质特征抽象出来形成的理想化电路，称为电路模型，简称电路。此后本书中未加特殊说明时，所说的电路均指这种抽象的电路模型，所说的元器件均指理想元件。

图1-3为实际照明电路和它的电路模型。将电路中各种电路元器件都用理想元件的模型符号表示的电路图，称为电路原理图。

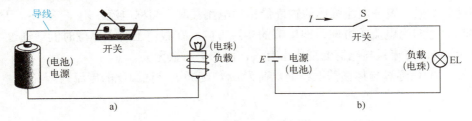

图1-3 实际照明电路和它的电路模型
a）电路实物图　b）电路图

小提示：实际生产、生活中所用的电气设备的器件种类繁多，而理想电路元件主要有纯电阻元件、纯电感元件、纯电容元件、理想电压源和理想电流源等。如将实际电路中电阻器、白炽灯等以取用电能为主要特征的电路元器件理想化为纯电阻元件；将电感线圈、绕组等以存储磁场能为主要特征的元器件理想化为纯电感元件；将电解电容等以存储电场能为主要特征的元器件理想化为纯电容元件；将电池、发电机等提供电能的装置理想化为电压源等。

电路模型还反映了电路的主要性能，忽略了它的次要性质，因此建立电路模型具有十分重要的意义，可以使电路的分析大大简化，以便于探讨电路的普遍规律。

理想电路元件是具有某种确定的电磁性能的元件，是一种理想的模型；不同的实际电路部件，只要具有相同的主要电磁性能，在一定条件下可用同一模型表示；同一个实际电路部件在不同情况下可能用不同的理想元件来代替。电路图中的文字符号和图形符号有严格的规定，常见的一些实际电路元件的理想电路元件模型符号见表 1-1。

表 1-1 部分实际电路元件的理想电路元件

元件名称	实物图	电路符号	物理性质	数学定义
电阻		R	消耗电能	$R=u/i$
电感		L	存储磁能	$L=\Psi/i$
电容		C	存储电能	$C=q/u$
电压源		u_S	以电压的形式提供电能	$U=U_S$ 或 $u=u_S(t)$
电流源		i_S	以电流的形式提供电能	$I=I_S$ 或 $i=i_S(t)$

1.1.2　电路的基本物理量

当电路中有电流时电灯就会发光，那么电路的这一功能是如何实现？该怎样进行表征？为了进一步研究电路的规律并对电路进行分析计算，我们需要掌握电路的基本物理量。

1. 电流及其参考方向

（1）电流

在电场的作用下，带电粒子的定向移动形成电流。而带电粒子可以是金属导体中的自由电子，也可以是电解液中的正、负离子。电流既可以是负电荷，也可以是正电荷或者是两者兼有的定向移动的结果。表征电流强弱的物理量称为电流强度，简称电流，用 I 表示；习惯上规定正电荷移动的方向为电流的方向，即电流的实际方向。在数值上等于单位时间内通过导体横截面积的电荷量 q。电流只与电荷的变化率有关，而与电荷数无关。

设在 dt 时间内通过导体横截面积的电荷为 dq，则通过该截面积的电流为

$$i = \frac{dq}{dt} \tag{1-1}$$

其中，电流单位为安培，简称安，用 A 表示；电荷量单位为库仑，简称库，用 C 表示；时间单位为秒，用 s 表示。若在 1s 内通过导体横截面积的电量为 1C，则电流强度就是 1A。根据国际单位制（SI）规定，常用的电流单位还有 kA（千安）、mA（毫安）和 μA（微安），其换算关系为

$$1kA=10^3A，\quad 1A=10^3mA=10^6\mu A$$

电流一般可分为交流电流和直流电流，交流电流（Alternating Current，AC）的大小和方向随时间时刻发生变化，所通过的路径称为交流电路，其电流表达式为式（1-1）。而直流电流

（Direct Current，DC）的大小和方向不随时间的变化而变化，即 dq/dt = 常量，用大写字母 I 表示。它所通过的路径就是直流电路，在直流电路中，$I = Q/T$。

图 1-4 所示为电流与时间关系曲线。

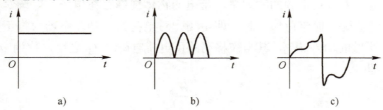

图 1-4　电流与时间关系曲线
a) 恒定电流　b) 脉动直流电流　c) 交流电流

（2）电流参考方向

在进行电路分析计算时，电流的实际方向有时难以确定，为了分析计算方便，可以预先任意假定一个电流方向，称为参考方向，也称为正方向，并在电路中用箭头标出。所选的电流参考方向并不一定就是电流的实际方向，求解电路电流时应根据假定的电流参考方向进行分析和计算。如果计算结果为正，表示电流实际方向与参考方向一致；如果计算结果为负，表示电流实际方向与参考方向相反。

图 1-5 表示其参考方向是由 a 指向 b，在图 1-5a 中，$I=1$A，说明电流的参考方向和实际方向相同，即电流的实际方向是从 a 点流向 b 点；在图 1-5b 中，$I=-2$A，说明电流的参考方向和实际方向相反，即电流的实际方向是从 b 点流向 a 点。电流的参考方向也可用双下标表示，如 I_{ab}，表示其参考方向由 a 点指向 b 点；I_{ba} 表示其参考方向由 b 点指向 a 点，且在电路的分析计算过程中 $I_{ab}=-I_{ba}$。

图 1-5　电流的参考方向
a) 参考方向与实际方向相同　b) 参考方向与实际方向相反

由于交流电流的实际方向是随时间而变化的，所以也必须规定电流的参考方向。如果某一时刻电流为正值，即表示该时刻电流的实际方向与参考方向一致；如果为负值，则表示该时刻电流的实际方向与参考方向相反。

小提示：

1）在分析电路前，可以任意假设一个电流的参考方向。

2）参考方向一经选定，电流就成为一个代数量，有正、负之分。若计算电流结果为正值，表明电流的设定参考方向与实际方向相同；若计算电流结果为负值，表明电流的设定参考方向与实际方向相反。

3）在未设定参考方向的情况下，电流的正负值是毫无意义的。

4）本书电路中所标注的电流方向都是指参考方向。

2. 电压及关联参考方向

(1) 电压

电压是描述电场力做功本领的物理量。带电的物体周围存在电场,电场对处在电场中的电荷有力的作用。当电场力使电荷移动时,即电场力对电荷做了功。电场力将正电荷从正极板 a 移动至负极板 b 所做的功为 W_{ab},其与被移动的正电荷电荷量 Q 之比,称为 a、b 两极板的电压,用 U 表示,即

$$U_{ab} = \frac{W_{ab}}{Q} \qquad (1-2)$$

式中,W_{ab} 为电场力将电荷从正极板 a 移动至负极板 b 所做的功;单位为焦耳,简称焦,用 J 表示;Q 为从正极板 a 移动至负极板 b 的电荷量;单位为库仑用 C 表示;U_{ab} 为 a、b 两极板间的电压;单位为伏特,简称伏,用 V 表示。

若将 1C 的正电荷从正极板 a 移动至负极板 b,电场力所做的功为 1J,则 a、b 两极板之间的电压大小就是 1V。除伏特以外,常用的电压单位还有千伏(kV)、毫伏(mV)和微伏(μV),它们之间的换算关系为

$$1kV=10^3 V, \quad 1V=10^3 mV=10^6 μV$$

电压具有唯一性,即两点间的电压只与两点间的距离有关,而与两点间的路径无关,这也是基尔霍夫电压定律的基础。

电压一般分为恒定电压和交变电压。在电路中,若电压的大小和极性都不随时间而变化,即 dw/dq =常量,则该电压称为恒定电压,用大写字母 U 表示,$U=W/Q$;电压的大小和极性随时间而变的电压称为交变电压,用小写字母 u 表示,$u=dw/dq$。图 1-6 所示为电压与时间关系曲线。

(2) 电压参考方向

与电流一样,电压不但有大小,而且有方向。在分析计算电路以前,可能并不知道电压的实际方向,所以同样在分析计算前任意指定一个电压参考方向,由计算结果的正、负来决定其实际方向。计算结果为正,则实际方向和参考方向一致;计算结果为负,则实际方向和参考方向相反。

此外,在电路中,电压的参考方向可以用一个箭头来表示;也可以用正(+)、负(-)极性来表示,正极指向负极的方向就是电压的参考方向;还可以用双下标表示,如 U_{ab} 表示 a 和 b 之间的电压的参考方向由 a 指向 b。图 1-7 为电压参考方向的表示方法。

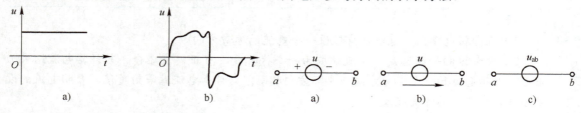

图 1-6　电压与时间关系曲线
　　a) 恒定电压　b) 交变电压

图 1-7　电压参考方向的表示方法
　　a) 极性法　b) 箭头法　c) 下标法

在图 1-8a 中，$U=3V$，说明电压的参考方向和实际方向相同，即电压的实际方向是从 a 点指向 b 点；在图 1-8b 中，$U=-6V$，说明电压的参考方向和实际方向相反，即电压的实际方向是从 b 点指向 a 点。电压的参考方向也可用双下标表示，如 U_{ab} 表示其参考方向由 a 点指向 b 点；反之 U_{ba} 表示其参考方向由 b 点指向 a 点，且在分析计算过程中 $U_{ab}=-U_{ba}$。

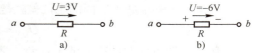

图 1-8 电压的参考方向
a) 参考方向与实际方向相同
b) 参考方向与实际方向相反

> **小提示：**
> 1）参考方向一旦设定，在计算过程中就不能改变。
> 2）电压的数值有正有负，与参考方向选择有关。
> 3）电压的正负，也反映了是电场力做功还是外力做功。$U>0$，电场力做功，电场能量减小，电压降；$U<0$，电场力做负功，电场能量增加，电压升。
> 4）不论参考方向如何，电压的实际方向是不变的。
> 5）两点间的电压与电荷数的多少无关。因为电路确定了，电场也就确定了，即使没有电荷也同样具备做功本领。
> 6）本书在以后分析电路时，如未做特殊说明，电压的方向均为参考方向。

（3）关联参考方向

对于任意一个元件的电流或电压的参考方向均可以独立设定。在一段电路中，若电压与电流的参考方向一致称为关联参考方向，反之称为非关联参考方向，如图 1-9 所示。对一个二端元件，如果选择电压参考方向为左（+）右（-），同时选择电流参考方向从元件的（+）流向（-），这时电压与电流一致，可以认为电压和电流的参考方向是关联参考方向；如果电流参考方向选择从（-）流向（+），这时电压与电流的参考方向就是非关联参考方向。

图 1-9 关联参考方向与非关联参考方向
a) 关联参考方向　b) 非关联参考方向

3. 电位及电动势

（1）电位

在复杂的电路中，为了方便比较电场中两点位能的差别，较多使用电位的概念。在电路构成通路的情况下，电流从高电位点流向低电位点，就像空间的每一点都有一定的高度一样，电路中每一点都有一定的电位，那么什么叫电位呢？

电路中各点的电位是相对的物理量，要确定电路中某点的电位值，首先须选定参考点。指定电场中的某点 O 为参考点，则电路中 a 点的电位就是该点到参考点之间的电压，即电场力将单位正电荷 q 由电场中的 a 点移动到参考点 O 所做的功，用 V_a 表示；电场力将单位正电荷 q 由电场中的 b 点移动到参考点 O 所做的功，就称为 b 点的电位，用 V_b 表示。电位用符号"V"表示，单位也是伏特（V）。

参考点可以任意选定，但只能选取一个，且参考点一经选定，不能随意更改。通常规定参考点的电位为 0V，所以参考点又称为零电位点。计算某点电位时，由该点到零电位点选任意一条路径，求该路径上所有电压的代数和。工程上常选大地、仪器外壳或底板作为参考点，电子线路中一般选很多元件的汇集处为参考点。根据电压的定义，a 和 O 两点之间的电位差就是 a 和 O 两点之间的电压 U_{aO}，即

$$U_{aO} = V_a - V_O = V_a - 0 = V_a \tag{1-3}$$

同理，b 和 O 两点之间的电位差就是 b 和 O 两点之间的电压 U_{bO}，即

$$U_{bO} = V_b - V_O = V_b - 0 = V_b \qquad (1-4)$$

所以，两点之间的电压就是这两点之间的电位之差，电压的实际方向是由高电位点指向低电位点。

则 a、b 两点之间的电压为

$$U_{ab} = U_{aO} + U_{bO} = U_{aO} - U_{bO} = V_a - V_b \qquad (1-5)$$

电路中各点的电位值与参考点的选择有关，参考点选择的不同，同一点的电位就不同，但是电路中任意两点之间的电压与参考点的选择无关，因此，电位具有相对性，而电压具有绝对性。

（2）电动势

电动势是反映电源把其他形式的能转换成电能的本领的物理量。在电源内部，非电场力把正电荷从负极板移到正极板时要对电荷做功，称为电动势，即：$E_{ab} = W_{ab}/Q$，这个做功的物理过程是产生电源电动势的本质（见图 1-10）。外力把 1 库仑（C）正电荷从电源负极移到正极所做的功是 1 焦耳（J），则电源的电动势等于 1 伏特（V）。若电动势为 3V，说明电源把 1C 正电荷从负极经内电路移动到正极时非静电力做功 3J，有 3J 的其他形式能转换为电能。

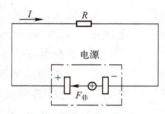

图 1-10　电动势的本质

非电场力所做的功，反映了其他形式的能量有多少变成了电能。搬运单位正电荷非静电力做的功越多，电源把其他形式的能转化为电能的本领就越大。电动势使电源两端产生电压，电源的这种本领用电动势 E 来表示，单位为 V（伏），常用的还有 kV、mV、μV。

电动势在数值上等于电源电极两端的电位差，电动势的实际方向规定由低电位指向高电位，在电源内部，电动势的方向规定从电源负极（-）指向电源正极（+），所以电动势与电压的实际方向相反。对于确定的电源来说，电动势 E 和内电阻 r 都是一定的。理想电动势源不具有任何内阻，放电与充电不会浪费任何电能。理想电动势源给出的电动势与其路端电压相等。

4．电能及电功率

（1）电能

电能是指在一定的时间内电路元件吸收或发出的电能量，计算公式的含义如图 1-11 所示，电能实际上就是功率曲线与坐标轴所围图形的面积，即

$$W = \int_t^0 p\,dt = \int_t^0 ui\,dt \qquad (1-6)$$

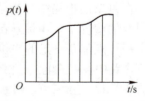

图 1-11　电能计算公式的含义

电能用符号 W 表示，其国际单位制为焦耳（J），通常电能用千瓦时（kW·h）来表示大小，也叫作度（电）。

$$1 \text{ 度} = 1\text{kW·h} = 3.6 \times 10^6 \text{J}$$

即功率为 1000W 的供能或耗能元件，在 1h 的时间内所发出或消耗的电能量为 1 度。

电场力推动自由电子定向移动过程中要做功，若导体两端电压为 U，通过导体横截面积的电荷量为 q，根据电压的定义可得出电场力对电荷量 q 所做的功，也就是电路所消耗的电能为

$$W = Uq$$

由于

$$q = It$$

则
$$W = UIt \tag{1-7}$$

电能的大小与电路两端的电压、通过的电流及通电时间成正比。电流做功的过程实际上就是电能转化为其他形式的能的过程。如电流通过电炉做功，电能转化为热能。电能可以直接用电能表测量，图1-12为家用的电能表示意图。

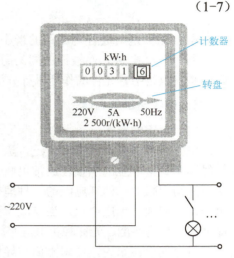

由图1-12可见，电能表面板上计数器显示5个数字，最后一位是小数，其他几位从右到左分别是个位、十位、百位、千位。表面板上标有"2500r/（kW·h）"字样，表示用电设备每消耗1kW·h电能时，电能表的转盘转过2500 r。

（2）电功率

取10W、20W灯泡各一只接在电路中，对比电能表转动的快慢。从结果可以看出，在同一个电路中，相比较于10W的灯泡接在电路中，把20W的灯泡接在电路中电能表转动的速度要快一些。电能表转动有快有慢，表示用电设备在一定时间内所消耗的电能不一样，20W的灯泡比10W的灯泡消耗电能快。

图1-12 家用的电能表示意图

电功率的定义是在单位时间内，电场力或电源力所做的功，电功率表征电路元件或一段电路中能量变换的速度。电功率值为电能相对于时间的变化率，其瞬时功率的表达式为

$$p = \frac{dw}{dt} \tag{1-8}$$

该式表明，若在1s内电场力或电源力所做的功为1J，则电功率就是1W。式中，w表示电能，单位为焦耳（J）；电功率简称功率，用p表示，单位为瓦特，简称瓦；常用的电功率单位还有kW（千瓦）、mW（毫瓦），它们之间的换算关系为

$$1kW = 10^3 W = 10^6 mW$$

因为$u = \frac{dw}{dq}$，$i = \frac{dq}{dt}$，故瞬时功率又可表示为

$$p = \frac{dw}{dt} = \frac{dw}{dq}\frac{dq}{dt} = ui \tag{1-9}$$

功率也有正负之分，若$p>0$，表明这部分电路吸收功率；若$p<0$，表明这部分电路释放功率。

 小提示：在计算过程中，首先判断电路中电压与电流的参考方向是否关联，若u和i为关联参考方向，则$p = ui$。若u和i为非关联参考方向，则$p = -ui$。

根据能量守恒定律，对于一个完整的电路来说，若不考虑电源内部和传输导线中的能量损失，负载吸收电能就应该等于负载所消耗的电能。那么在这个电路中负载吸收的功率是等于电源输出的功率，即在这段电路中负载吸收功率与电源输出功率的代数和为零，这称为功率平衡，即

$$\sum P_{输出} = \sum P_{吸收}$$

或

$$\sum P = 0 \tag{1-10}$$

1.1.3 电路元件

电路元件

电路元件是组成各种电路的最小单元，电路的不同功能实质上是电路中各个电路元件根据不同的组合方式而实现的，分析电路实际就是对电路中各元件的作用进行分析。接下来，我们来学习下电路的基本元件。

1. 电阻与欧姆定律

（1）电阻的概述

电学中的电阻元件意义广泛，除了电阻器、白炽灯、电热器等可视为电阻元件外，电路中导线和负载上产生的热损耗通常也归结于电阻元件损耗。因此，电阻元件是反映材料或元器件对电流呈现阻力、消耗电能的一种理想元件。当金属导体两端加上电压时，金属导体中的自由电子做定向运动形成电流。当电流通过电阻元件时，元件两端沿电流方向会产生电压降，将电能全部转换为热能、光能和机械能等。不仅金属材料有电阻，其他材料也有电阻。

对金属导体来说，电阻阻值与导体的长短、粗细、材料以及温度有关。一般金属的电阻随温度的上升而增大，温度每升高 1℃时，金属电阻的增加量约为 0.3%～0.6%，温度变化不大时，金属电阻可认为是不变的。在保持温度（20℃）不变的条件下，电阻 R 与导体的长度 l 成正比，与导体的截面积 S 成反比，即

$$R = \rho \frac{l}{S} \tag{1-11}$$

式中，ρ 为材料的电阻率，单位为 $\Omega \cdot m$。

不同的物质有不同的电阻率，电阻率的大小反映了各种材料的导电性能的好坏，电阻率越小的物质导电性能越好。通常，将电阻率小于 $10^{-6}\Omega \cdot m$ 的材料称为导体；电阻率大于 $10^7\Omega \cdot m$ 的材料称为绝缘体；而电阻率的大小介于导体和绝缘体之间的材料称为半导体。

（2）电阻参数的标注

电阻的标注方法有四种：直标法、文字符号法、数码法和色标法。普通电阻器大多采用色标法即用色环来标注电阻自身的阻值。在电阻器表面印制不同颜色的色环来表示电阻器标称阻值的大小，故也被称为色环电阻。四色环电阻为常用电阻，而五色环电阻的精度较高，最高精度为±0.1%，标称阻值比较准确。在读数时一定要分清楚色环的始端和末端，记住色环离电阻边缘较近的一端为首端，较远的一端为末端。各色环所表示的含义及色标颜色规定如图 1-13 和表 1-2 所示。

图 1-13　电阻色环含义

电阻与电容器的识别与检测

表 1-2　色标颜色规定

颜色	有效数字	乘数	允许偏差/（%）	工作电压/V
银色		10^{-2}	±10	
金色		10^{-1}	±5	
黑色	0	10^0		4

（续）

颜色	有效数字	乘数	允许偏差/（%）	工作电压/V
棕色	1	10^1	±1	6.3
红色	2	10^2	±2	10
橙色	3	10^3		16
黄色	4	10^4		25
绿色	5	10^5	±0.5	32
蓝色	6	10^6	±0.25	40
紫色	7	10^7	±0.1	50
灰色	8	10^8		63
白色	9	10^9		
无色			±20	

（3）电阻伏安特性

电阻元件两端的电压 U 与通过它的电流 I 的关系称为电阻元件的伏安特性。在直角坐标平面上绘制的表示电阻元件电压、电流关系的曲线称为伏安特性曲线。

电流和电压的大小成正比的电阻元件称为线性电阻元件。线性电阻元件的阻值是一个常数，其伏安特性曲线是一条通过原点的直线，满足欧姆定律，当电流、电压为关联参考方向时，其伏安特性曲线如图 1-14 所示，用公式可表示为

$$u = Ri \text{ 或 } i = \frac{u}{R} \text{（欧姆定律）} \tag{1-12}$$

电流和电压的大小不成正比的电阻元件称为非线性电阻元件。非线性电阻元件的阻值不是常数，不满足欧姆定律。图 1-15 是非线性电阻元件——二极管的伏安特性曲线，它是一条通过原点的曲线。本书中若不加特殊说明，电阻元件均指线性电阻元件，线性电阻元件简称电阻。

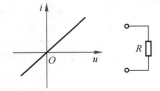

图 1-14 线性电阻元件及其伏安特性曲线　　图 1-15 非线性电阻元件及其伏安特性曲线

在电压和电流取关联参考方向时，电阻元件的吸收功率为

$$p_{吸收} = ui = i^2R = u^2/R \tag{1-13}$$

在电压和电流取非关联参考方向时，电阻元件的吸收功率为

$$p_{吸收} = -ui = -i(Ri) = i^2R$$
$$= -u(-u/R) = u^2/R \tag{1-14}$$

上述结果说明电阻元件在任何时刻总是消耗功率的，说明电阻是耗能元件。

从 t_0 时刻到 t 时刻，电阻元件消耗的能量为

$$W_R = \int_{t_0}^{t} p\,d\xi = \int_{t_0}^{t} ui\,d\xi = \int_{t_0}^{t} Ri^2\,d\xi \tag{1-15}$$

（4）电阻的串并联

1）电阻串联。电路中两个或更多电阻没有分支地依次相连，称为串联，这样的电路称为串联电路，如图 1-16 所示。

串联电路中电流只有一条通路，每个电阻流过的电流相同，施加于电路的总电压是每个电阻两端电压之和。若三个电阻串联，则有

$$U = U_1 + U_2 + U_3 = (R_1 + R_2 + R_3)I = RI \qquad (1\text{-}16)$$

式中，$R = R_1 + R_2 + R_3$ 为串联电路的等效电阻。如果有 N 个电阻串联，整个电路的等效电阻为

$$R = R_1 + R_2 + \cdots + R_N \qquad (1\text{-}17)$$

串联电阻分压原理：若电路中有 N 个电阻串联，第 N 个电阻 R_N 两端的电压 U_N，与电路总电压 U 之比为

$$\frac{U_N}{U} = \frac{IR_N}{IR} = \frac{R_N}{R} \qquad (1\text{-}18)$$

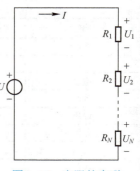

图 1-16　电阻的串联

则

$$U_N = \frac{R_N}{R}U \qquad (1\text{-}19)$$

由于 U_N 正比于 R_N，所以串联电路中电阻越大，该电阻分得的电压就越高。

 小提示：电阻串联具有如下特点：
1）电路中流过每个串联电阻的电流都相等。
2）电路两端的总电压等于各电阻两端的电压之和。
3）电路中总电阻等于各串联电阻之和。
4）电路中各电阻上的电压与各电阻的阻值成正比。

2）电阻并联。电路中两个或更多电阻首尾各自连接在两个端点之间，使每个电阻都直接承受同一个电压，这样的电路称为并联电路，如图 1-17 所示。并联电路中通过各电阻的电流之和等于从电源得到的电流，即

$$\begin{aligned} I &= I_1 + I_2 + \cdots + I_N \\ &= \frac{U}{R_1} + \frac{U}{R_2} + \cdots + \frac{U}{R_N} \\ &= U\frac{1}{R} \end{aligned}$$

图 1-17　电阻的并联

式中，$R\left(\dfrac{1}{R} = \dfrac{1}{R_1} + \dfrac{1}{R_2} + \cdots + \dfrac{1}{R_N}\right)$ 为并联等效电阻。

并联电阻分流原理：若电路中有 N 个电阻并联，第 N 个电阻的电流 I_N，与总电流 I 之比为

$$\frac{I_N}{I} = \frac{\dfrac{U}{R_N}}{\dfrac{U}{R}} = \frac{R}{R_N} \qquad (1\text{-}20)$$

则

$$I_N = \frac{R}{R_N}I \qquad (1\text{-}21)$$

由于 I_N 反比于 R_N，并联电路中电阻越大，该电阻电路分得的电流越少。对于两个电阻并联的情况，有

项目 1　新能源汽车信号灯电路的连接与调试

$$R = \frac{R_1 R_2}{R_1 + R_2} \tag{1-22}$$

小提示：电阻并联具有如下特点：
1）电路中的总电流等于流过每个并联电阻的电流之和。
2）电路中各电阻两端的电压相等，并且等于电路两端的电压。
3）电路的总电阻的倒数，等于各并联电阻的倒数之和。
4）电路中各电阻上的电流与各电阻的阻值成反比。

3）电阻的混联。在一个电路中，既有相互串联的电阻，又有相互并联的电阻，这样的电路称为混联电路，对于混联电路的计算，只要按串联和并联的计算方法，一步一步地把电路化简，最后就可以求出总的等效电阻。

2．电容器

（1）电容器概述

两个相互靠近的导体，中间夹一层不导电的绝缘介质，这就构成了电容器。两个金属导体称为电容器的极板，中间的物质叫作绝缘介质。当电容器的两个极板之间加上电压时，电容器就会存储电荷。

电容器按照结构分三大类：固定电容器、可变电容器和微调电容器；按电介质分类有：有机介质电容器、电解电容器、空气介质电容器等；按用途分有：旁路电容器、滤波电容器、调谐电容器、耦合电容器等。图 1-18 所示为几种常见的电容器。

电容元件也称为电容，是这些实际电容器的理想化模型，在电路图中通常用字母 C 表示，其结构图及电气符号如图 1-19 所示。

　　　　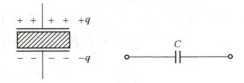

图 1-18　几种常见的电容器　　　　图 1-19　电容器结构图及电气符号

电容器的电容量在数值上等于一个导电极板上的电荷量与两个极板之间的电压之比。国际上统一规定，给电容器外加 1V 直流电压时，它所能存储的电荷量，为该电容器的电容量（即单位电压下的电量）。电容量的基本单位是法拉（F）。在 1V 直流电压作用下，如果电容器存储的电荷为 1C，电容量就被定为 1F，1F=1C/V。

在实际应用中，电容器的电容量往往比 1F 小得多，常用较小的单位，如毫法（mF）、微法（μF）、纳法（nF）、皮法（pF）等，它们的关系是：1F=1000mF；1mF=1000μF；1μF=1000nF；1nF=1000pF。

在直流电路中，电容器相当于断路；但在交流电路中，因为电流的方向是随时间呈一定的函数关系变化的，而电容器充放电的过程随时间变化，在极板间形成变化的电场，而这个电场也是随时间变化的函数。实际上，电流是通过电场的形式在电容器间通过的。因此电容器具有一个重要的特点：通交流电、阻直流电。

（2）理想电容元件的电压与电流关系

如果忽略电容器的漏电阻和电感，可将其抽象为只具有存储电场能性质的电容元件。当电容元件上电压的参考方向由正极板指向负极板时，如图 1-20 所示，则正极板上的电荷 q 与其两端的电压 u 有以下关系：

$$C = \frac{q}{u} \quad (1\text{-}23)$$

式中，C 定义为电容元件的电容。当 C 为常数时，称为线性电容，否则为非线性电容。本书中若不加特别说明，所有电容均为线性电容。C 一方面表示该元件为电容元件，另一方面也表示该元件的参数——电容量。

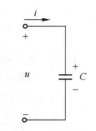

图 1-20　理想电容元件

当电容元件两端电压与流入正极板电流在关联参考方向下时，如图 1-20 所示，有

$$i = \frac{dq}{dt} = C\frac{du}{dt} \quad (1\text{-}24)$$

式（1-24）为电容元件的伏安关系。当电容一定时，电流与电容元件两端的电压变化率成正比。当电容元件两端加恒定电压时，电容元件的电流为零，即直流电路中，电容元件相当于开路。

在关联参考方向下，电容元件的电压、电流关系也可以表示为

$$u = \frac{1}{C}\int_{-\infty}^{t} i\,dt = \frac{1}{C}\int_{-\infty}^{0} i\,dt + \frac{1}{C}\int_{0}^{t} i\,dt = u_0 + \frac{1}{C}\int_{0}^{t} i\,dt \quad (1\text{-}25)$$

式中，u_0 为电压的初始值，即 $t=0$ 时电容元件两端的电压，式（1-25）表明电容元件的电压具有记忆能力。

若 $u_0=0$，则 $u = \frac{1}{C}\int_{0}^{t} i\,dt$。

（3）理想电容元件的储能

电容元件是储能元件，若 $u_0=0$ 时，电容元件从 0 到 t_1 时间内存储的能量为

$$W_C = \int_{0}^{t_1} p\,dt = \int_{0}^{t_1} ui\,dt = \frac{1}{2}C[u^2(t_1) - u^2(0)]$$

$$W_C = \frac{1}{2}Cu^2 \quad (1\text{-}26)$$

式（1-26）表明，当电容元件上的电压增大时（电容充电），电场能量增大，电容元件从电源吸收能量，将电能转换为电场能；当电压减小时（电容放电），电场能量减小，电容元件放出能量，将电场能量转换为电能还给电源。

3. 电感器

（1）电感器的概念

电感器是能够把电能转化为磁能而存储起来的元件。电感器的结构类似于变压器，但电感器只有一个绕组。电感器具有一定的电感，只阻碍电流的变化。电感器又称扼流器、电抗器、动态电抗器。电感器在电路中主要起到滤波、振荡、延迟、陷波等作用，还有筛选信号、过滤噪声、稳定电流及抑制电磁波干扰等作用。

按电感器形式分类有：固定电感、可变电感；按导磁体性质分类有：空心线圈、铁氧体线圈、铁心线圈、铜心线圈；按工作性质分类有：天线线圈、振荡线圈、扼流线圈、陷波线圈、偏转线圈；按工作频率分类有：高频线圈、低频线圈；按结构特点分类有：磁心线圈、可变电感线圈等。常见电感器及电气符号如图 1-21 所示。

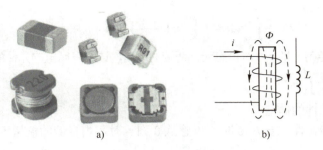

图 1-21 电感器及电气符号
a) 常见电感器 b) 电感器原理及其电气符号

电感器在电路中用 L 表示，电感器的容量称为电感量。电感量也称自感系数，是表示电感器产生自感应能力的一个物理量。电感器电感量的大小，主要取决于线圈的匝数、绕制方式、有无磁心及磁心的材料等。通常，线圈匝数越多、绕制的线圈越密集，电感量就越大。有磁心的线圈比无磁心的线圈电感量大；磁心磁导率越大的线圈，电感量也越大。在国际单位制中，当磁链 Ψ 的单位为韦伯（Wb），电流 i 的单位为安培（A）时，电感量的基本单位是亨利（简称亨），用字母"H"表示。常用的单位还有毫亨（mH）和微亨（μH），它们之间的关系为

$$1H=1000mH, \quad 1mH=1000\mu H$$

电感器的特性与电容器的特性正好相反，它具有阻交流电、通直流电的特性。直流信号通过线圈时的电阻就使导线本身的电阻电压降很小；当交流信号通过线圈时，线圈两端将会产生自感电动势，自感电动势的方向与外加电压的方向相反，阻碍交流的通过，且交流电频率越高，线圈阻抗越大。因此电感器具有一个重要的特点：通直流电、阻交流电。

（2）理想电感元件的电压与电流关系

如果忽略电感器的电阻和分布电容，可将其抽象为只具有存储磁场能性质的电感元件。电感元件是实际电感器的理想化模型。电感器也称为电感线圈，当一个匝数为 N 的线圈通过电流 i 时，在线圈内部将产生磁通 Φ，亦称为自感磁通。若磁通 Φ 与线圈 N 匝都交链，则形成磁链 Ψ，$\Psi=N\Phi$，亦称自感磁链。

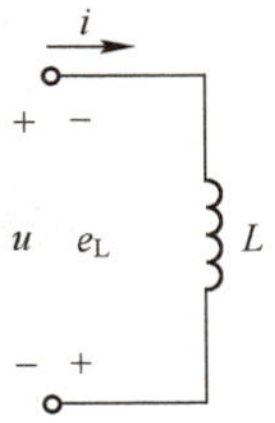

理想电感元件在电路中的图形符号如图 1-22 所示。当电流 i 的参考方向与磁链 Ψ 的参考方向满足右螺旋法则时，有

$$L=\frac{\Psi}{i} \tag{1-27}$$

图 1-22 理想电感元件

式中，L 定义为电感元件的电感。当 L 为常数时，称为线性电感，否则为非线性电感。本书中若不加特别说明，所有电感均为线性电感。L 一方面表示该元件为电感元件，另一方面也表示该元件的参数——电感量。

直流电路当电感元件两端电压与流过它的电流在关联参考方向下时，根据楞次定律，有

$$u=\frac{d\Psi}{dt}=L\frac{di}{dt} \tag{1-28}$$

式（1-28）为电感元件的伏安关系。当电感一定时，电感元件两端电压与流过它的电流的变化率呈正比。当流过电感元件的电流恒定时，电感元件两端的电压为零，即直流电路中，电感元件相当于短路。

在关联参考方向下，电感元件的电压、电流关系也可以表示为

$$i = \frac{1}{L}\int_{-\infty}^{t} u\mathrm{d}t = \frac{1}{L}\int_{-\infty}^{0} u\mathrm{d}t + \frac{1}{L}\int_{0}^{t} u\mathrm{d}t = i_0 + \frac{1}{L}\int_{0}^{t} u\mathrm{d}t \qquad (1\text{-}29)$$

式中，i_0 为电压的初始值，即 $t=0$ 时电感元件两端的电压，该式表明电感元件的电压具有记忆能力。

若 $i_0=0$，则 $i = \frac{1}{L}\int_{0}^{t} u\mathrm{d}t$。

（3）理想电感元件的储能

电感元件是储能元件，若 $i_0=0$ 时，电感从 0 到 t_1 时间内存储的能量为

$$W_L = \int_{0}^{t_1} p\mathrm{d}t = \int_{0}^{t_1} ui\mathrm{d}t = \frac{1}{2}L[i^2(t_1) - i^2(0)]$$

$$W_L = \frac{1}{2}Li^2 \qquad (1\text{-}30)$$

式（1-30）表明，当流过电感元件的电流增大时，磁场能量增大，电感元件从电源吸收电能转换为磁能；当电流减小时，磁场能量减小，电感元件释放出能量，磁能转换为电能还给电源。

1.1.4 电压源与电流源

1. 电压源

（1）理想电压源

理想电压源是一种从实际中抽象出来的理想元件，简称电压源。它在电路中的图形符号如图 1-23 所示，其中 U_S 为电压源的源电压，+、-表示其参考方向。

在 t 时刻，理想电压源在 u-i 平面的特性（又称伏安特性）是一条平行于 i 轴的直线，它与 u 轴的交点为此时的 u_S 值，如图 1-24 所示。如果 u_S 是与时间 t 无关的常数，即 $u_S=U_S$ 为定值，则称该理想电压源为直流恒压源。

图 1-23 电压源　　　　图 1-24 直流电压源伏安特性曲线

理想电压源具有如下两个特点：

1) 理想电压源的端电压始终保持恒定值 U，或为给定的时间函数 u_S，而与通过它的电流无关。

2) 流过理想电压源的电流取决于它所连接的外电路，电流的大小和方向都由外电路决定，根据电流方向的不同，电压源可以对外电路提供能量，也可以从外电路吸收能量。

（2）实际电压源

实际电压源种类较多，如图 1-25 所示，它们都能给电路输出稳定的电压。

实际电压源都是有内阻的，可以用一个理想电压源和一个电阻相串联的模型来代替，如图 1-26 所示。这种实际电压源的伏安关系式为

$$U = U_S - R_0 I \qquad (1\text{-}31)$$

图 1-27 为实际电压源的伏安特性曲线。其中，实际电压源的开路电压 $U_{OC}=U_S$，短路电流 $I_{SC}=U_S/R_0$。若实际电压源的内阻 R_0 和负载电阻 R_L 相比较，$R_L \gg R_0$ 时，可将电压源视作理想电压源。

a)　　　　　　　　　b)　　　　　　　　　c)

图 1-25　实际电压源

a) 干电池　b) 蓄电池　c) 直流稳压电源

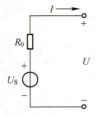 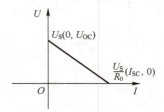

图 1-26　实际电压源模型　　　图 1-27　实际电压源的伏安特性曲线

2. 电流源

（1）理想电流源

理想电流源也是一种从实际中抽象出来的理想元件，简称电流源。它在电路中的图形符号如图 1-28 所示，其中 I_S 和 i_S 为电流源的源电流，箭头表示其参考方向。

在 t 时刻，理想电流源在 u-i 平面的特性（又称伏安特性）是一条平行于 u 轴的直线，它与 i 轴的交点即为此时的 i_S 值，如图 1-29 所示。如果 i_S 是与时间 t 无关的常数，即 $i_S = I_S$ 为定值，则称该理想电流源为直流恒流源。

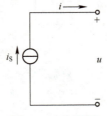 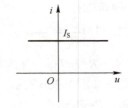

图 1-28　电流源　　　　　图 1-29　直流电流源伏安特性曲线

理想电流源具有如下两个特点：

1）理想电流源输出的电流始终保持恒定值 I_S，或为给定的时间函数 i_S，而与加在它上面的电压无关。

2）理想电流源两端的电压取决于它所连接的外电路，电压的大小和方向都由外电路决定，根据电压的方向不同，电流源可以对外电路提供能量，也可以从外电路吸收能量。

（2）实际电流源

实际电流源种类较多，如图 1-30 所示，它们都能给电路输出稳定的电流。

实际电流源也是有内阻的,可以用一个理想电流源和一个电阻(或内导 $G_0=1/R_0'$)相并联的模型来代替,如图 1-31 所示。这种实际电流源的伏安关系式为

$$I = I_S - \frac{U}{R_0'} = I_S - G_0 U \quad (1-32)$$

图 1-30 实际电流源

a) 光电池　b) 稳流电源

图 1-32 为实际电流源的伏安特性曲线,其中,实际电流源的开路电压 $U_{OC} = R_0' I_S$,短路电流 $I_{SC} = I_S$。若实际电流源的内阻 R_0 和负载电阻 R_L 相比较,$R_0 \gg R_L$ 时,可将电流源视作理想电流源。

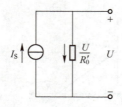

图 1-31 实际电流源模型

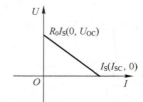

图 1-32 实际电流源的伏安特性曲线

1.1.5 电路的工作状态

1. 有载工作状态

图 1-33a 所示,当开关闭合时,就会使负载与电源接通,形成闭合回路,电路便处于电源有载工作状态,此时电路的特征是有电流经过负载电阻。

由全电路欧姆定律可知:

1)电路中的电流:$I = \dfrac{E}{R_L + R_0}$。

2)负载端电压:$U = IR = E - IR_0$,当 $R_L \gg R_0$ 时,$U \approx E$。电源的外特性曲线如图 1-33b 所示。

3)功率平衡关系:$P = P_E - \Delta P$。

4)电源输出的功率:$P = UI = I^2 R_L$。

5)电源产生的功率:$P_E = EI$。

6)内阻消耗的功率:$\Delta P = I^2 R_0$。

图 1-33 有载工作状态及电源的外特性曲线

a) 有载工作状态　b) 电源的外特性曲线

当电源电压、内电阻不变时,电流的大小取决于负载电阻的大小,R_L 越小,电流越大;反之,R_L 越大,则电流越小;电源的端电压会随着电流的增大而减小,当 $R_0 \ll R_L$ 时,则 $U \approx E$,说明当负载变化时,电源的两端电压变化不大,即带负载能力强。

 小提示:负载的大小是指负载取用的电流和功率。

电气设备的输出功率与输入功率的比值,称为电气设备的效率,用 η 表示,即

$$\eta = \frac{P_o}{P_i} \times 100\% \tag{1-33}$$

效率越高输入能量的利用率越高，可以减少因能量损耗而引起的设备发热，从而降低设备成本，因此，应该尽量提高电气设备的效率。

2. 开路工作状态

开路又称为断路，是电源和负载未接通时的工作状态，典型的开路状态如图 1-34 所示。当开关断开时，电源与负载断开（外电路的电阻无穷大），未构成闭合回路，电路中无电流，电流不能输出电能，电路的功率等于零。

实际电路在工作中，往往因为某个电器损坏而发生断路现象。当电路中某处断路时，断路处的电压等于电源电压。利用这一特点，可以帮助我们查找电路的开路故障点。

3. 短路工作状态

电路中任何一部分负载被短接，使其端电压降为零，这种情况称电路处于短路状态，图 1-35 所示电路是电源被短接的情况。短路状态有两种情况：一种是故障短路，会产生严重的危害；另一种是将电路的某一部分或某一元件的两端用导线连接，称为局部短路，工作中有些局部短路是允许的，称为工作短路，常称为"短接"。因为电源内阻很小，所以短路电流很大，是正常工作电流的很多倍。短路时外电路电阻为零，电源和负载的端电压均为零，故电源输出功率及负载取用的功率均为零。电源产生的功率全消耗在内阻上，当 $R_0=0$ 时，$I_{SC}=\infty$，电源将被烧坏，因此电压源不允许短路。

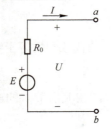

图 1-34　开路状态

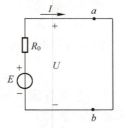

图 1-35　短路状态

1.1.6　电路的分析方法

1. 基尔霍夫定律

只含有一个电源的电路称为简单电路，简单电路的分析计算通过串并联化简和欧姆定律即可求解；但在生产实践中常会遇到含有两个及两个以上电源的电路即复杂电路，复杂电路不能用串并联实现化简，仅靠欧姆定律无法求解，这类电路的分析计算就要用到基尔霍夫定律（Kirchhoff's laws）。

基尔霍夫定律是德国物理学家基尔霍夫于 1845 年提出的，它是电路中电压和电流所遵循的基本规律，是分析和计算复杂电路的基础。基尔霍夫定律包括基尔霍夫电流定律（KCL）和基尔霍夫电压定律（KVL）。

（1）电路名词

以图 1-36 为例，先介绍几个与电路结构有关的名词。

支路：电路中流过同一电流的每一分支即为一条支路，支路数用 b 表示。图 1-36 中共有 $acdb$、ab、$aefb$ 三条支路，即 $b=3$。

节点：三条或三条以上支路的连接点，节点数用 n 表示。图 1-36 中共有 a、b 两个节点，即 $n=2$。

回路：电路中的任一闭合路径，回路数用 l 表示。图 1-36 中共有 $acdba$、$aefba$、$acdbfea$ 三个回路，即 $l=3$。

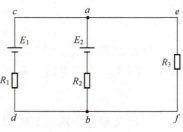

图 1-36　复杂电路模型

网孔：内部不含支路的单孔回路，网孔数用 m 表示。对平面电路，每个网眼即为网孔，网孔是回路，但回路不一定是网孔。图 1-36 中共有 $acdba$、$aefba$ 两个网孔，即 $m=2$。

可以证明，对任意电路，根据欧拉公式有

$$b=(n-1)+m \tag{1-34}$$

（2）基尔霍夫电流定律

基尔霍夫电流定律（简称 KCL），是确定电路中任意节点处各支路电流之间关系的定律，所以又称节点电流定律，其依据的是电流的连续性，即电荷守恒定律。

第一种表述：在任一时刻，流出任一节点的支路电流之和等于流入该结点的支路电流之和，即

$$\sum i_{出} = \sum i_{入} \tag{1-35}$$

图 1-37 所示，对节点 a，有

$$i_1 + i_2 = i_3$$

第二种表述：在任一时刻，流入任一节点的所有支路电流的代数和恒等于零，即

$$\sum i = 0 \tag{1-36}$$

式（1-36）中，一般可在流入节点的电流前面取（+）号，在流出节点的电流前面取（-）号，反之亦然。那么同样根据图 1-37，对节点 a，则有

$$-i_1 - i_2 + i_3 = 0$$

KCL 不仅适用于电路中的节点，还可推广应用于电路中任一不包含电源的闭合面（该闭合面也称为广义节点）。图 1-38a 所示三个电阻连成了一个闭合面，与该闭合面相连的三条支路电流，根据 KCL 有 $I_A + I_B + I_C = 0$；如图 1-38b 所示，有 $i_1 - i_2 = 0$。

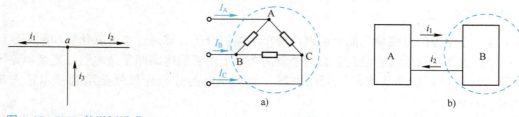

图 1-37　KCL 的举例说明　　　　图 1-38　KCL 的推广举例

（3）基尔霍夫电压定律

基尔霍夫电压定律（简称 KVL），是确定电路回路中各部分电压之间关系的定律，所以又称回路电压定律，其依据的是电位的单值性，即使电荷沿着闭合的回路环绕一周回到原点，电场力所做的功为零，该点的瞬时电位不会发生变化。

第一种表述：在任一时刻，任一回路绕行方向上的电位下降之和等于电位上升之和，即

$$\sum u = \sum e \tag{1-37}$$

对如图 1-39 所示的回路沿绕行方向有

$$U_1 + U_4 = U_2 + U_3$$

第二种表述：在任一时刻，沿任一回路绕行方向，回路中各段电压的代数和恒等于零，即

$$\sum u = 0 \tag{1-38}$$

式（1-38）中，当电压的参考方向与绕行方向一致时前面取（+）号，相反时则前面取（-）号，反之亦然。那么同样根据图 1-39，沿着回路沿绕行方向则有

$$U_1 + U_4 - U_2 - U_3 = 0$$

KVL 不仅适用于电路中的闭合回路，还可推广应用于任一假想回路。也就是说，电路中任意两点间的电压会等于这两点间沿任意路径各段电压的代数和。对于如图 1-40 所示的电路可列出

$$u_S + u_1 = u \text{ 或 } u - u_S - u_1 = 0$$

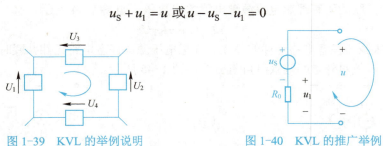

图 1-39　KVL 的举例说明　　　　图 1-40　KVL 的推广举例

2. 电路的简化与变换

实际电路的结构和性能复杂多样，如果对某些实际电路直接进行分析计算，步骤将很烦琐，工作量很大。因此，可以根据电路的结构特点选择合适的方法使其简化，简化之后再进行分析计算。等效变换就是其中的一种重要方法。

（1）电路的等效概念

任何一个复杂的电路网络，如果对外引出两个端钮，则称为二端网络，其表示符号如图 1-41a 所示。若二端网络内部不含电源，则称为无源二端网络，图 1-41b 所示为一个无源二端网络的例子；若二端网络内部含有电源，则称为有源二端网络，图 1-41c 为一个有源二端网络的例子。

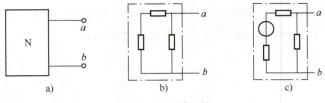

图 1-41　二端网络

对任何两个二端网络，尽管它们的内部结构可能不同，但只要两个网络端口的伏安特性相同（见图 1-42，即 $I_1 = I_2$，$U_1 = U_2$），则称这两个二端网络对外电路等效。在等效条件下，可以将一个较复杂的网络等效变换成另一个较简单的网络，从而实现电路的简化。等效变换只适

用于线性网络，不适用于非线性网络。

（2）理想电源电路的等效变换

1）理想电压源的串联。多个理想电压源串联时，可等效成一个理想电压源，等效理想电压源的源电压等于所串联的所有理想电压源源电压的代数和，如图1-43所示，有

$$U_S = U_{S1} + U_{S2} - U_{S3}$$

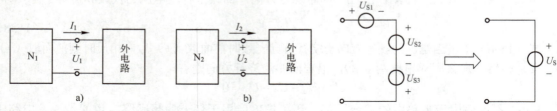

图1-42　二端网络等效示意图　　　　图1-43　理想电压源串联

2）理想电流源的并联。多个理想电流源并联时，可等效成一个理想电流源，等效理想电流源的源电流等于并联的所有理想电流源源电流的代数和，如图1-44所示，有

$$I_S = I_{S1} + I_{S2} - I_{S3}$$

3）理想电压源与任意电路元件的并联。理想电压源与任意电路元件并联时不影响该电压源两端的输出电压，故对外电路等效时可省去，如图1-45所示。

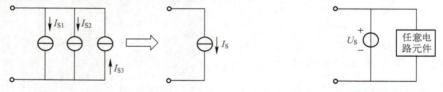

图1-44　理想电流源并联　　　　图1-45　理想电压源与任意电路元件的并联

4）理想电流源与任意电路元件的串联。理想电流源与任意电路元件串联时不影响该电流源的输出电流，故对外电路等效时同样可省去，如图1-46所示。

（3）实际电源电路的等效变换

一个实际电源可以用两种不同的模型来表示，即电压源模型和电流源模型，虽然是不同的表现形式，但实质反映的是同一个电源的伏安特性，也就是说这两种模型之间可以进行等效变换。那么，两者等效变换的具体条件是什么呢？

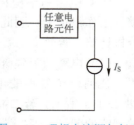

图1-46　理想电流源与任意电路元件的串联

图1-47所示分别为同一实际电源的电压源模型和电流源模型，两个模型的伏安特性相同，即对外电路提供的电压和电流都为 U 和 I。

由图1-47a得

$$U = U_S - IR_0$$

由图1-47b得

$$U = I_S R'_0 - IR'_0$$

比较上述两式，可得实际电源的等效变换条件为

$$U_S = IR'_0 \tag{1-39}$$

$$R_0 = R'_0 \tag{1-40}$$

即两电源模型的内电阻相等，且电压源电压 U_S、电流源电流 I_S 以及内阻 R_0（或 R_0'）之间满足欧姆定律的形式。

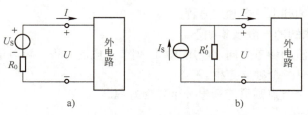

图 1-47 实际电源电路的等效变换

 小提示：实际电源的两种模型等效变换时，要注意以下几点：

1）等效变换时两种模型的极性必须一致，即 U_S 的电动势方向和 I_S 的方向要保持一样。

2）两种模型之间的等效变换是指对外电路而言，对电源内部并不等效。

3）只有实际电压源与实际电流源之间可以进行等效变换，理想电压源与理想电流源之间不能进行等效变换。

【**例 1-1**】 请分别完成图 1-48 所示两个实际电源电路的等效变换。

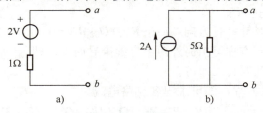

图 1-48 例图

解：由图 1-48a 可知：

$$R_0 = R_0' = 1\Omega, I_S = \frac{U_S}{R_0'} = \frac{2V}{1\Omega} = 2A$$

可得该电压源的等效电路为

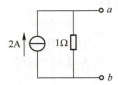

由图 1-48b 可知：

$$R_0 = R_0' = 5\Omega, U_S = I_S R_0' = 2A \times 5\Omega = 10V$$

可得该电流源的等效电路为

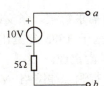

3. 支路电流法

支路电流法是以支路电流为待求量，应用 KCL 和 KVL 列写出电路方程组，然后联立求解的方法。它是复杂电路分析最基本的方法，本质上就是基尔霍夫定律的应用。

支路电流法需要列出的方程个数与电路的支路数相等，若电路中有 b 条支路，则需列出 b 个独立方程。图 1-49 所示，支路数为 $b=3$，节点数为 $n=2$，网孔数为 $m=2$，以支路电流 I_1、I_2、I_3 为待求量，则共须列出三个独立方程。

应用支路电流法求解的一般步骤如下。

1）确定各支路电流的参考方向，应用 KCL 列节点电流方程。可以证明，对于有 n 个节点的电路，只能列出（$n-1$）个独立方程。

在图 1-49 中，两个节点则只能列出一个独立方程。

对节点 a：$I_1+I_2-I_3=0$。

对节点 b：$-I_1-I_2+I_3=0$。

显然，上述两个方程实为同一方程，任意取其一即可。

2）选定回路的绕行方向，应用 KVL 列回路电压方程。同样可以证明，只能列出 $b-(n-1)$ 个独立方程。由欧拉公式可得 $b-(n-1)$ 即为网孔数 m，所以一般选网孔作为回路列出对应方程；否则，每选一个回路时应包含一条新支路。

在图 1-49 中，三个回路则只能列出两个独立方程。

对左边网孔：$R_1I_1+R_3I_3-U_{S1}=0$。

对右边网孔：$-R_2I_2-R_3I_3+U_{S2}=0$。

对最外面的回路按顺时针绕行方向：$R_1I_1-R_2I_2+U_{S2}-U_{S1}=0$。

上述三个方程中，任一方程可由另外两个方程推导而出，即只有两个独立方程，故任意取其二即可。

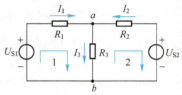

图 1-49 支路电流法

3）联立上述 b 个独立方程，即可求出各支路电流。

【例 1-2】 如图 1-49 所示，若 $R_1=R_2=R_3=1\Omega$，$U_{S1}=9V$，$U_{S2}=3V$，求各支路电流。

解：各支路电流参考方向和网孔绕行方向已在图中标出。

对节点 a：$I_1+I_2-I_3=0$。

对左边网孔：$R_1I_1+R_3I_3-U_{S1}=0$。

对右边网孔：$-R_2I_2-R_3I_3+U_{S2}=0$。

将已知量代入上述三个独立方程可得

$$I_1+I_2-I_3=0$$

$$I_1+I_3-9V=0$$

$$-I_2-I_3+3V=0$$

最后，联立求解得

$$I_1=5A, \quad I_2=-1A, \quad I_3=4A$$

4．戴维南定理

分析线性含源的复杂电路时，若只需求解某一条支路的电流或电压，运用戴维南定理是简便的。戴维南定理是由法国科学家戴维南于 1883 年提出的，由于亥姆霍兹早在 1853 年也提出过相似的定理，所以又称亥姆霍兹-戴维南定理。

戴维南定理表述为：任何一个线性有源二端网络 N，对外电路而言，总可以用一个理想电压源和电阻串联的等效电路来代替；其中理想电压源的电压 U_S 等于该二端网络的开路电压 U_0，电阻阻值 R_0 等于该二端网络所有电源置零（即电压源短路，电流源开路）时的等效电阻 R_{ab}。该二端网络所有电源置零时，将得到一个无源二端网络 N_0，整个等效过程如图 1-50 所示。

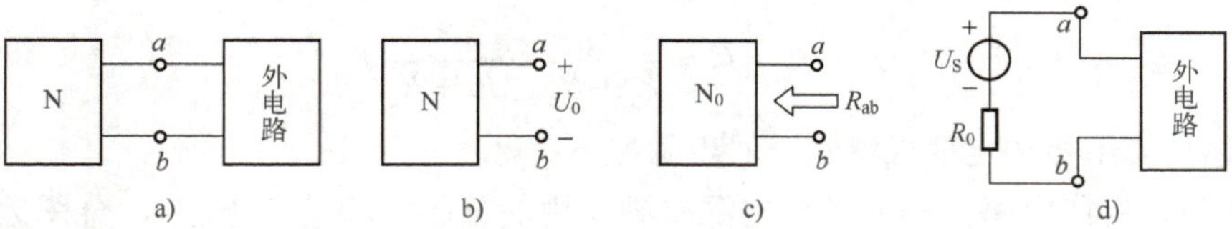

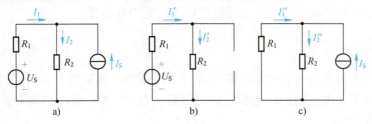

图 1-50 戴维南定理

a) 有源二端网络　b) $U_S=U_0$　c) $R_0=R_{ab}$　d) 等效电路

运用戴维南定理解题的一般步骤如下：

1）断开待求支路。将待求支路作为外电路，剩余部分则看成一个有源二端网络。

2）计算有源二端网络的开路电压 U_0。通常运用基尔霍夫电压定律的推广，选择合适的包含开路电压 U_0 的假想回路列方程，进而求出开路电压。

3）计算等效电阻 R_{ab}。将有源二端网络中的所有电源置零（即电压源短路，电流源开路），则得到一个无源二端网络，求出其两个端子之间的等效电阻。

4）用等效电压源代替有源二端网络，将待求支路接入，求出待求量。等效电压源中的理想电压源电压 U_S 就等于开路电压 U_0，内阻阻值 R_0 就等于等效电阻 R_{ab}。要注意的是，理想电压源的极性必须与开路电压的极性保持一致。

5．叠加定理

叠加定理是线性电路普遍适用的电路分析方法，可将含有多个电源的复杂电路分析简化成若干个单电源的简单电路分析。其表述为：在线性电路中，如果有多个电源共同作用，则任一支路的电流（或电压）会等于各个电源单独作用时，在该支路上所产生的电流（或电压）的代数和。

所谓电源单独作用，是指其中一个电源作用时，其他电源不作用（即置零），电压源不作用时应视为短路，电流源不作用时应视为开路。

【**例 1-3**】 用叠加定理求图 1-51a 所示电路中的电流 I_1 和 I_2。

图 1-51 叠加定理

解：（1）电压源单独作用时，电流源置零即视为开路，电路如图 1-51b 所示，可得

$$I_1' = I_2' = \frac{U_S}{R_1 + R_2}$$

（2）电流源单独作用时，电压源置零即视为短路，电路如图 1-51c 所示，由分流公式可得

$$I_1'' = \frac{R_2}{R_1 + R_2} I_S, \quad I_2'' = \frac{R_1}{R_1 + R_2} I_S$$

（3）由叠加定理得

$$I_1 = I_1' + I_1'' = \frac{U_S}{R_1 + R_2} + \frac{R_2}{R_1 + R_2} I_S$$

$$I_2 = I'_2 + I''_2 = \frac{U_\text{S}}{R_1 + R_2} + \frac{R_2}{R_1 + R_2} I_\text{S}$$

综上所述，应用叠加定理求解的一般步骤如下：

1）先分解。将原电路分解成各个电源单独作用的分图（即简单电路），分图数目和原电路电源数目相同。

2）再计算。根据简单电路分析方法，分别计算出各分图中相应的分量。

3）后叠加。原电路中待求支路的电流（或电压）等于各分量的代数和。

运用叠加定理时，应注意以下几点：

1）叠加定理仅适用于线性电路。它可以用来计算电路中的电流和电压，但不能用来计算功率，因为功率与电压、电流之间不是线性关系。

2）分解成电源单独作用时，只能将不作用的电压源短路，将不作用的电流源开路，电路的结构应保持不变。

3）叠加时要注意参考方向。电流（或电压）分量的参考方向和总量一致时取正值，相反时取负值。

任务 1.2　常用电工工具的使用

【任务引入】

随着新能源汽车电子技术的迅速发展，电工技术人员的岗位能力要求也在不断提升。同时，为了提高新能源汽车信号灯电路连接与调试效率，在生产岗位上要经常使用电工工具。另外，国家职业标准中已对许多工种有关电工工具的使用提出了要求。因此，为正确高效地连接与调试新能源汽车信号灯电路，学习正确使用电工工具十分必要。

【知识链接】

正确使用电工工具是实现新能源汽车信号灯电路连接与调试的重要条件。常用的电工工具包括验电器、螺丝刀、电工用钳、活扳手、电工刀、万用表等，其中万用表是电路连接与调试过程中重要的测量工具。

万用表是电工电子不可缺少的测量仪表，万用表由表头、测量电路及转换开关等三个主要部分组成。万用表是一种多功能、多量程的测量仪表，一般万用表可测量直流电流、直流电压、交流电流、交流电压、电阻等，有的还可以测交流电流参数。万用表按显示方式分为指针式万用表和数字式万用表。万用表的基本原理是利用一只灵敏的磁电系直流电流表（微安表）作为表头，当微小电流通过表头，就会有电流指示；但表头不能通过大电流，所以，必须在表头上并联与串联一些电阻进行分流或降压，从而测出电路中的电流、电压和电阻。

对电气操作人员来说，能否熟悉和掌握电工工具的结构、性能使用方法和操作规范，会直接影响工作效率、工作质量和人身安全。

1. 低压验电器的使用

低压验电器又称验电笔,是主要用来检验导线、电气设备是否带电的一种常用检测工具。验电器前端为金属探头,用来与所检测设备进行接触。后端也是金属物,可以是金属挂钩或金属片,用来与人体接触。中间的绝缘管内是能发光的氖管、电阻以及压力弹簧。验电器主要有笔式、螺钉旋具式、数字显示式,无论验电器的类型如何,结构怎样,它们的工作原理是一样的。使用验电器时以一个手指触及金属端盖或中心螺钉,使氖管发光小窗朝向自己,金属探头与被检查的带电部分接触,若氖管发亮说明设备带电。图1-52所示为验电器外形及结构。

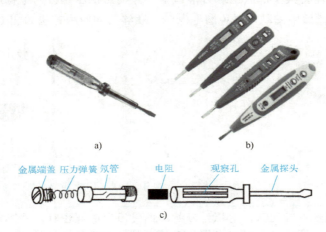

图1-52 验电器外形及结构
a) 普通验电器 b) 数字式验电器 c) 验电器结构

验电器根据所测电压的不同分为三类:高压验电器可以用来检测电压在10kV以上的项目;低压验电器则适用于对电压范围在500V以下的带电设施的检测;当测试电压范围在6~24V之间时,人们常常使用弱电验电器。

验电器的正确握法:用食指或手掌部位触摸验电器顶端金属,用笔尖去接触测试点,并同时观察氖管是否发光,如图1-53a所示。

切记不可用手直接触摸验电器前端的金属部位,如图1-53b所示。

图1-53 验电器的握法
a) 正确握法 b) 错误握法

低压验电器的主要功能如下:
1)区别电压高低:测试时,氖管越暗,则表明电压越低;氖管越亮,则表明电压越高。
2)区别相线(火线)与中性线(零线):正常情况下,氖管发光的是相线,不发光的是中性线。
3)区别直流电与交流电:交流电通过验电器时,氖管里的两极同时发光;直流电通过验电器时,管两只有一段发光,发光的一段为直流电的负极。

2. 螺丝刀的使用

螺丝刀，也常称作螺丝起子或改锥等，是用以旋紧或旋松螺钉的工具，主要有一字（负号）和十字（正号）两种。常见螺丝刀如图1-54所示。

一般根据不同螺钉选用不同的螺丝刀，头部厚度应与螺钉尾部槽形相配合，斜度不宜太大，头部不应该有倒角，否则容易打滑。通常电工不可使用金属杠直通柄顶的螺丝刀，否则容易造成触电事故。

使用螺丝刀时，需将其头部放至螺钉槽口中，并用力推压螺钉，平稳旋转旋具，特别要注意用力均匀，不要在槽口中蹭动，以免磨毛槽口。螺丝刀的使用方法如图1-55所示。

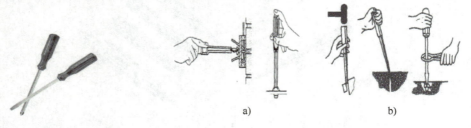

图1-54 常见螺丝刀

图1-55 螺丝刀的使用方法
a) 正确使用方法 b) 错误使用方法

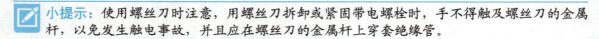

小提示：使用螺丝刀时注意，用螺丝刀拆卸或紧固带电螺栓时，手不得触及螺丝刀的金属杆，以免发生触电事故，并且应在螺丝刀的金属杆上穿套绝缘管。

3. 活扳手的使用

活扳手又叫活络扳手，是一种旋紧或拧松有角螺钉或螺母的工具。电工常用的活扳手全长L有200mm、250mm、300mm三种，使用时应根据螺母的大小选配，如图1-56所示。

4. 电工用钳的使用

（1）剥线钳

剥线钳是用来剖削小直径导线绝缘层的专用工具，使用剥线钳时，把导线放入相应的刃口中，刃口大小应略大于导线芯线直径，握紧绝缘手柄，导线的绝缘层即被剥破，并自动弹出，如图1-57所示。

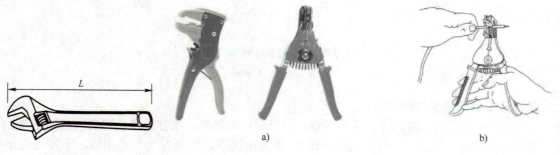

图1-56 活扳手

图1-57 剥线钳的外形及操作方法
a) 常见剥线钳 b) 剥线钳的操作方法

使用要点:
1)要根据导线直径,选用剥线钳刀片的孔径。
2)根据导线的粗细型号,选择相应的剥线刃口。
3)将准备好的导线放在剥线工具的刀刃中间,选择好要剥线的长度。
4)握住剥线工具手柄,将导线夹住,缓缓用力使电缆外表皮慢慢剥落。
5)松开工具手柄,取出导线,这时导线金属整齐露出外面,其余绝缘塑料完好无损。

(2)钢丝钳

钢丝钳又称老虎钳,其外形如图 1-58a 所示。钢丝钳由钳头和钳柄两部分组成。钳头由钳口、齿口、刀口和铡口四部分组成,钳柄主要有铁柄和绝缘柄两种,如图 1-58b 所示。常用的钢丝钳全长 L 有 150mm、180mm 和 200mm 三种。电工应使用具有耐压 500V 绝缘柄的钢丝钳。

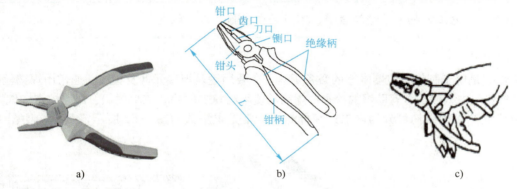

图 1-58 钢丝钳外形、结构及握法
a) 钢丝钳外形 b) 钢丝钳结构 c) 钢丝钳基本握法

钢丝钳的用途很多,钳口可用来弯铰或钳夹导线线头,齿口可用来紧固或起松螺母,刀口可用来剪切导线或剥导线绝缘层,铡口可用来铡切导线线芯、钢丝或铅丝等较硬金属。钢丝钳使用时的基本握法如图 1-58c 所示。

(3)尖嘴钳与斜口钳

尖嘴钳是一种常用的钳形工具,主要由钳头和钳柄组成,如图 1-59 所示。钳柄有铁柄和绝缘柄两种,主要用来剪切线径较细的单股与多股导线,以及给单股导线接头弯圈、剥塑料绝缘层等,能在较狭小的工作空间操作。其中,不带刃口者只能夹捏工作,带刃口者能剪切细小零件。电工应使用具有耐压 500V 绝缘柄的尖嘴钳。

斜口钳的刀口可用来剖切软电线的橡皮或塑料绝缘层。钳子的刀口也可用来切剪电线、铁丝,电工常用的斜口钳全长有 150mm、175mm、200mm 及 250mm 等多种规格。斜口钳外形如图 1-60 所示。

5. 电工刀的使用

电工刀是在安装维修中用于剖削导线的绝缘层、电缆绝缘层、线槽等的专用工具,如图 1-61 所示。剖削导线绝缘层时,使刀面与导线呈较小的锐角,以免割伤导线。有的电工刀上带有锯片和锥子,可用来锯小木片和钻削锥孔。

图1-59 尖嘴钳外形　　图1-60 斜口钳外形　　图1-61 电工刀外形

 小提示：电工刀柄不带绝缘装置、不能带电操作，以免触电。

6. 电烙铁的使用

电烙铁是电子制作和电器维修的必备工具，主要用途是焊接元件及导线。通常用焊锡丝作为焊剂，焊锡丝内一般都含有助焊的松香；焊锡丝使用约60%的锡和40%的铅合成，熔点较低。

电烙铁按机械结构可分为内热式和外热式。常见电烙铁如图1-62所示，其结构如图1-63所示。

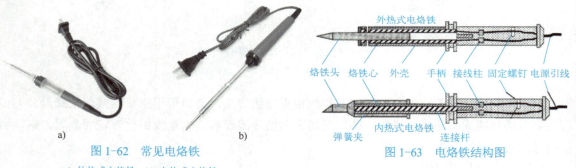

图1-62 常见电烙铁
a) 外热式电烙铁 b) 内热式电烙铁

图1-63 电烙铁结构图

外热式电烙铁由烙铁头、烙铁心、外壳、手柄、电源引线、接线柱等部分组成。由于烙铁头安装在烙铁心里面，故称为外热式电烙铁。外热式电烙铁的规格很多，常用的有25W、45W、75W、100W等，功率越大，烙铁头的温度也就越高。

内热式电烙铁由手柄、连接杆、弹簧夹、烙铁心、烙铁头组成。由于烙铁心安装在烙铁头里面，因而发热快，热利用率高，因此，称为内热式电烙铁。内热式电烙铁的常用规格为20W、50W几种。由于它的热效率高，20W内热式电烙铁就相当于40W左右的外热式电烙铁。

不同的焊接对象，需要的电烙铁工作温度也不相同。判断烙铁头的温度时，可将电烙铁碰触松香，若烙铁碰到松香时，有"吱吱"的声音，则说明温度合适；若没有声音，仅能使松香勉强熔化，则说明温度低；若烙铁头一碰上松香就大量冒烟，则说明温度太高。

焊接的步骤主要有以下三步：

1) 烙铁头上先熔化少量的焊锡和松香，将烙铁头和焊锡丝同时对准焊点。
2) 在烙铁头上的助焊剂尚未挥发完时，将烙铁头和焊锡丝同时接触焊点，开始熔化焊锡。

3）当焊锡浸润整个焊点后，同时移开烙铁头和焊锡丝或先移开锡线，待焊点饱满之后在离开烙铁头和焊锡丝。

焊接过程一般以 2～3s 为宜。焊接集成电路时，要严格控制焊料和助焊剂的用量。

7. 万用表的使用

万用表是一种多功能、多量程的便携式电工仪表，可以测量直流电流、直流电压、交流电流、交流电压和电阻等，是电工测量的必备仪表。万用表有指针式万用表和数字式万用表两种。

（1）指针式万用表

指针式万用表以常见的 MF-47 型万用表为例，如图 1-64 所示。

万用表的使用

钳形表和绝缘电阻表的使用

图 1-64　指针式万用表外形

首先，要了解刻度盘上每组刻度线所对应的测量量，根据表盘档位旋钮可以选择不同的档位，刻度盘上的刻度表示的测量值也会发生变化。

为了减小测量误差，在使用万用表前要进行机械调零。将红表笔插入（+）插孔，黑表笔插入（-）插孔。开关旋钮任意转到一个档位，注意此时两支表笔不能短接，旋动万用表面板上的机械零位调整螺钉，使指针对准刻度盘左端的 0 位置。

1）交流电压测量。测量时正确选择量程，量程的选择应尽量使指针偏转到满刻度的 2/3 左右。如果实在不清楚被测电压的大小时，应先选择最高量程档位，然后逐渐减小到合适的量程。

测量交流电压时，把转换开关拨到交流电压档位，选择合适的量程。将万用表两支表笔并接到被测电路的两端，不区分正负极，如图 1-65 所示。这里注意，读数为交流电压的有效值。

2）直流电压测量。测量直流电压时，把转换开关拨到直流电压档位，选择合适的量程。把万用表并接到被测电路上，红表笔接被测电路（+）极，黑表笔接被测电路（-）极，即让电流从红表笔流入，从黑表笔流出，如图 1-66 所示。

3）电阻测量。测量电阻时，首先选择合适的倍率档位。万用表欧姆档的刻度显示是不均匀的，所以倍率档的选择应使指针停留在刻度线较稀少的部分，且指针越接近刻度尺中间，读数越准确。一般情况下，应使指针指在刻度尺的 1/3～2/3 位置。

测量电阻前需要进行欧姆调零，如图 1-67 所示，将两只表笔短接，然后调节"欧姆调零旋钮"，使指针刚好指在欧姆刻度线右边的零位。并且每换一次倍率档位，都要再次进行欧姆调零，以确保测量准确。

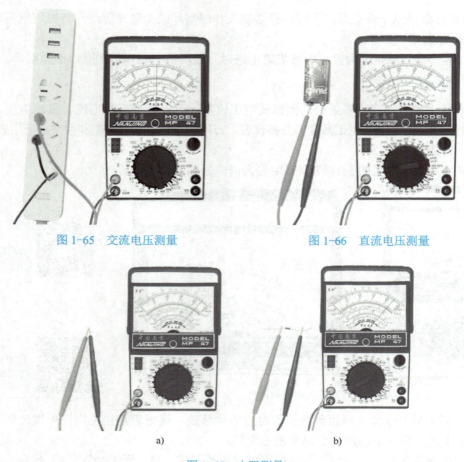

图 1-65　交流电压测量　　　　　图 1-66　直流电压测量

a)　　　　　　　　　　　　b)

图 1-67　电阻测量

a) 万用表欧姆调零　b) 测量电阻值

读数时，表头的读数乘以倍率，就是所测电阻的阻值。

4）交流电流测量。测量交流电流时，把转换开关拨到交流档位，选择合适的量程，将万用表两支表笔并接在被测电路的两端，不区分正负极，如图 1-68 所示。此时注意，读数为交流电流的有效值。

图 1-68　交流电流测量

5）直流电流测量。测量直流电流时，将万用表的转换开关置于直流电流档位的合适量程上，测量时必须先断开电路，然后按照电流从（+）到（-）的方向，将万用表串联到被测电路中，即电流从红表笔流入，从黑表笔流出，如图 1-69 所示。

（2）数字式万用表

数字式万用表以 DT-830 型数字万用表为例，如图 1-70 所示。

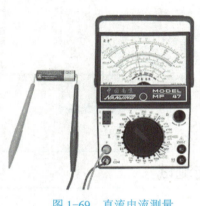

图 1-69 直流电流测量

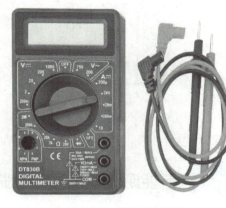

图 1-70 数字式万用表

1）直流（交流）电压测量。测量直流（交流）电压时，如图 1-71 所示，将红表笔插入 VΩ 插孔，黑表笔插入 COM 插孔，正确选择量程，将功能开关置于直流或交流电压量程档位，如果事先不清楚被测电压的大小时，应先选择最高量程档位，根据读数需要逐步调整测量量程档。

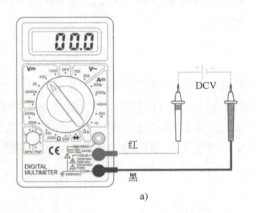
a)

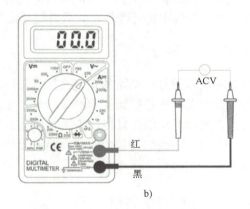
b)

图 1-71 直流电压和交流电压测量

a) 直流电压测量 b) 交流电压测量

2）电阻测量。测量电阻时，将红表笔插入 VΩ 插孔，黑表笔插入 COM 插孔。将功能开关置于 Ω 量程，测试表笔并接到待测电阻上。从显示器上读取测量结果，如图 1-72 所示。

这里需要注意，测在线电阻时，必须确认被测电路已关掉电源，同时电容已完全放电，才能进行测量。

3）直流电流测量。测量直流电流时，当测量 20mA 以下电流时，将红表笔插入 mA 插孔，当测量 200mA 以上电流时，插入 10A 插孔，黑表笔插入 COM 插孔，如图 1-73 所示。将功能开关置于 A--- 量程，并将表笔串联接入待测负载回路里，然后从显示器上读取测量结果。

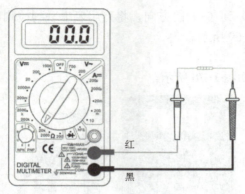
图 1-72 电阻测量

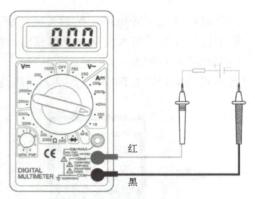
图 1-73 直流电流测量

任务 1.3 新能源汽车信号灯电路的装配与测试

【任务引入】

完成由电源、熔断器、开关、灯泡、扬声器等电路元器件组成的新能源汽车信号灯电路的装配与接线，使其符合某品牌新能源汽车信号灯电路工作要求，可以控制新能源汽车转向灯、倒车灯及扬声器等电路元器件，并具有短路保护等作用。

【知识链接】

新能源汽车信号灯电路的正确连接是保障汽车信号灯正常使用的基础，也是保障交通安全畅行的必要因素，在进行新能源汽车信号灯电路的装配与测试任务时，要根据电路功能设计要求，绘制新能源汽车信号灯电路安装接线图。在装配及连接线路过程中一般按照装配接线图进行布局、走线。在装配过程中注意电路元器件及导线选型要符合电路设计要求，接线要符合工艺要求。

1.3.1 工作任务分析

新能源汽车的工作任务要求如下。

1）新能源汽车信号灯电路电源启动后，按一下扬声器按钮，接通扬声器电路，电流从电源正极，流经熔断器、开关、扬声器，回到电源负极，扬声器响一下，长按则长响。

2）倒车灯开关闭合，接通倒车灯及倒车扬声器，倒车灯点亮。

3）将转向灯总开关闭合，转向灯切换开关切换到左档，左转向信号灯电路接通，左转向信号灯和左转向指示灯点亮。若转向灯切换开关切换到右档，则右转向信号灯和右转向指示灯同样点亮。

1. 电路模型

以某品牌新能源汽车信号灯电路设计作为案例，如图 1-74 所示，针对该电路模型进行分析,并以该电路模型为参考,完成相关任务要求。

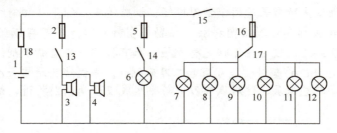

图 1-74　某品牌新能源汽车信号灯电路模型

1—电源　2、5、16—熔断器　3、4—扬声器　6—倒车灯　7、8—左转向信号灯　9—左转指示灯　10—右转指示灯　11、12—右转向信号灯　13—扬声器开关　14—倒车灯开关　15—转向灯总开关　17—转向灯切换开关　18—电阻（10Ω）

2. 技术要求

1）车尾灯 4 只（12V/3W），车前灯 2 只（12V/6W），电源电压为 18V。
2）画出新能源汽车信号灯电路图,并计算所需元器件的参数。
3）按规范要求进行布线,要求每个灯泡能正常发光,并有声光提示功能。
4）使用万用表测量电路中各灯泡上的电压、电流,计算出每个灯泡上的实际功率;测量总电压及电流并计算总功率。
5）应有对新能源汽车信号灯电路的保护功能,如短路保护等。
6）工作过程安全,仪器仪表操作安全,工具使用安全规范。
7）保持实训场所干净整洁,物品摆放整齐有序。

3. 配线工艺

1）根据新能源汽车信号灯电路图,如图 1-74 所示,绘制出新能源汽车信号灯电路图及安装接线图。
2）根据安装接线图确定回路导线规格选用,接线端头和扎带等辅助材料材质的选用等。
3）电流回路的铜芯绝缘导线截面积不应小于 $2.5mm^2$。
4）根据电器布置图,明确电路元器件的安装位置和隔离距离,根据电路安装方式和元器件安装位置确定导线敷设路径;根据元器件距离放线,按需取线避免浪费。
5）线束内导线不应交叉,线束不允许从母线相间或母线安装孔中穿过。
6）使用专用剥线钳或电工刀剥掉导线的绝缘外皮,剥线时线头长度以 8mm 左右为宜,确保下一步接线时漏铜量合适,单芯导线线芯无损伤痕迹,多股导线不应有断股现象。
7）压接导线时漏铜量以 1~2mm 为宜,漏铜过长在操作时易发生触电或者导线变形后搭接造成短路,而漏铜过短易发生压接线皮造成隐蔽断路。
8）将制作完成的导线连接到电路元器件接线点处,用螺丝刀拧紧,部分接口须用电烙铁焊接严紧稳固。
9）检验电路连接是否符合功能设计要求,并用万用表对电路进行检查,进行电路连接及电路通断检测,发现问题应及时解决,未经过检测的电路严禁通电。
10）检测无误后通电实验、调试。
11）清理现场,整理工具,使工作现场符合"6S"要求。

> **小提示：** 线芯截面积为 4mm² 及以下的塑料硬线可用钢丝来剖测塑料硬线绝缘层。用左手捏住导线，根据线头所需长度用钢丝刀口轻轻切破绝缘，但不可切伤线芯，用左手拉紧导线，右手握钢丝头部向外勒去塑料层；在勒去塑料层时，不可在钢丝钳刀口处施加剪锁力，否则会切伤线芯，线芯应保持完整无损，如有损伤，应重新剖削。
> 线芯面积大于 4mm² 的塑料硬线可用电工刀来剖削。根据线头所需长度，用电工刀对导线成 45°角切入塑料绝缘层，然后调整刀口与导线成 25°角向前推进，削去绝缘层，再用电工刀切齐。

1.3.2 工作任务实施

1. 任务分组

学生进行分组，选出组长，做好工作任务分工，见表 1-3。

表 1-3　学生任务分配表

班级		组号		指导教师	
组长		学号			
组员					
任务分工					

2. 工作计划

（1）制定工作方案（见表 1-4）

表 1-4　工作方案

步骤	工作内容	负责人

（2）比较电压、电流、电功率的测量值和实际值，分析误差原因

(3) 列出仪表、工具、耗材和器材清单

电工工具：剥线钳、螺丝刀、低压验电器、电烙铁、电工刀等。电路元器件清单见表 1-5。

表 1-5　电路元器件清单

序号	名称	型号与规格	数量	单位	备注
1	电源	18V	1	个	
2	熔断器	/	3	个	
3	扬声器	12V/2W	4	个	
4	车尾灯	12V/3W	4	个	
5	车前灯	12V/6W	2	个	
6	开关	/	4	个	
7	电阻	10Ω	1	个	
8	万用表	MF-47	1	个	

3．工作决策

1）各组分别陈述设计方案，然后教师对重点内容详细讲解，帮助学生确定方案的可行性。

2）各组对其他组的方案提出自己不同的看法。

3）教师对问题与疑点积极引导，适时点拨，对学习困难学生积极鼓励，并适度助学。

4）教师结合学生完成的情况进行点评，选出最佳方案。

4．工作实施

在此过程中，教师要进行巡视指导，引导学生解决问题，掌握学生的学习动态，了解课堂的教学效果。

（1）各组按照工作计划实施——安装电路

1）领取电路元器件和工具。

2）检查元器件。

3）根据工艺要求及最佳方案布线。

（2）安装步骤

1）识读新能源汽车信号灯电路图，明确电路所用电路元器件，熟悉电路的工作原理。

2）根据电路图或元器件明细表配齐电路元器件，并使用工具进行质量检验。

3）根据电路元器件选配安装工具。

4）根据电路原理图绘制新能源汽车信号灯电路接线图，然后按要求在控制板上安装电路元器件。

5）根据新能源汽车信号灯容量选配电路导线的横截面积。

6）根据新能源汽车信号灯电路接线图布线，同时剥去绝缘层两端的线头，套上与电路图相一致编号的编码套管。

7）安装新能源汽车信号灯、扬声器等。

8）连接信号灯、扬声器和所有电路元器件保护接地线。

9）检查。

10）通电试车。

5. 评价反馈

各组展示作品,介绍任务完成过程,教师和各组学生分别对方案进行评价打分,组长对本组组员进行打分(见表1-6~表1-8)。

表1-6　学生自评表

序号	任务	自评情况
1	任务是否按计划时间完成(10分)	
2	理论知识掌握情况(15分)	
3	电路设计、焊接、调试情况(20分)	
4	任务完成情况(15分)	
5	任务创新情况(20分)	
6	职业素养情况(10分)	
7	收获(10分)	
	自评总分:	

表1-7　小组互评表

序号	评价项目	小组互评
1	任务元器件、资料准备情况(10分)	
2	完成速度和质量情况(15分)	
3	电路设计、焊接质量、功能实现等(25分)	
4	语言表达能力(15分)	
5	团队合作情况(15分)	
6	电工工具使用情况(20分)	
	互评总分:	

表1-8　教师评价表

序号	评价项目	教师评价
1	学习准备(5分)	
2	引导问题(5分)	
3	规范操作(15分)	
4	完成质量(15分)	
5	完成速度(10分)	
6	6S管理(15分)	
7	参与讨论主动性(15分)	
8	沟通协作(10分)	
9	展示汇报(10分)	
	教师评价总分:	
	项目最终得分:	

注:每项评分满分为100分;项目最终得分=学生自评25%+小组互评35%+教师评价40%。

拓展阅读

超级电容器是一种能够快速储存和释放电能的储能装置，具有功率密度大、充放电时间短、使用寿命长、温度特性好、节能环保等特点。超级电容器直接对标蓄电池，不仅可以用于储能，还能用于新能源汽车。

近年来我国将超级电容器产业的发展提升至国家战略层面，超级电容器的市场规模逐年提升，超级电容器产业迎来了快速发展时期。中车新能源与集盛星泰公司的合并，成为世界上最大的超级电容器生产企业之一。我国的超级电容器市场也变成了世界最大。我国超级电容器的应用领域，从传统的超级电容器应用领域（包括电力储能、风力变桨，回收港机的能量，车辆的刹车回收能量），创新地拓展了轨道交通的纯电容驱动、公交车的纯电容驱动，既开拓了巨大的新兴市场，又打破了国际上"超级电容器只能作为辅助电源"的传统观念，从而激发了更多的产业想象。电池型电容器新技术的开拓与电源管理技术，带来了光伏照明行业的新应用与新发展，在寿命与使用便捷性方面，大大超越了传统锂离子电池路灯。

随着电网、轨道交通、消费电子等下游应用领域对超级电容器应用的增长，我国的超级电容器市场将继续保持高速增长态势。

思考与练习

一、选择题

1. 电位和电压相同之处是（　　）。
   A. 定义相同　　B. 方向一致　　C. 单位相同　　D. 都与参考点有关
2. 下面有关电动势讲述正确的是（　　）。
   A. 电动势是表示非静电力把单位正电荷从负极经电源内部移到正极所做的功
   B. 电动势是表示静电力把单位正电荷从电场中的某一点移到另一点所做的功
   C. 电动势单位是瓦特
   D. 电动势的文字符号是 W
3. 1 度电可供"220V、100W"的灯泡正常发光的时间是（　　）。
   A. 2.2h　　B. 10h　　C. 12h　　D. 22h
4. 两个阻值相同的电阻器串联后的等效电阻与并联后的等效电阻之比是（　　）。
   A. 4∶1　　B. 1∶4　　C. 1∶2　　D. 2∶1
5. 任何一个有源二端线性网络的戴维南等效电路是（　　）。
   A. 一个理想电流源和一个电阻的并联电路
   B. 一个理想电流源和一个理想电压源的并联电路
   C. 一个理想电压源和一个理想电流源的串联电路
   D. 一个理想电压源和一个电阻的串联电路

二、填空题

1. 电路由_____、_____和_____三部分组成。

2. 电源和负载的本质区别是：电源是把_____能转换成_____能的设备，负载是把_____能转换成_____能的设备。
3. 常见的无源电路元件有_____、_____和_____；常见的有源电路元件是和_____。
4. 元件上电压和电流关系呈正比变化的电路称为_____电路。此类电路中各支路上的_____和_____均具有叠加性，但电路中的_____不具有叠加性。
5. 用叠加原理求解电路时，当对某一电源求解电路时，其他的电源要除去，即电压源_____，电流源_____。

三、判断题

1. 电路中的参考方向与实际方向是相同的。（   ）
2. 在任一瞬时，一个节点上电流的代数和恒等于零。（   ）
3. 在某一确定电路中，电阻上的电压是一定的。（   ）
4. 电路分析中描述的电路都是实际中的应用电路。（   ）
5. 电源内部的电流方向总是由电源负极流向电源正极。（   ）

四、计算题

1. 用支路电流法求图 1-75 所示电路中各支路电流。
2. 用叠加原理求图 1-75 所示电路中的电流 I_1 和 I_2。
3. 用戴维南定理求图 1-75 所示电路中的电流 I_2。

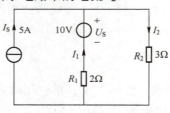

图 1-75　计算题 1 图

项目 2　工业用电热管的接线与调试

【项目描述】

电热管是将电能转化为热能的电气元件，由于其使用方便、无污染，被广泛使用在各种加热场合。小型电热管主要用于电水壶、电饭锅、电热水器、电热水龙头等。工业用大功率电热管主要用于隧道加热、农场烘干、风道加热等，接线正确与否将直接影响电热管的正常使用，若接线错误，将可能导致设备故障，甚至烧坏加热设备。本项目就是完成工业用电热管的接线与调试。

【项目目标】

目标类型	目标
知识目标	1. 掌握正弦交流电的基本概念、三要素 2. 掌握正弦交流电的向量表示法及相关运算 3. 掌握单一元件的伏安特性 4. 了解三相电源的星形与三角形联结 5. 掌握三相负载的星形与三角形联结
能力目标	1. 能够正确识读电路图，并能根据图样进行电路分析 2. 能熟练计算正弦交流电的周期、角频率、瞬时值、最大值等物理量 3. 能够根据电路图要求，正确运用电工工具连接电路 4. 能够正确运用万用表对电路进行测量、调试、故障排除
素质目标	1. 培养质量、成本、安全、环保的工程意识 2. 养成查阅资料、获取信息的习惯 3. 培养精益求精、追求品质的工匠精神

任务 2.1　正弦交流电的认识与分析

【任务引入】

交流电的基本知识及安全用电

在前面的学习过程中，电动势、电压及电流的大小和方向不随时间变化而变化的称为直流电。而交流电是指电动势、电压及电流的大小和方向随时间变化而变化。在实际生产和日常生活中广泛使用的都是交流电。

【知识链接】

大小及方向均随时间按正弦规律做周期性变化的电流、电压、电动势叫作正弦交流电流、电压、电动势。正弦交流电的优越性：便于传输、易于变换、便于运算、有利于电器设备的运行。

2.1.1 正弦交流电的三要素

正弦交流电在任一瞬间的数值称为交流电的瞬时值，用小写的字母来表示，如 u、i 分别表示电压和电流的瞬时值，现以电流为例说明正弦交流电的基本特征。图 2-1 为正弦交流电流、电压的波形图，反映了电流、电压随时间的变化规律。其表达式为

$$i = I_m \sin(t + \varphi_i) \tag{2-1}$$

$$u = U_m \sin(\omega + \varphi_u) \tag{2-2}$$

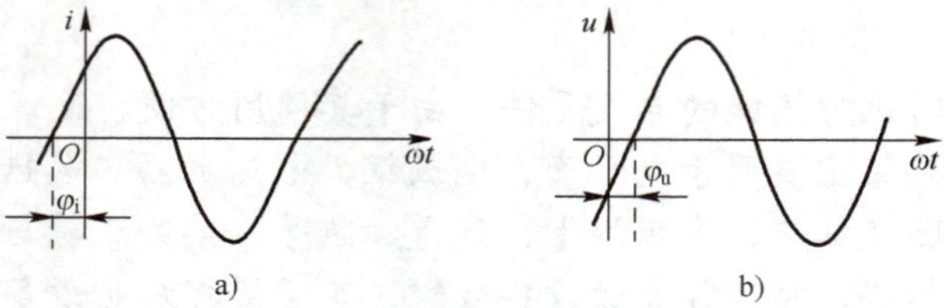

图 2-1 正弦交流电流、电压的波形图

式中，i、u 称为瞬时值；I_m、U_m 称为最大值；ω 称为角频率；φ_i、φ_u 称为初相位或初相角。最大值、角频率和初相位一定，则正弦交流电与时间的函数关系也就一定，所以它们是确定正弦交流电的三要素。

1. 角频率、频率及周期

正弦交流电完整变化一周所需要的时间叫作周期，用字母 T 表示，单位为秒(s)。每秒时间内正弦交流电重复变化的次数称为频率，用字母 f 表示，频率的国际单位制是赫兹(Hz)。周期和频率是描述正弦量变化快慢的物理量，即

$$f = \frac{1}{T}$$

我国规定工业用电的标准频率为 50Hz，其周期为 0.02s，这种频率在工业上广泛应用，习惯也称为工频。在电工技术中正弦量变化快慢还常用角频率表示，角频率表示交流电在单位时间内变化的角度，用字母 ω 来表示，单位是弧度/秒（rad/s）。角频率与周期、频率的关系为

$$\omega = \frac{2\pi}{T} = 2\pi f$$

周期、角频率及频率是反映交流电变化快慢的物理量。角频率越大，表示交流电周期性变化越快；反之，表示交流电周期性变化越慢。

2. 瞬时值、最大值和有效值

交流电的瞬时值是表示某时刻交流电的大小，通常用小写字母 i、u、e 来表示。

最大值又称幅值，它是瞬时值中的最大值，它与时间无关，反映了正弦量变化的大小，用 U_m、I_m、E_m 表示。

瞬时值、最大值只是一个特定瞬间的数值，不能反映交流电在电路中做功的实际效果。为此在电工技术中常用有效值来表示交流电的大小。交流电的有效值用大写英文字母如 U、I 等表示。

有效值是分析和计算交流电路的重要工具。在实际生产中，一般所说的交流电的大小，都是指它的有效值。如交流电路中的电压 220V、380V 都是指有效值；在电路中用电流表、电压表、功率表测量所得的值都是有效值；电机铭牌上所标的电流、电压值也是有效值。交流电的

有效值是根据电流热效应原理来确定的。如果一个交流电流 i 通过一个电阻时,在一个周期内,与一个直流电流 I 流过相同的电阻、相同的时间时所产生的热量相等,则这个直流电流 I 就称为该交流电流 i 的有效值。

正弦交流电的有效值和最大值之间存在如下的数量关系,即

$$I = \frac{I_m}{\sqrt{2}} = 0.707 I_m$$

$$U = \frac{U_m}{\sqrt{2}} = 0.707 U_m$$

3. 初相、相位和相位差

交流电在不同的时刻具有不同的 $\omega t+\varphi$ 值,$\omega t+\varphi$ 代表了交流电的变化进程,称为相位或相位角。φ 是 $t=0$ 时的相位,称为初相位,它反映了正弦量计时起点初始值的大小和变化趋向。

在进行交流电路的分析和计算时,只能任选其中某一个的初相位为零的瞬间作为计时起点。这个初相位被选为零的正弦量称为参考量,这时其他各量的初相位就不一定等于零。

在正弦电路中,有时需要比较两个同频率正弦量的相位,两个同频率正弦量相位之差称为相位差,以 φ 来表示。例如 $i_1=I_m\sin(\omega t+\varphi_1)$ A、$i_2=I_m\sin(\omega t+\varphi_2)$ A,则

$$\varphi = (\omega t+\varphi_1) - (\omega t+\varphi_2) = \varphi_1-\varphi_2$$

在讨论两个正弦量的相位关系时:

1)当 $\varphi>0$ 时,称第一个正弦量比第二个正弦量的相位超前 φ;
2)当 $\varphi<0$ 时,称第一个正弦量比第二个正弦量的相位滞后 φ;
3)当 $\varphi=0$ 时,称第一个正弦量与第二个正弦量同相;
4)当 $\varphi=\pm\pi$ 或 $\pm180°$ 时,称第一个正弦量与第二个正弦量反相;
5)当 $\varphi=\pm\pi/2$ 或 $\pm90°$ 时,称第一个正弦量与第二个正弦量正交。

在交流电路中,常常需要研究多个同频率正弦量之间的关系,为了便于分析,可选取其中某一个正弦量作为参考,称为参考正弦量。令参考正弦量的初相为零,其他各正弦量的初相,即为该正弦量与参考正弦量的相位差(初相差)。一般规定,$-\pi \leqslant \varphi \leqslant \pi$。

> **小提示:** 正弦交流电在工业中得到广泛的应用,它在生产、输送和应用上比起直流电来有不少优点,而且正弦交流电变化平滑且不易产生高次谐波,这有利于保护电器设备的绝缘性能和减少电器设备运行中的能量损耗。另外各种非正弦交流电都可由不同频率的正弦交流电叠加而成,因此可用正弦交流电的分析方法来分析非正弦交流电。正弦交流电在生活中有着广泛的应用,最基础的是照明,各类小电器、汽车的蓄电池也是由它转换。但是,在各种广泛的用途中,我们并不能直接去应用交流电,这就需要稳压和滤波,比如各类电器的供电,如果直接引入交流电,脉动电流将会瞬间烧毁电器,这就需要我们知道电器需要的电压值和电流值,通过变电压来适合电器工作,值得一提的是,稳压和滤波在电器的整体性能里面占非常重要的一面,很多的电器是因为滤波不良而导致电压不稳,烧毁用电器。

2.1.2 正弦交流电的相量表示法

正弦量具有幅值、频率和初相位三个要素,除了可以用三角函数式和波形图来表示,还可以用旋转相量来表示,可以把烦琐的三角运算简化成矢量形式的代数运算。

1. 旋转相量表示法

以正弦电压 $u = U_m\sin(\omega t+\varphi)$ 为例，在图 2-2 所示的复平面坐标中，这样旋转相量在任一瞬间与横轴的夹角就是正弦交流电的相位 $\omega t+\varphi$，而旋转相量在纵轴上的投影就是对应瞬时的正弦交流电压的瞬时值。即旋转相量的模等于正弦交流电压的幅值，旋转相量与横轴的夹角为初相，旋转相量在横轴的投影为该时刻的瞬时值。

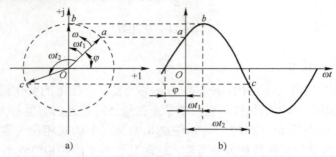

图 2-2 正弦电压旋转相量图

2. 静止相量表示法

正弦量可以用相量表示，而相量可以用复数来表示，因此，可以借用复数来表示正弦量，利用复数的运算规则来处理正弦量的相关运算问题，从而简化运算过程。

（1）复数及其表达式

1）复数的实部、虚部和模。

$\sqrt{-1}$ 叫虚单位，数学上用 i 来代表它，因为在电工中 i 代表电流，所以改用 j 代表虚单位，即 $j=\sqrt{-1}$。

如图 2-3a 所示，有向线段 A 可用复数来表示为 $A=a+jb$。

如图 2-3a 所示，$r=\sqrt{a^2+b^2}$，r 表示复数的大小，称为复数的模。有向线段与实轴正方向之间的夹角，称为复数的辐角，用 φ 表示；规定辐角的绝对值小于 180°。

2）复数的表达方式。

复数的直角坐标形式：$A=a+jb=r\cos\varphi+jr\sin\varphi=r(\cos\varphi+j\sin\varphi)$。

复数的指数形式：$\varphi A=re^{j\varphi}$。

复数的极坐标形式：$A=r\angle\varphi$。

（2）正弦量的相量表示法

若正弦交流电流为

$$i=I_m\sin(\omega t+\varphi_i)$$

该相量可用复平面的相量来表示，相量的模等于正弦量的幅值 I_m，相量与横轴的夹角等于正弦量的初相 φ_i，复平面上的相量可以用复数来表示，即

$$\dot{I}=I_m\angle\varphi_i \qquad (2-3)$$

可以看出式（2-3）既可以表示正弦量的大小，又可以表示正弦量的初相，因此，把该正弦量的复数称为相量，把图形称为相量图，如图 2-3 所示，用一个复数来表示正弦量的方法称为正弦量的相量表示法，交流电的相量表示法既可以用最大值表示，也可以用有效值表示。

项目2 工业用电热管的接线与调试

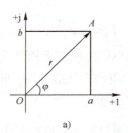 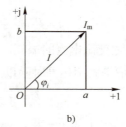

图 2-3 相量图
a) 有向线段的复数表示 b) 正弦电流的相量图

小提示：
1. 相量只是代表正弦量，并不等于正弦量。
2. 只有当电路中的电动势、电压和电流都是同频率的正弦量时，才能用相量来进行运算。
3. 同频率正弦量可以画在同一相量图上。规定，若相量的辐角为正，相量从正实轴绕坐标原点逆时针方向绕行一个角度；若相量的辐角为负，相量从正实轴绕坐标原点顺时针方向绕行一个角度。

任务 2.2　单相交流电路的分析

【任务引入】

简单交流电路一般由电阻、电流、电容中的单一电路元件构成，称为单一参数的交流电路。工程实际中的某些电路可作为单一参数的交流电路来处理。同时，复杂交流电路也可以分解为单一参数电路元件的组合。因此，掌握单一参数的交流电路将有助于实际工程电路分析。

【知识链接】

在交流电路中，负载元件除了有像白炽灯、电烙铁、电炉等电阻元件外，还有电感、电容元件。这些电路元件由相应的参数 RLC 来表示。为了便于分析，常将实际元件理想化，即在一定条件下突出其主要的电磁性质，忽略其次要因素。

2.2.1　单一参数的正弦交流电路分析

1. 纯电阻电路分析

负载中只有电阻元件（例如白炽灯、电烙铁、电炉等）构成的交流电路，称为纯电阻电路，如图 2-4 所示。

（1）电压、电流的瞬时值关系

电阻与电压、电流的瞬时值之间的关系服从欧姆定律。设加在电阻 R 上的正弦交流电压瞬时值为 $u=U_m\sin\omega t$，则通过该电阻的电流瞬时值为

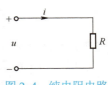

图 2-4　纯电阻电路

$$i = \frac{u}{R} = \frac{U_m}{R}\sin\omega t = I_m\sin\omega t \tag{2-4}$$

式中，$I_m = U_m/R$ 是正弦交流电流的振幅。由于纯电阻电路中正弦交流电压和电流的振幅值之间满足欧姆定律，因此把等式两边同时除以 $\sqrt{2}$，即得到有效值关系，即

$$I = \frac{U}{R} \quad \text{或} \quad U = RI$$

根据以上分析，可以得出如下结论：纯电阻电路中电压和电流同相位，即它们的初相角相同，$\varphi_u = \varphi_i$，如图 2-5 所示。电压与电流的瞬时值、最大值、有效值关系都满足欧姆定律，即

$$i = \frac{u}{R}, \quad I_m = \frac{U_m}{R}, \quad I = \frac{U}{R} \tag{2-5}$$

图 2-5 纯电阻电路电压和电流波形图及向量图

（2）功率

1）瞬时功率。在任一时刻，电阻中的电流瞬时值与同一时刻加在电阻两端的电压瞬时值的乘积，称为电阻的瞬时功率。

$$p(t) = ui = U_m I_m \sin^2\omega t = UI(1 - \cos 2\omega t)$$

因此，$p(t)$ 为瞬时功率，$p(t)$ 始终是大于零的，这说明电阻在任意时刻总是消耗能量的，即电阻属于耗能元件。

2）平均功率。瞬时功率在一个周期内的平均值，称为有功功率，用 P 表示，其单位为 W，即

$$P = \frac{1}{T}\int_0^T p(t)dt$$

可以证明，电阻消耗的平均功率可表示为

$$P = UI = I^2 R = \frac{U_R^2}{R} \tag{2-6}$$

2. 纯电感电路分析

由电阻很小的电感元件组成的交流电路，可看成是纯电感电路，如图 2-6 所示。

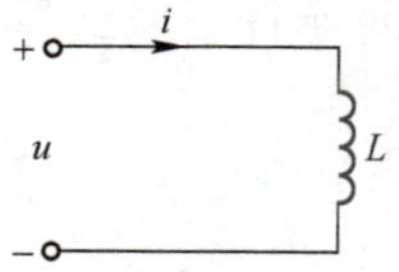

图 2-6 纯电感电路

（1）电压、电流的关系

电感元件的电压与电流为关联参考方向时，若通过电感元件中的电流为 $i = I_m\sin\omega t$，则

$$u = L\frac{di}{dt} = L\frac{d(I_m\sin\omega t)}{dt} = \omega L I_m\cos\omega t = U_m\sin\left(\omega t + \frac{\pi}{2}\right) \tag{2-7}$$

其中，$U_m = I_m\omega L$ 或 $U = I\omega L$，$\varphi = \varphi_u - \varphi_i$。

电压与电流的最大值关系为 $I_m = U_m/(\omega L)$，其中，ωL 是一个具有电阻量纲的物理量，单位是 Ω，起阻碍电流通过的作用，称为感抗，用 X_L 表示，即 $X_L = \omega L = 2\pi f L$，$L$ 为自感系数，单位是亨，用字母 H 表示。常用的单位还有毫亨(mH)、微亨(μH)、纳亨(nH)等，它们与 H 的换算关系为

$$1\text{mH}=10^{-3}\text{H}, \quad 1\mu\text{H}=10^{-6}\text{H}, \quad 1\text{nH}=10^{-9}\text{H}$$

电压和电流的有效值的关系为

$$I = \frac{U}{X_L} \tag{2-8}$$

根据式（2-7）、式（2-8）分析，可得出如下结果：

1）纯电感电路中电压的相位超前电路 $\pi/2$，即它们的初相角的关系为 $\varphi_u = \varphi_i + \pi/2$，如图 2-7 所示；

2）电感电路中具有感抗，感抗 $X_L = \omega L = 2\pi f L$，是频率函数，$L$ 一定时，感抗与频率呈正比。因此，电感元件在交流电路中起阻碍电流的作用，所以电感元件具有"通直阻交"的特点；

3）电路中的电压与电流用有效值表示时，满足欧姆定律的关系。

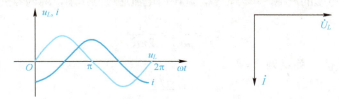

图 2-7　纯电感电路电压和电流波形图及相量图

（2）功率

瞬时功率为

$$p(t) = u_L i = U_{LM}\sin\left(\omega t + \frac{\pi}{2}\right)I_m \sin \omega t = U_L I \sin 2\omega t$$

瞬时功率随时间按正弦规律变化，其幅值为 U_L，角频率为电流（或电压）角频率的 2 倍，当 $p>0$ 时，电感元件从电源取用电能并转换为磁场能；当 $p<0$ 时，电感元件将储存的磁场能转换成电能送回电源。瞬时功率的这一特点，一方面说明电感元件并不消耗电能，它是一种储能元件，故平均功率（有功功率）为零，即

$$P = \frac{1}{T}\int_0^T p\,\mathrm{d}t = 0$$

另一方面说明电感元件与电源之间有能量往返互换，无功功率 Q 来衡量其能量交换的最大程度。即无功功率 Q 等于瞬时功率 p 的幅值。

$$Q_L = U_L I_L = \frac{u_L^2}{X_L} = I_L^2 X_L \tag{2-9}$$

无功功率的量纲虽与有功功率相同，但为了区别，其单位不用 W，而用乏（var）。

> **小提示**："无功"的含义是"交换"而不是"消耗"，它是相对"有功"而言的，不能理解成"无功"，生产实际中的具有电感性质的变压器、电动机等设备都是靠电磁转换工作的。

3．纯电容电路分析

在两块金属板间以介质（如云母、陶瓷、绝缘纸、电解质等）间隔就构成了电容元件。由于介质损耗小，绝缘电阻大的电容组成的交流电路，可近似看成是纯电容电路，如图 2-8 所示。

（1）电压、电流的关系

电容元件两端加上交流电，随着电容元件两端电压不断变化，电容元

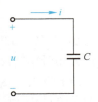

图 2-8　纯电容电路

件上电荷量不断变化，电路中产生电流。若电容元件两端电压和电流采用关联参考方向，选择电压 u 为参考正弦量，即电压的初相为零，电压 u 的瞬时值表达式为

$$u = U_m \sin \omega t$$

则电容元件上流过的电流为

$$i = C\frac{du}{dt} = C\frac{d(U_m \sin \omega t)}{dt} = \omega C U_m \cos \omega t = I_m \sin\left(\omega t + \frac{\pi}{2}\right)$$

由上式可知，电压与电流最大值关系为

$$I_m = \omega C U_m = \frac{U_m}{\frac{1}{\omega C}} \tag{2-10}$$

其中，$\frac{1}{\omega C}$ 具有电阻的量纲，单位是 Ω，起阻碍电流通过的作用，称为容抗，用 X_C 表示，即

$$X_C = \frac{1}{\omega C} = \frac{1}{2\pi f C} \tag{2-11}$$

电压与电流有效值的关系为

$$I = \frac{U}{X_C} \tag{2-12}$$

据分析，电容元件的电压与电流之间有如下关系：电压与电流的频率相同，电压在相位上滞后于电流 90°，即电流在相位上超前于电压 90°，如图 2-9 所示。

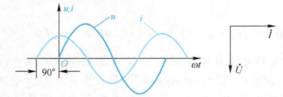

图 2-9 纯电容电路电压和电流波形图及向量图

电容电路中具有容抗，容抗 $X_C = \frac{1}{\omega C} = \frac{1}{2\pi f C}$，是频率的函数，$C$ 一定时，容抗与频率呈反比。因此，电容元件在交流电路中随着频率的增加阻碍电流的作用反而降低，对直接有阻断的作用，所以电容元件具有"通交阻直"的特点。

电压和电流用有效值表示时，满足欧姆定律的关系。

 小提示：纯电容电路中，电压与电流瞬时值间的关系不符合欧姆定律，通过电容元件的电流与电容元件两端电压的变化率呈正比。

（2）功率

1）瞬时功率。

瞬时功率为

$$p(t) = u_C i = U_{Cm} \sin \omega t \, I_m \sin\left(\omega t + \frac{\pi}{2}\right) = U_C I \sin 2\omega t \tag{2-13}$$

由式（2-13）可见，瞬时功率随时间按正弦规律变化，其幅值为 $U_C I$，角频率为电流（或电压）角频率的 2 倍。当 $p>0$ 时，这时电容元件在充电，电容元件从电源取电能并转换成电场能；当 $p<0$ 时，这时电容元件在放电，电容元件把储存的电场能转成电能送回电源；瞬时功率的这一特点说明电容元件并不消耗电能，它是一种储能元件，故平均功率（有功功率）为零，即

$$P = \frac{1}{T}\int_0^T p\,dt = 0$$

2) 无功功率。在纯电容电路中时刻进行着能量的交换,和纯电感电路一样,其瞬时功率的最大值被定义为无功功率,反映电容元件与外电路进行能量交换的幅度,用 Q_C 来表示,单位是 var,即

$$Q_C = U_C I_C = \frac{U_C^2}{X_C} = I_C^2 X_C$$

2.2.2 RLC串并联电路分析

1. RL 串联电路

许多电气设备,如变压器、电动机等都是由多匝线圈绕制而成,其中既有电阻又有电感。由于线圈匝数较多,因此线圈的电阻较大,此时电阻就不可忽略,线圈相当于电阻与电感的串联电路。

（1）电压与电流的关系

图 2-10 为 RL 串联电路,电路中的各个元件通过的电流相同。设电路中通过的电流为

$$i = I_m \sin\omega t$$

则电阻两端的电压为

$$u_R = RI_m\sin\omega t = U_{Rm}\sin\omega t$$

电感两端的电压为

$$u_L = X_L I_m\sin\omega t = U_{Lm}\sin(\omega t + 90°)$$

电路中电压 $u = U_{RM}\sin\omega t + U_{Lm}\sin(\omega t+90°) = U_m\sin(\omega t+\varphi)$ 各分电压都是同频正弦量,所以用相量法求出总电压为

$$\dot{U} = \dot{U}_R + \dot{U}_L \tag{2-14}$$

以电流为参考相量,根据各电压和电流的相位差画出相量图,如图 2-11 所示。

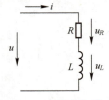

图 2-10　RL 串联电路

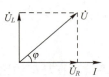

图 2-11　RL 串联电路电压和电流相量图

从相量图 2-11 中还可以看出各电压相量 $\dot{U}$、$\dot{U}_R$ 和 $\dot{U}_L$ 正好构成一个直角三角形,称为电压三角形。在电压三角形中,可以得出总电压和各分电压有效值的关系为

$$U = \sqrt{U_R^2 + U_L^2} \tag{2-15}$$

其中,

$$U_R = U\cos\varphi$$
$$U_L = U\cos\varphi$$

可知,各电压有效值的关系是相量和,而不是代数和,这是与电阻串联电路的本质区别。从电压三角形还可以得出总电压和电流之间的相位差为

$$\varphi = \arctan\frac{U_L}{U_R}$$

总电压超前总电流一个相位角 $\varphi(0<\varphi<90°)$。通常把电压超前电流的电路称为电感性电路,具有感性特征的负载称为电感性负载。

根据总电压和电流有效值的关系遵循欧姆定律,可知

$$U = \sqrt{U_R^2 - U_L^2} = I\sqrt{R^2 + X_L^2} = I|Z| \tag{2-16}$$

式(2-16)中,$|Z|$ 为复阻抗 Z 的模,简称阻抗,单位是 Ω。

$$|Z| = \frac{U}{I} = \sqrt{R^2 + X_L^2} \tag{2-17}$$

阻抗 $|Z|$、电阻 R、感抗 X_L 也构成一个直角三角形,称为阻抗三角形,如图 2-12 所示。其中阻抗三角形中的 φ 称为阻抗角,等于总电压与电流之间的相位差,即

$$\varphi = \arctan\frac{X_L}{R} = \arctan\frac{X_L}{U_R} \tag{2-18}$$

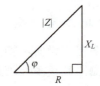

图 2-12　RL 串联电路阻抗三角形

(2) 功率

根据功率的定义,将电压三角形中的各电压乘以电流 I,即可以得到由 $S=UI$、$P=U_RI$ 以及 $Q_L=U_LI$ 组成的直角三角形,称为功率三角形。其中,S 为视在功率,电源提供的总功率,也称为电源设备的额定容量,单位是 V·A;P 为有功功率,电路中电阻消耗的功率,单位是 W;Q 为无功功率,电路中电感与电源之间交换的功率,单位是 var。

由功率三角形可知

$$S = \sqrt{P^2 + Q^2} = UI \tag{2-19}$$

式中,

$$P = S\cos\varphi = UI\cos\varphi$$
$$Q = S\sin\varphi = UI\sin\varphi$$

视在功率、有功功率和无功功率之间遵循勾股定理,不是代数和的关系。电路中只有电阻取用功率,电路中的有功功率就等于电阻消耗的功率,即

$$P = UI\cos\varphi = U_RI = I^2R = \frac{U_R^2}{R}$$

(3) 功率因数

电路的有功功率与视在功率的比值称为功率因数,即

$$\cos\varphi = \frac{P}{S} \tag{2-20}$$

功率因数的大小是表示电源功率被利用的程度,$\cos\varphi$ 越大,表明电路对电源输送的功率利用功率越高。

2. *RLC* 串联电路

在 *RLC* 串联电路中,当 u 和 i 达到同相位时,电路就发生了谐振,称为串联谐振。*RLC* 串联电路图及电压、电流向量图如图 2-13 所示。

当 $X_L>X_C$,则 $U_L>U_C$,$\varphi>0$,总电压超前电流一个小于 90° 的 φ,电路呈电感性。
当 $X_L<X_C$,则 $U_L<U_C$,$\varphi<0$,总电压滞后电流一个小于 90° 的 φ,电路呈电容性。
当 $X_L=X_C$,则 $U_L=U_C$,$\varphi=0$,总电压与电流同相,电路呈电阻性,此时电路处于串联谐振状态。

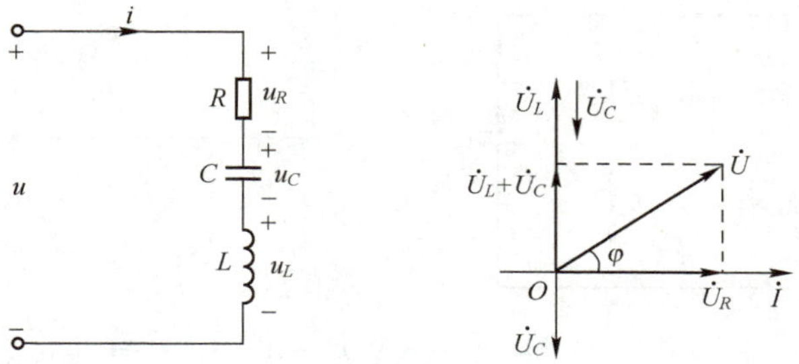

图 2-13 RLC 串联电路图及电压、电流向量图

（1）谐振条件与谐振频率

RLC 串联电路发生串联谐振的条件是 $X_L=X_C$，即

$$\omega L = \frac{1}{\omega C} \quad 或 \quad 2\pi fL = \frac{1}{2\pi fC} \tag{2-21}$$

则谐振频率为

$$\omega_0 = \frac{1}{\omega C} \quad 或 \quad f_0 = \frac{1}{2\pi\sqrt{LC}}$$

由此可知，要使电路发生谐振，可改变 L 或者 C，还可以改变 f，使之满足谐振条件即可。

（2）串联谐振电路的特点

1）总阻抗最小，$|Z_0|=\sqrt{R^2+(X_L-X_C)^2}=R$，电路呈电阻性。

2）电流最大，$I_0=\dfrac{U}{|Z_0|}=\dfrac{U_0}{R}$。

3）电感或电容两端的电压会比总电压高很多倍。

当电路发生谐振时，电感与电容上的电压大小相等，相位相反，相互抵消，所以电路的总电压等于电阻的电压，即 $U=U_R=RI_0$。当感抗或者容抗比电阻大很多时，电感或者电容的电压就会比总电压高很多倍，因此，串联谐振又称为电压谐振。电压或者电感的电压和总电压的比值，称为电路的品质因数，用 Q 来表示，即

$$Q = \frac{U_L}{U} = \frac{\omega_0 L}{R} = \frac{1}{\omega_0 CR}$$

 小提示：在无线电工程上可以利用谐振时电感或者电容上产生的高电压将微弱的电信号取出，或利用谐振电路的低电阻特性滤除无用信号。但在电力工程上应尽量避免电路发生谐振，因为此时产生的高电压会将电感或电容击穿，造成设备损坏。

3．功率因数的提高

功率因数是电力系统中很重要的经济指标，其大小取决于所接负载的性质，实际用电器的功率因数都在 0 和 1 之间，例如白炽灯的功率因数接近 1，荧光灯在 0.5 左右，工农业生产中大量使用的异步电动机满载时可达 0.9 左右，而空载时会降到 0.2 左右。一般情况下，电力系统的负载多属于电感性负载，电路功率因数一般不高，这将使电源设备的容量不能得到充分利用，故提高功率因数对国民经济发展有极其重要的现实意义。

提高电感性电路功率因数的方法是在电感性负载两端并联一个适当的电容器。以电压为参考相量，画出其相量图，如图 2-14 所示。

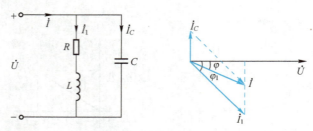

图 2-14 电感性负载并联电容电路图及相量图

并联电容前,电路的电流为电感性负载的电流 $\dot{I}_1$,电路的功率因数为电感性负载的功率因数 $\cos\varphi_1$;并联电容后,电路的总电流 $\dot{I}=\dot{I}_1+\dot{I}_C$,电路的功率因数变为 $\cos\varphi$。由上述分析可知,

1)并联电容后,电感性负载的功率因数没有改变,但整个电路的功率因数提高了,即 $\cos\varphi > \cos\varphi_1$。

2)并联电容后,流过电感性负载的电流没有改变,但是电路的总电流减小了,即 $I<I_1$。

3)并联电容后,电感性负载所需要的无功功率大部分可由电容的无功功率补偿,减小了电源与负载之间的能量交换。但要注意,并联电容的电容量要适当,如果电容量过大,电路的性质就改变了,反而可能会使电路的功率因数降低,称为过补偿。

小提示:鉴于电力生产的特点,用户用电功率因数的高低对发、供、用电设备的充分利用、节约电能和改善电压质量有着重要影响。为提高用户的功率因数并保持其均衡,以提高供电用双方和社会的经济效益,国家制定了《功率因数调整电费办法》。功率因数调整电费是指:电力用户功率因数低于国家规定的功率因数标准时,按电费额的百分比追收的电费,也称力率电费。

任务 2.3　三相正弦交流电的认识与使用

【任务引入】

在工厂、实验室或需要安装大功率空调的场所,我们常常见到如图 2-15 所示的四孔插座。它与一般两孔、三孔插座不同之处,在于它引入的是三相正弦交流电。三相正弦交流电是由三个频率相同、相位互差 120°、幅度大小相等的电压组成的。目前,世界各国电力系统普遍采用三相交流电源,如有需要单相供电的地方,可以应用三相交流电中的一相。

三相交流电的基本知识

图 2-15　四孔插座

【知识链接】

由三相交流电源供电的电路,简称三相电路。三相交流电源是指能够提供 3 个频率相同而相位不同的电压或电流的电源,其中最常用的是三相交流发电机。

2.3.1　三相正弦交流电的产生

三相正弦交流电是由三相交流发电机产生的,三相交流发电机的原理图如图 2-16 所示。定子铁心的内圆周表面有冲槽，冲槽内嵌有三个相同尺寸和匝数的绕组，它们的始端分别标为 A、B、C，末端分别标为 X、Y、Z，三个绕组在空间的位置彼此相隔 120°。磁极是转子，当转子在发动机的带动下，以均匀速度转动时，则每相定子绕组依次切割磁力线，定子绕组中产生频率相同、幅值相等和相位互差 120° 的三相正弦电动势 e_A、e_B 及 e_C。三个电动势的参考方向由定子绕组的末端指向始端。

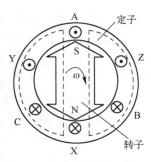

图 2-16 三相交流发电机的原理图

假定三相发电机的初始位置如图 2-16 所示，产生的电动势幅值为 E_m，角频率为 ω，E 是有效值。如果以 A 相为参考电动势，则可得出：

$$e_A = E_m \sin \omega t$$
$$e_B = E_m \sin(\omega t - 120°)$$
$$e_C = E_m \sin(\omega t + 120°)$$

用相量可表示为

$$\dot{E}_A = E \angle 0°$$
$$\dot{E}_B = E \angle -120°$$
$$\dot{E}_C = E \angle 120°$$

它们的正弦波形图和相量图如图 2-17 所示。

通常，我们把幅值相等、频率相同、相位彼此互差 120° 的三相电动势称为三相对称电动势。而把幅值相等、频率相同、相位彼此互差 120° 的三相交流电动势、电压和电流统称为三相对称交流电。三相对称电动势在任一时刻的和为零，即

$$e_A + e_B + e_C = 0$$
$$\dot{E}_A + \dot{E}_B + \dot{E}_C = 0$$

三相交流电出现正幅值（或相应零值）的顺序称为相序。图 2-17 中三相交流电中的相序为 A→B→C，称为正序（或顺序）。若相序为 C→B→A，则称为逆序（或反序）。若无特别说明，相序均为正序。

1. 三相电源的星形联结

把三相定子绕组的末端连在一起，这个联结点称为中性点（俗称零点），用 N 表示，如图 2-18 所示。这种联结形式称为三相电源的星形联结。

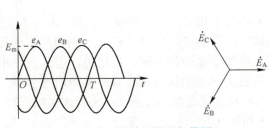

图 2-17 三相电正弦波形图和相量图

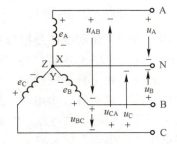

图 2-18 三相电源的星形联结

从中性点引出的导线称为中性线（俗称零线），从始端 A、B、C 引出的三根导线称为相线

或端线，俗称火线。相线与中性线间的电压，即每相定子绕组始端与末端之间的电压称为相电压，分别用 u_A、u_B、u_C 表示，参考方向由相线指向中性线。因为 $u_A = -e_A$，$u_B = -e_B$，$u_C = -e_C$，所以，u_A、u_B、u_C 三个相电压的幅值相等，频率相同，相位彼此互差120°，称为三相对称电压，任一时刻三个相电压的代数和为零，相电压的有效值用 U_p 表示，即

$$u_A = \sqrt{2}U_p \sin \omega t$$
$$u_B = \sqrt{2}U_p \sin(\omega t - 120°)$$
$$u_C = \sqrt{2}U_p \sin(\omega t - 120°)$$

相线与相线之间的电压，即任意两始端的电压称为线电压，分别用 u_{AB}、u_{BC}、u_{CA} 表示，根据 KVL 定律，可得到

$$U_{AB} = U_A - U_B$$
$$U_{BC} = U_B - U_C$$
$$U_{CA} = U_C - U_A$$

用相量表示为

$$\dot{U}_{AB} = \dot{U}_A - \dot{U}_B$$
$$\dot{U}_{BC} = \dot{U}_B - \dot{U}_C$$
$$\dot{U}_{CA} = \dot{U}_C - \dot{U}_A$$

三相电源星形联结时相电压和线电压的相量图如图 2-19 所示。从相量图中很容易得到

$$\dot{U}_{AB} = \sqrt{3}\dot{U}_A \angle 30°$$
$$\dot{U}_{BC} = \sqrt{3}\dot{U}_B \angle 30°$$
$$\dot{U}_{CA} = \sqrt{3}\dot{U}_C \angle 30°$$

上式说明，线电压在相位上超前与其对应的相电压 30°，数量上是各相电压的 $\sqrt{3}$ 倍，线、相电压之间的数量关系可表示为

$$U_l = \sqrt{3}U_p$$

图 2-19　三相电源星形联结时相电压和线电压的相量图

> **小提示**：一般低压供电系统中，经常采用的供电线电压为 380V，对应相电压为 220V。日常生活照明设备的额定电压一般均为 220V，因此应接在相线与中性线之间。不加说明的三相电源和负载的额定电压通常都指线电压的数值。

2. 三相电源的三角形联结

三相电源的三角形联结是把每相绕组的末端与它相邻的另一相绕组的首端依次相连，即 A 与 Z，B 与 X，C 与 Y 相连，使三相绕组构成一闭合回路，A、B、C 上分别引出三相相线连接负载。三相电源做三角形联结时，电源线电压就等于电源相电压。应指出，电源在三相绕组的闭合回路中同时作用着三个电源，且三相电压源瞬时值的代数和或其相量和均等于零，回路中不会发生短路而引起很大电流。但若三相电源不对称或者电路接错（绕组首末端接反），那么在三相绕组中便产生一个很大的环流，致使发电机烧坏。

> **小提示**：在生产实践中，发电机绕组基本上采用星形联结，三相电力变压器二次侧也相当于一个三相电源，星形联结、三角形联结都有采用。

2.3.2 三相交流电路的分析

在三相四线制电路，根据负载额定电压的大小，负载的连接形式有两种：星形联结和三角形联结。

将三相负载末端连接在一起，用 N′ 表示，与三相电源的中性点 N 相连，三相负载的首端分别接到三相相线上，这种连接形式称为三相负载的星形联结，如图 2-20 所示，每相负载的阻抗为 Z_A、Z_B、Z_C。此时，每相负载的额定电压等于电源的相电压。

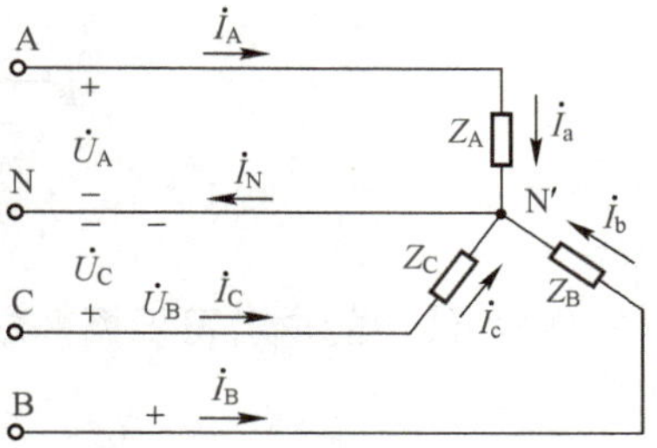

三相电路中流过相线的电流 i_A、i_B、i_C 称为线电流，其有效值用 I_l 表示；流过负载的电流 i_a、i_b、i_c 称为相电流，其有效值用 I_p 表示。显然 $i_A=i_a$，$i_B=i_b$，$i_C=i_c$。当 $Z_A=Z_B=Z_C=Z$ 时，称为三相对称负载。由三相对称负载组成的三相电路称为三相对称电路，否则为三相不对称电路。

图 2-20 三相负载的星形联结

1. 三相负载对称星形联结的三相交流电路

三相负载对称，即 $Z_A=Z_B=Z_C=Z=|Z|\angle\varphi$。以电源 A 相相电压为参考相量，可得

$$\dot{U}_A = U_p\angle 0°, \quad \dot{U}_B = U_p\angle -120°, \quad \dot{U}_C = U_p\angle 120°$$

则有

$$\dot{I}_A = \frac{\dot{U}_A}{Z_A} = \frac{U_p\angle 0°}{|Z|\angle\varphi} = \frac{U_p}{|Z|}\angle -\varphi$$

$$\dot{I}_B = \frac{\dot{U}_B}{Z_B} = \frac{U_p\angle -120°}{|Z|\angle\varphi} = \frac{U_p}{|Z|}\angle(-120°-\varphi)$$

$$\dot{I}_C = \frac{\dot{U}_C}{Z_C} = \frac{U_p\angle 120°}{|Z|\angle\varphi} = \frac{U_p}{|Z|}\angle(120°-\varphi)$$

可见，$\dot{I}_A$、$\dot{I}_B$、$\dot{I}_C$ 幅值相等，频率相同，相位彼此互差120°，称为三相对称电流，其电压、电流相量图如图 2-21 所示。此时，$\dot{I}_N = \dot{I}_A + \dot{I}_B + \dot{I}_C$，中性线中没有电流通过，可以去掉中线性，如图 2-22 所示，这就是三相三线制供电电路。由于对称负载的电压和电流都是对称的，因此在负载对称的三相电路中，只需要计算一相电路即可。

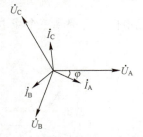

图 2-21 对称负载的电压、电流相量图

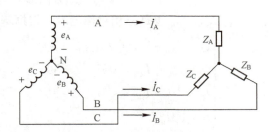

图 2-22 三相三线制电路

2. 三相负载不对称星形联结的三相交流电路

在三相负载不对称的情况下，对于三相电路的计算，应每相电路分别计算。以电源 A 相相电压为参考相量，有

$$\dot{U}_A = U_p \angle 0°, \quad \dot{U}_B = U_p \angle -120°, \quad \dot{U}_C = U_p \angle 120°$$

$$\dot{I}_A = \frac{\dot{U}_A}{Z_A} = \frac{U_p \angle 0°}{|Z_A| \angle \varphi_A} = \frac{U_p}{|Z_A|} \angle -\varphi_A$$

$$\dot{I}_B = \frac{\dot{U}_B}{Z_B} = \frac{U_p \angle -120°}{|Z_B| \angle \varphi_B} = \frac{U_p}{|Z_A|} \angle (-120° - \varphi_B)$$

$$\dot{I}_C = \frac{\dot{U}_C}{Z_C} = \frac{U_p \angle 120°}{|Z_C| \angle \varphi_C} = \frac{U_p}{|Z_A|} \angle (120° - \varphi_C)$$

中性线中的电流可根据基尔霍夫定律计算得到，即

$$\dot{I}_N = \dot{I}_A + \dot{I}_B + \dot{I}_C$$

小提示：负载不对称而且没有中性线时，负载两端的电压就不对称，则必将引起有的负载两端电压高于负载的额定电压；有的负载两端电压却低于负载的额定电压，负载无法正常工作。中性线的作用在于使星形联结的不对称负载的两端电压对称。不对称负载的星形联结一定要有中性线，这样各相相互独立，一相负载短路或开路，对其他相无影响，例如照明电路。因此，中性线(指干线)上不能接入熔断器或刀开关。

3. 负载三角形连接的三相交流电路

图 2-23 所示的连接为三相负载的三角形联结。在此联结形式中，负载的额定电压等于电源线电压。当 $Z_{AB}=Z_{BC}=Z_{CA}=Z$ 时，称为三相负载对称，否则，三相负载不对称。线电流和相电流的相量图如图 2-24 所示。

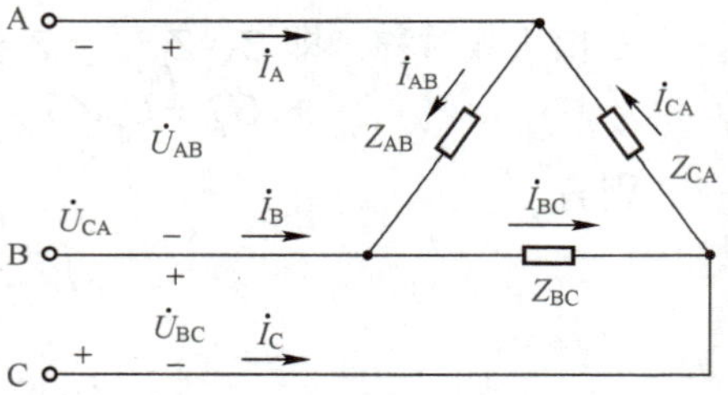

（1）三相负载对称三角形联结的三相交流电路

三相负载对称，即 $Z_A=Z_B=Z_C=Z=|Z|\angle\varphi$。以电源 $\dot{U}_{AB}$ 为参考相量，可得：$\dot{U}_{AB}=U_l\angle 0°$，$\dot{U}_{BC}=U_l\angle -120°$，$\dot{U}_{BC}=U_l\angle 120°$，所以，

$$\dot{I}_{AB} = \frac{\dot{U}_{AB}}{Z_{AB}} = \frac{U_p \angle 0°}{|Z| \angle \varphi} = \frac{U_p}{|Z|} \angle -\varphi$$

$$\dot{I}_{BC} = \frac{\dot{U}_{BC}}{Z_{BC}} = \frac{U_p \angle -120°}{|Z| \angle \varphi} = \frac{U_p}{|Z|} \angle -\varphi$$

$$\dot{I}_{CA} = \frac{\dot{U}_{CA}}{Z_{CA}} = \frac{U_p \angle -120°}{|Z| \angle \varphi} = \frac{U_p}{|Z|} \angle (120° - \varphi)$$

显然，$\dot{I}_{AB}$，$\dot{I}_{BC}$，$\dot{I}_{CA}$ 也是三相对称电流，根据基尔霍夫电流定律，可得到三个线电流，即

$$\begin{cases} \dot{I}_A = \dot{I}_{AB} - \dot{I}_{CA} = \sqrt{3}\dot{I}_{AB}\angle -30° \\ \dot{I}_B = \dot{I}_{BC} - \dot{I}_{AB} = \sqrt{3}\dot{I}_{BC}\angle -30° \\ \dot{I}_C = \dot{I}_{CA} - \dot{I}_{BC} = \sqrt{3}\dot{I}_{CA}\angle -30° \\ I_l = \sqrt{3}I_p \end{cases}$$

图 2-23 三相负载的三角形联结

（2）三相负载不对称三角形联结的三相交流电路

三相负载不对称时，三相电路的每相负载需分别进行计算，即

$$\dot{I}_{AB} = \frac{\dot{U}_{AB}}{Z_{AB}}$$

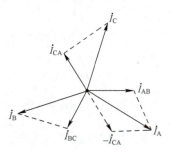

图 2-24 线电流和相电流的相量图

$$\dot{I}_{BC} = \frac{\dot{U}_{BC}}{Z_{BC}}$$

$$\dot{I}_{CA} = \frac{\dot{U}_{CA}}{Z_{CA}}$$

$$\begin{cases} \dot{I}_A = \dot{I}_{AB} - \dot{I}_{CA} \\ \dot{I}_B = \dot{I}_{BC} - \dot{I}_{AB} \\ \dot{I}_C = \dot{I}_{CA} - \dot{I}_{BC} \end{cases}$$

4．三相功率

在负载不对称的情况下，三相电路中每相负载消耗的功率不同，三相电路的有功功率应为各相负载的有功功率之和。对于负载星形联结的三相电路，有以下关系：

$$P = P_A + P_B + P_C = U_A I_A \cos\varphi_A + U_B I_B \cos\varphi_B + U_C I_C \cos\varphi_C$$

式中，φ_A、φ_B、φ_C 分别为 A 相、B 相、C 相负载的阻抗角。

对于负载三角形联结的三相电路，有以下关系：

$$P = P_{AB} + P_{BC} + P_{CA} = U_{AB} I_{AB} \cos\varphi_{AB} + U_{BC} I_{BC} \cos\varphi_{BC} + U_{CA} I_{CA} \cos\varphi_{CA}$$

式中，φ_{AB}、φ_{BC}、φ_{CA} 分别为 AB 相、BC 相、CA 相负载的阻抗角。

在负载对称的三相电路中，每相负载的有功功率相同。因此，三相电路的有功功率为每相负载有功功率的 3 倍。

对于负载星形联结的三相对称电路有：$P = 3P_A = 3U_A I_A \cos\varphi = 3U_p I_p \cos\varphi$，由于 $U_p = \frac{1}{\sqrt{3}} U_1$，$I_p = I_1$，所以，$P = \sqrt{3} U_1 I_1 \cos\varphi$。其中，$\varphi$ 为每相负载阻抗的阻抗角，也即为该相负载两端电压与流过该负载的相电流的相位差。

同理，三相对称电路的三相无功功率为

$$Q = \sqrt{3} U_1 I_1 \cos\varphi$$

三相对称电路的三相视在功率为

$$S = \sqrt{3} U_1 I_1$$

任务 2.4　电热管的接线与调试

【任务引入】

完成由三相三线电源、熔断器、开关、三个潜水型电热管（3 个 AC 220V/700W、3 个 AC 380V/5000W）等电路元器件组成的工业用电热管电路的接线与调试，使其符合工作要求，各发热管工作在正常额定电压，并具有短路保护等作用。

【知识链接】

潜水型电热管（浸入式电加热管）是采用电热管直接放在水底使用的一种管状加热器，如图 2-25 所示。在普通电热管的接线端部采用了耐腐蚀、防水性极好的橡塑合成材料制成的红色橡胶头。电热管是在焊接到无缝的金属管中装入电热丝，再在管中的空隙部分填满氧化镁粉，然后缩管，加工成所需要的形状即可。氧化镁具有良好的导热性和绝缘性，能很好地传递热量。虽然电热管结构简单，但是它的热效率和机械强度很好，可用于各种酸碱盐液体的加热，也可用于某些在较低温可熔的金属熔化。在分析电热管控制电路时，可以把电热管简化为纯电阻器件。电热管接线方案如图 2-26 和图 2-27 所示。

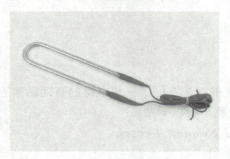

图 2-25　潜水型电热管外形

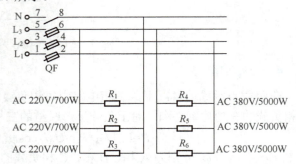

图 2-26　电热管接线方案一（带中性线）

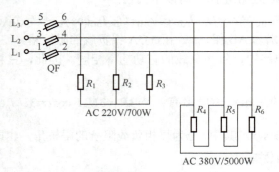

图 2-27　电热管接线方案二（不带中性线）

2.4.1　工作任务分析

1. 电路技术要求

1）各电热管工作于额定电压。
2）单个电热管工作异常，不影响其他电热管。
3）电路装有短路保护。
4）使用万用表测量电路中各发热管上的电压、电流。
5）工作过程安全，仪器仪表操作安全，工具使用安全规范。
6）保持实训场所干净整洁，物品摆放整齐有序。

2. 作业要求

1）依据电路技术要求，设计电路，画出电路图。
2）根据电路图，选择合适元器件及导线规格，并且用万用表检测元器件好坏。
3）各导线接头牢固，并做好防水保护。
4）检验电路连接是否符合功能设计要求，并用万用表对电路进行检查，线路连接及线路通断检测，发现问题应及时解决，未经过检测的电路严禁通电。

5)电路检查无误后,由指导教师确认无误后,方可通电。

2.4.2 工作任务实施

1. 任务分组

学生进行分组,选出组长,做好工作任务分工(见表2-1)。

表 2-1 学生任务分配表

班级		组号		指导教师	
组长		学号			
组员					
任务分工					

2. 工作计划

(1)制定工作方案(见表2-2)

表 2-2 工作方案

步骤	工作内容	负责人

(2)列出仪表、工具、耗材和器材清单(见表2-3)

表 2-3 电路元器件清单

序号	名称	型号与规格	数量	单位	备注
1	3P 断路器	AC 400V/40A	1	个	
2	3P+N 断路器	AC 400V/40A	1	个	
3	电热管 1	AC 220V/700W	3	个	
4	电热管 2	AC 380V/5000W	3	个	
5	导线	2.5mm²	若干		若干

3. 工作决策

1)各组分别陈述设计方案,然后教师对重点内容详细讲解,帮助学生确定方案的可行性。
2)各组对其他组的方案提出自己不同的看法。
3)教师对问题与疑点积极引导,适时点拨,对学习困难学生积极鼓励,并适度助学。
4)教师结合大家完成的情况进行点评,选出最佳方案。

4. 工作实施

在此过程中，指导教师要进行巡视指导，引导学生解决问题，掌握学生的学习动态，了解课堂的教学效果。

（1）各组按照工作计划实施——安装电路

1）领取电路元器件和工具。

2）检查电路元器件。

3）根据工艺要求及最佳方案布线。

（2）安装步骤

1）识读工业用电热管控制电路图，明确电路所用电路元器件，熟悉电路的工作原理。

2）根据电路图或元件明细表配齐电路元器件，并使用工具进行质量检验。

3）根据电路元器件选配安装工具。

4）根据电路原理图绘制工业用电热管控制电路接线图，然后按要求在控制板上安装电路元器件。

5）根据工业用电热管容量选配电路导线的横截面积。

6）根据工业用电热管电路接线图布线，同时剥去绝缘层两端的线头，套上与电路图相一致编号的编码套管。

7）安装开关等其他元器件。

8）检查。

9）通电试车。

5. 评价反馈

各组展示作品，介绍任务完成过程，教师和各组学生分别对方案进行评价打分，组长对本组组员进行打分（见表 2-4～表 2-6）。

表 2-4 学生自评表

序号	任务	自评情况
1	任务是否按计划时间完成（10 分）	
2	理论知识掌握情况（15 分）	
3	电路设计、焊接、调试情况（20 分）	
4	任务完成情况（15 分）	
5	任务创新情况（20 分）	
6	职业素养情况（10 分）	
7	收获（10 分）	
	自评总分：	

表 2-5 小组互评表

序号	评价项目	小组互评
1	任务元器件、资料准备情况（10 分）	
2	完成速度和质量情况（15 分）	
3	电路设计、焊接质量、功能实现等（25 分）	
4	语言表达能力（15 分）	

（续）

序号	评价项目	小组互评
5	团队合作情况（15 分）	
6	电工工具使用情况（20 分）	
	互评总分：	

表 2-6　教师评价表

序号	评价项目	教师评价
1	学习准备（5 分）	
2	引导问题（5 分）	
3	规范操作（15 分）	
4	完成质量（15 分）	
5	完成速度（10 分）	
6	6S 管理（15 分）	
7	参与讨论主动性（15 分）	
8	沟通协作（10 分）	
9	展示汇报（10 分）	
	教师评价总分：	
	项目最终得分：	

注：每项评分满分为 100 分；项目最终得分=学生自评 25%+小组互评 35%+教师评价 40%。

拓展阅读

　　全球最先进的输电技术，毋庸置疑就是特高压。而我国是全球唯一掌握特高压技术的国家，在全球特高压领域，我国的标准就是世界的标准。截至 2017 年 3 月，我国提交并立项的 ISO/IEC 标准接近 600 项，主导编制 39 项国际标准。我国主导制定的特高压、新能源接入等国际标准成为全球相关工程建设的重要规范。截至 2021 年底，我国累计建成投运了 31 个特高压交流输电单项工程，共计 32 座特高压交流变电站和 1 座串补站，特高压交流输电线路总长度超过 1.4 万千米，覆盖了 15 个省（市区）。每个特高压工程都承担着非凡的意义，都有自身独步天下的"特长"。

　　特高压输电技术，不仅带动了我国电工装备制造产业全面升级，而且还走出国门，参与到其他国家的电力建设中。2014 年，国家电网公司成功中标巴西美丽山水电特高压输电工程项目，并于 2019 年完成全部工程建设。这是巴西最长、输电量最大的一条电力干线，它跨越 2000 多公里，能满足 2200 万人口的用电需求，也被称为巴西经济发展的主动脉。近年来，我国还先后与哈萨克斯坦、俄罗斯、蒙古、巴基斯坦等国开展了互联互通特高压技术合作项目，实现了中国特高压输电技术、标准、装备、工程总承包、全产业链输出，创造了 350 多亿美元的经济效益。

思考与练习

一、填空题

1. 我国工业及生活中使用的交流电频率是_____，周期为_____。
2. 正弦交流电的三要素是指_____、_____、_____。
3. 已知交流电压 $u = 220\sqrt{2}\sin(314t + 60°)$，它的有效值是_____，频率是_____，初相是_____。若电路上接一纯电感负载 $X_L=220Ω$，则电路上电流的大小是_____，电流的数学式表达式是_____。
4. 纯电阻正弦交流电路中，电压与电流的相位关系是_____；纯电感正弦交流电路中，电压与电流的相位关系是_____，纯电容正弦交流电路中，电压与电流的相关关系是_____。
5. RLC 串联电路中，当 $X_L>X_C$ 时，电路呈_____性；当 $X_L<X_C$ 时，电路呈_____性；当 $X_L=X_C$ 时，电路呈_____性。
6. 三相电动机接在三相电源中，若其额定电压等于电源的线电压，应做_____联结；若其额定电流等于电源的线电流，应做_____联结。

二、分析计算题

1. 一个线圈接在 $U=120V$ 的直流电源上，$I=20A$；若接在 $f=50Hz$，$U=220$ 的交流电源上，则 $I=28.2A$，试求线圈的电阻 R 和电感 L。
2. 某水电站以 22 万伏的高电压向功率因数为 0.6 的工厂输送 24 万千瓦的电力，若输电线路的总电阻为 $10Ω$，试计算当功率因数提高到 0.9 时，输电线路一年可以节省的电能。
3. 把一电阻为 $20Ω$、电感为 $48mH$ 的线圈接到电压有效值 $U=100V$，角频率 $ω=314rad/s$ 的交流电源上。求（1）线圈的阻抗；（2）电路中的电流；（3）电路中的 P、Q、S；（4）电路的功率因数。
4. 有一三相对称负载，其各相电阻等于 $10Ω$，负载的额定相电压为 $220V$，现将它星形联结，接在线电压为 $380V$ 的三相电源上，求相电流、线电流和总功率。
5. RLC 串联电路如图 2-28 所示，已知电路有功功率 $P=60W$，电源电压 $\dot{U} = 220∠0°V$，功率因数 $\cos φ=0.8$，$X_C=500Ω$，试求电流 I、电阻 R 及 X_L。

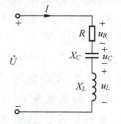

图 2-28　分析计算题 5 图

项目 3　风机控制柜的装配与调试

【项目描述】

某地下停车场需要装配一个可以控制停车场内风机（0.75kW）的配电柜，要求装配好的风机控制柜机械和电气操作试验合格，可以带动风机等用电设备工作，并能检查和排除低压电器的常见故障。电工班接到任务单后，按要求完成相关工作。

【项目目标】

目标类型	目标
知识目标	1. 学会常用低压电器的识别、选择、接线及安装 2. 了解三相交流异步电动机和变压器的基本知识 3. 熟练掌握风机控制柜的装配工艺
能力目标	1. 学会常用低压电器的检测 2. 能够正确识读低压配电柜的电气原理图和安装图，并能根据图样装配，进行调试 3. 会按照工艺要求正确安装配电柜 4. 能够根据故障现象运用万用表对电路进行测量、调试、故障排除
素质目标	1. 养成良好的职业素养和规范的操作习惯 2. 形成良好的安全用电习惯 3. 培养分工协作、大局意识的团队精神，发扬爱岗敬业、吃苦耐劳的工匠精神

任务 3.1　常用低压电器的识别与检测

【任务引入】

低压电器是一种能根据外界的信号和要求，手动或自动地接通、断开电路，以实现对电路或非电现象的切换、控制、保护、检测、变换和调节的器件或设备。低压电器的发展，取决于国民经济的发展和现代工业自动化发展的需要，以及新技术、新工艺、新材料研究与应用，目前正朝着高性能、高可靠性、小型化、数模化、模块化、组合化和零部件通用化的方向发展。

【知识链接】

按工作电压高低，电器可分为高压电器和低压电器两大类。高压电器指额定电压为 3kV 及以上的电器；低压电器指交流电压为 1kV 或直流电压为 1.2kV 以下的电器。低压电器是电力拖动自动控制系统的基本组成元件。

低压电器种类繁多，包含以下几种分类方法。

1. 按动作分类

1）自动电器：依靠本身参数的变化或外来信号的作用自动完成接通或分断等动作的电路，如接触器、继电器。

2）手动电器：用手直接操作来进行切换的电器，如刀开关、控制器、转换开关、按钮等。

2. 按用途分类

1）控制电器：用于各种控制电路和控制系统的电器，如接触器、继电器、主令电器、控制器、电磁体。

2）配电电器：用于电能的输送和分配的电器，如隔离开关、刀开关、熔断器、低压断路器。

3.1.1 低压断路器的识别与检测

低压断路器集控制和多种保护功能于一体，除能完成接通和分断电路外，还能对电路或电气设备发生的短路、过载、失电压等故障进行保护。它的动作参数可以根据用电设备的要求人为调整，使用方便可靠。

低压断路器的识别与检测

1. 低压断路器的识别

常用低压断路器如图3-1所示，其电气符号如图3-2所示。

塑料外壳式断路器

剩余电流断路器

三相断路器

图3-1 常用低压断路器

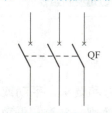

图3-2 低压断路器的电气符号

2. 低压断路器的选择

1）在电气设备控制系统中，常选用塑料外壳式断路器或剩余电流断路器；在电力网主干线路中主要选用框架式断路器；而在建筑物的配电系统中则一般选用剩余电流断路器。

2）低压断路器的额定电压和额定电流应不小于电路的额定电压和最大工作电流。

3）低压断路器用于电动机短路保护时，对于单台电动机，电磁脱扣器的整定电流为电动机起动电流的1.7倍，对于多台电动机，电磁脱扣器的整定电流为容量最大的一台电动机起动电流的1.3倍再加上其余电动机额定电流。

4）低压断路器用于电动机过载保护时，其额定电流和热脱扣器的整定电流均应等于或大于电路中负载额定电流的2倍。

3. 低压断路器的检测

1）进行外观检测，检查接线螺钉是否齐全，操作机构应灵活无阻滞，动、静触点应分、合迅速，松紧一致。

2）用万用表电阻档测试各组触点是否全部接通，若不是，则说明开关已坏。

3）当低压断路器闭合时，各触点应全部接通，测量的电阻值应该显示接近零；当低压断路器断开时，各触点应全部断开，测量的电阻值应该显示无穷大。

4．低压断路器的安装

低压断路器的底板应垂直于水平位置，固定后应保持平整，倾斜度不大于5°；有接地螺钉的断路器应可靠连接地线；具有半导体脱扣装置的断路器，其接线端应符合相序要求，脱扣装置的端子应可靠连接，如图3-3所示。

图3-3　低压断路器的安装

3.1.2　交流接触器的识别与检测

交流接触器是一种用来频繁接通和断开交流主电路及大容量控制电路的自动切换电器。它具有低压释放保护功能，可进行频繁操作，实现远距离控制，是电力拖动自动控制线路中使用最广泛的电气元件。它不具备短路保护作用，常和熔断器、热继电器等保护电器配合使用。

交流接触器的识别与检测

1．交流接触器的识别

交流接触器如图3-4所示，其电气符号如图3-5所示。

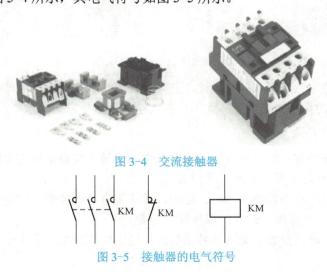

图3-4　交流接触器

图3-5　接触器的电气符号

2．交流接触器的选择

1）交流接触器的触点数量应满足控制支路数的要求，触点类型应满足控制线路的功能要求。

2）交流接触器的主触点额定电流应大于或等于负载回路额定电流，接触器主触点额定电压应大于或等于负载回路额定电压。

3）接触器的线圈应根据电磁线圈的额定电压选择。

3．交流接触器的检测

（1）交流接触器线圈的检测方法

1）将指针式万用表拨至"R×100"档，调零，或将数字式万用表拨至"2k"档。

2）将两表笔接触线圈螺钉 A_1、A_2，测量电磁线圈电阻，若为零，说明短路；若为无穷大，说明开路；若测得电阻为几百欧左右，则正常，如图3-6所示。

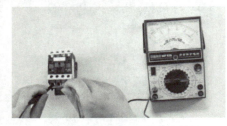

图3-6　交流接触器线圈的判断

（2）交流接触器触点对的检测方法

1）将指针式万用表拨至"R×100"档，调零，或将数字式万用表拨至电阻档。

2）将两表笔接触任意两触点的接线柱，若万用表的指示为无穷大，则可能是常开触点，按下常开触点对后，万用表的指示值应为零，如图3-7所示，可确认这对触点是常开触点。

 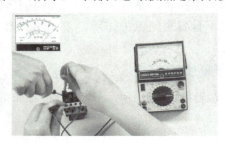

图3-7　交流接触器常开触点的判断

3）将两表笔接触任意两触点的接线柱，若万用表的指示为零，则可能是常闭触点，按下常闭触点对后，万用表的指示值应为无穷大，可确认这对触点是常闭触点。

4．交流接触器的安装

1）交流接触器安装前，应先检查线圈的额定电压等技术数据是否与实际使用相符，判断线圈是否正常、各触点对是常开触点还是常闭触点。

2）安装与接线时，应注意勿使螺钉、垫圈、接线头等零件掉落，以免落入交流接触器内部造成卡住或短路现象，并将螺钉拧紧，以免振动松脱。

3）交流接触器应垂直安装。交流接触器底面与地面的倾斜度应不大于5°，安装位置不得受到剧烈振动，安装必须固定可靠；连接电路的导线需排列整齐、规范，如图 3-8 所示。

4）安装后必须检查接线是否正确，应在主触点不带电的情况下，先使吸引线圈通电分合数次，检查主触点动作是否到位，铁心吸合后有无噪声，然后才能投入使用。

图 3-8　交流接触器的安装

3.1.3　热继电器的识别与检测

热继电器是一种利用电流的热效应原理工作的保护电器，在电路中用于电动机的过载保护。电动机在实际运行中，常遇到过载情况。若过载不大，时间较短，绕组温升不超过允许范围，是可以运行的。若过载时间较长，绕组温升超过了允许值，将会加剧绕组老化，缩短电动机的使用寿命，严重时还会烧毁绕组，因此，凡是长期运行的电动机必须设置过载保护。

热继电器和熔断器的识别与检测

1. 热继电器的识别

热继电器如图 3-9 所示，其电气符号如图 3-10 所示。

图 3-9　热继电器

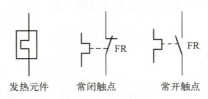

图 3-10　热继电器的电气符号

2. 热继电器的选择

1）一般情况下，可选用两相保护的热继电器，当电网电压均衡性较差，无人看管的电动机、大容量电动机或共用一组熔断器的电动机可选用三相保护式热继电器。对于定子绕组为三角形联结的电动机，可选用带断相保护装置的三相热继电器。

2）热继电器的热元件的额定电流一般大于电动机的额定电流，整定电流是指热元件能够长期通过而不至于引起热继电器动作的电流值。热元件选定后，再根据电动机的额定电流调整热继电器的整定电流，使整定电流与电动机的额定电流基本相等。

3）对于工作时间较短、间歇时间较长的电动机以及虽然长期工作但过载的可能性很小的电动机（如排风机），可以不设过载保护。

4）热继电器中的热元件受热变形需要时间，故热继电器不能作短路保护。

小提示：热继电器本身的额定电流等级并不多，但其热元件编号很多，每一种编号都有一定的电流整定范围，故在使用上应先使热元件的电流与电动机的电流相适应，然后根据电动机实际运行情况再做上下范围的适当调节。

3. 热继电器的检测

1）检查热继电器热元件主接线柱位置是否完好。将万用表打在 R×10 档，调零。通过表笔接触主接线柱的任意两点，由于热元件的电阻值比较小，几乎为零，测得的电阻若为零，说明这两点是热元件的一对接线柱，热元件完好；若为无穷大，说明这两点不是热元件的一对接线柱或热元件损坏。

2）检测热继电器常开、常闭触点。将万用表两表笔接触任意两接线柱，拨动机械按键，若表针从无穷大指向零，说明这对接线柱是常开接线柱。若表针从零指向无穷大，说明这对接线柱是常闭接线柱，若表针不动，说明这两点不是一对接线柱。

4. 热继电器的安装

1）安装前应核对热继电器各项技术数据是否满足被保护电路的要求，检查热继电器是否完好，各动作部分是否灵活，并清除触点表面的污物。

2）连接热继电器的导线线径粗细要适当。一般规定额定电流为 10A 的热继电器宜选用 2.5mm² 的单股铜芯导线；额定电流为 20A 的热继电器宜选用 4mm² 的单股铜芯塑料导线，额定电流为 60A 的宜选用 16mm² 的多股铜芯塑料导线。

3）热继电器与其他电器安装在一起时，必须安装在其他用电设备的下方，以免动作特性受到其他用电设备发热的影响。

3.1.4 熔断器的识别与检测

熔断器是一种最简单有效的保护电器。在使用时，熔断器串接在所保护的电路中，是电路及用电设备的短路和严重过载保护装置，主要起短路保护作用。

1. 熔断器的识别

熔断器如图 3-11 所示，其电气符号 3-12 所示。

图 3-11　熔断器　　　　　　　　　　图 3-12　熔断器的电气符号

2. 熔断器的选择

1）在电气设备正常运行时，熔断器不应熔断；在出现短路时，应立即熔断；在电流发生正常变动（如电动机起动过程）时，熔断器不应熔断；在用电设备持续过载时，应延时熔断。

2）在选用熔断器的具体参数时，应使熔断器的额定电压大于或等于被保护电路的工作电压；其额定电流大于或等于所装熔体的额定电流。

3）熔体的额定电流要依据负载情况而选择。

4）根据安装场所选用适当的熔断器，在经常发生故障处可选用可拆式熔断器，如 RL，RM 系列；易燃易爆或有毒气的地方选用封闭式熔断器。

3. 熔断器的检测

1）用观察法查看其内部熔体是否熔断、是否发黑、两端封口是否松动等，若有上述情况，则表明已损坏。

2）用万用表电阻档直接测量，其两端金属封口阻值应为 0Ω，否则为损坏。

4. 熔断器的安装

1）熔断器应在断电情况下进行操作。

2）安装位置及相互间距应便于更换熔体。

3）应垂直安装，并能防止熔体飞溅在临近带电体上，如图 3-13 所示。

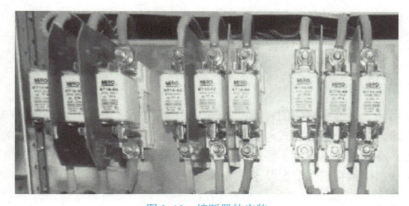

图 3-13 熔断器的安装

4）安装螺旋式熔断器时，为了使更换熔断管时安全，下接线端应接电源，而连接螺口的接线端应接负载。必须注意将电源线接到瓷底座下的接线端，以保证安全。

5）瓷插式熔断器安装熔体时，熔体应顺着螺钉旋紧方向绕过去，同时注意不要划伤熔体，也不要把熔体绷紧，以免减小熔体截面积尺寸或拉断熔体。

6）有熔断指示的熔断管，其指示器方向应装在便于观察侧。

7）二次回路用的管型熔断器，如其固定触点的弹簧片突出座侧面时，熔断器间应加绝缘片，以防止两相邻熔断器的熔体熔断时造成短路。

8）熔断器应安装在线路的各相线上，在三相四线制的中性线上严禁安装熔断器，单相交流电路的中性线上应安装熔断器。

3.1.5 按钮和指示灯的识别与检测

按钮是一种手动且可以自动复位和发号施令的主令电器。它只能短时接通或分断 5A 以下的小电流电路。

1. 按钮和指示灯的识别

按钮和指示灯如图 3-14 所示，按钮电气符号如图 3-15 所示。

图 3-14　按钮和指示灯

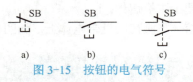

图 3-15　按钮的电气符号

a) 常闭按钮　　b) 常开按钮　　c) 复合按钮

2. 按钮和指示灯的选择

1) 根据使用场合，选择按钮的种类，如开启式、保护式、防水式和防腐式等。
2) 根据用途，选用合适的形式，如手把旋钮式、钥匙式、紧急式和带灯式等。
3) 按控制回路的需要，确定不同按钮数，如单钮、双钮、三钮和多钮等。
4) 按工作状态指示和工作情况要求，选择按钮和指示灯的颜色。

3. 按钮的检测

1) 将万用表指针调到"R×100"欧姆档，并调零。
2) 将表笔连接按钮开关的两个接线柱，当测得阻值常态下为零，按下按钮阻值变为无穷大，则表明这对触点为常闭触点。如果测得阻值常态下为无穷大，按下按钮阻值变为零，则表明这对触点为常开触点。

4. 按钮和指示灯的安装

1) 按钮和指示灯安装在面板上时，应布置合理，排列整齐。可根据生产机械或机床起动、工作的先后顺序，从上到下或从左至右依次排列。电路有几种工作状态，如上、下、前、后、左、右、松、紧等，应使每一组正、反状态的按钮安装在一起，如图 3-16 所示。

图 3-16 按钮和指示灯的安装

2）在面板上固定按钮和指示灯时安装应牢固，停止按钮用红色，起动按钮用绿色或黑色，按钮较多时，应在显眼且便于操作处用红色设置总停按钮，以应付紧急情况。

3.1.6 组合开关的识别与检测

组合开关又称为转换开关，多用在机床电气控制线路中，作为电源的引入开关，也可以用作不频繁地接通和断开电路、转换电源和负载，以及控制 5kW 以下的小容量电动机的正反转和星三角起动。

1. 组合开关的识别

组合开关如图 3-17 所示，其电气符号如图 3-18 所示。

图 3-17 组合开关

图 3-18 组合开关电气符号

a) 双极 b) 三极

2. 组合开关的选择

1）选用转换开关时，应根据电源种类、电压等级、所需触点数及电动机的容量选用，开关的额定电流一般取电动机额定电流的 1.5~2 倍。

2）用于一般照明、电热电路，其额定电流应大于或等于被控电路的负载电流总和。

3）当用于设备电源引入开关时，其额定电流稍大于或等于被控电路的负荷电流总和。

4）当用于直接控制电动机时，其额定电流一般可取电动机额定电流的 2~3 倍。

3. 组合开关的安装

1）组合开关须安装在控制箱内，其操作手柄最好伸出在控制箱的前面或侧面，应使手柄在水平旋转位置时为断开状态。

2）组合开关最好装在箱内右上方，而且在其上方不宜安装其他电器，否则应采取隔离或绝缘措施。

任务 3.2　三相异步电动机的装配与接线

【任务引入】

三相异步电动机与其他各种电动机相比，有结构简单、制造方便、运行可靠、价格低廉等一系列优点，在各行各业中应用较为广泛。对于初学者可通过完成三相异步电动机的装配与接线，建立对三相异步电动机的内部结构的认识，为后续任务的实现提供帮助。

【知识链接】

异步电动机的容量从几十瓦到几千千瓦，在各行各业中应用极为广泛。例如，在工业方面，异步电动机用于中小型轧钢设备、各种金属切削机床、轻工机械、矿山机械、通风机、压缩机等；在农业方面，水泵、粉碎机及其他农副产品加工机械等都是用异步电动机来拖动的；在生活方面，电扇、洗衣机、冰箱等电器中也都用到异步电动机。

3.2.1　三相异步电动机的基本结构

三相异步电动机主要由定子和转子两大部分组成，定子和转子之间是气隙，其结构如图 3-19 所示。

图 3-19　三相异步电动机的结构

1. 异步电动机的定子

异步电动机的定子是由机座、定子铁心和定子绕组三部分组成。定子铁心是由 0.5mm 厚的硅钢片叠压制成的。定子铁心内圆上冲有均匀的槽，用以嵌放定子绕组，如图 3-20 所示。硅钢片的两面都涂有绝缘漆，是异步电动机磁路的一部分。定子绕组是三相对称绕组，由漆包线绕制而成，嵌入到定子铁心中，当定子绕组通入三相交流电时，能产生旋转磁场，并与转子绕组相互作用，实现能量的转换与传递。

2. 异步电动机的转子

异步电动机的转子是电动机的转动部分，由转子铁心、转子绕组、转轴等部件组成。转子铁心也是由 0.5mm 厚的硅钢片叠压制成的，在转子铁心外圆上冲有均匀的槽，用来嵌放转子绕组，如图 3-21 所示。转子铁心构成电动机磁路的一部分。转子绕组大部分是浇铸铝笼型，大功率也有铜条制成的笼型转子导体，还有一些电动机的转子绕组与定子绕组相同，也是由漆包线制成对称三相绕组，嵌放到转子铁心中。因此按照转子绕组结构不同，可分为绕线转子异步电动机和笼型异步电动机。

a)　　　　　　　　　　　　b)

图 3-20　三相异步电动机定子

a) 定子　b) 定子铁心

a)　　　　　　　　　　　　b)

图 3-21　三相异步电动机转子

a) 绕线转子　b) 笼型转子

3. 三相异步电动机的拆卸

三相异步电动机在拆卸前，应准备好各种工具，做好拆卸前的记录和检查工作，在线头、端盖、刷握等处做好标记，以便拆卸后的装配。对于中小型异步电动机的拆卸步骤分为以下几步。

1）拆卸电动机的所有引线。

2）拆卸带轮或联轴器。先将带轮或联轴器上的固定螺钉或销子松脱或取下，再用专用工具拉马转动丝杠，把带轮或联轴器慢慢拉出。

3）拆卸风扇或风罩。拆卸带轮后就可以把风罩卸下来，然后取下风扇上的定位螺栓，用锤子轻敲风扇四周，将其旋卸下来或从轴上顺槽拨出。

4）拆卸轴承盖和端盖。一般小型电动机都只卸风扇一侧的端盖。

5）抽出转子。对于笼型转子，直接从定子腔中抽出即可。

 小提示： 大部分常见的电动机，都可依照上述步骤，由外到内顺序拆卸，对于有特殊结构的电动机来说，应依具体情况酌情处理。当电动机容量很小或电动机端盖与机座配合很紧不易拆下时，可用锤子（或在轴的前端垫上硬木块）敲击，使后端盖与机座脱离，然后把后端盖连同转子一同抽出机座。

3.2.2　三相异步电动机的工作原理

1. 旋转磁场的产生

在三相异步电动机定子铁心中放有三相对称绕组：U_1U_2、V_1V_2、W_1W_2。设将三相绕组接

三相异步电动机的工作原理

成星形，接在三相电源上，绕组中便通入三相对称电流，其波形如图 3-22 所示。

$$i_u = I_m \sin \omega t$$
$$i_v = I_m \sin(\omega t - 120°)$$
$$i_w = I_m \sin(\omega t + 120°)$$
(3-1)

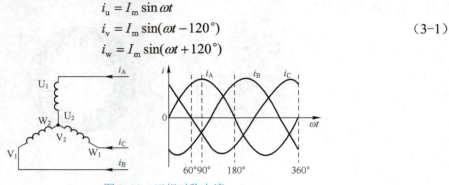

图 3-22 三相对称电流

设在正半周时，电流从绕组的首端输入，尾端流出；在负半周时，电流从绕组的尾端流入，首端流出。取各个不同的时刻，分析定子绕组中电流产生合成磁场的变化情况，用以判断它是否为旋转磁场。在 $\omega t = 0$ 时，定子绕组中电流方向如图 3-23a 所示。此时 $i_u = 0$；i_w 为正半周，其电流从首端输入，尾端流出；i_v 为负半周，电流从尾端流入，首端流出。可由右手定则判断合成磁场的方向。同理可得 $\omega t = 60°$ 和 $\omega t = 90°$ 时的合成磁场方向，如图 3-23b、c 所示。由图发现，当定子绕组中通入三相电流后，它们产生的合成磁场随电流的变化在空间不断地旋转。

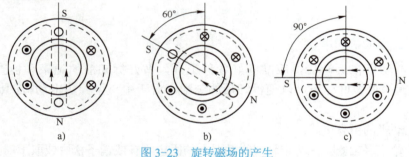

图 3-23 旋转磁场的产生
a) $\omega t = 0$ b) $\omega t = 60°$ c) $\omega t = 90°$

三相定子绕组在空间相差 120°时产生的磁场是两极的，磁极对数 p=1。旋转磁场的磁极对数与定子绕组的设置有关。

2. 旋转磁场的方向

旋转磁场的方向和三相电流 i_u、i_v、i_w 的顺序有关，也称相序。以上是按 U→V→W 的相序，旋转磁场就按逆时针方向旋转。如将三相电源任意两相对调位置，按 U→W→V 的相序，可发现此时旋转磁场也反转。因此改变相序可以改变三相异步电动机的方向。

3. 旋转磁场的转速

定子绕组通以三相交流电后，将产生磁极对数 p=1 的旋转磁场，电流交变一周后，合成磁场亦旋转一周。

旋转磁场的磁极对数 p 与定子绕组的空间排列有关，通过适当的安排，可以制成两极、三极或更多对磁极的旋转磁场。

根据以上分析可知,电流变化一个周期,两极旋转磁场($p=1$)在空间旋转一周。若电流频率为 f,则旋转磁场每分钟的转速 $n_0 = 60f$。若使定子旋转磁场为四极($p=2$),可以证明电流变化一个周期,旋转磁场旋转半周(180°),则按类似方法,可推出具有 p 对磁极旋转磁场的转速为

$$n_0 = \frac{60f}{p} \tag{3-2}$$

n_0 为旋转磁场的转速,又称同步转速,一对磁极的电动机同步转速为 3000r/min。由式(3-2)可知,旋转磁场的转速 n_0 取决于电源频率 f 和电动机的磁极对数 p。我国电源频率为 50Hz,不同磁极对数旋转磁场的转速见表 3-1。

表 3-1 不同磁极对数旋转磁场的转速

磁极对数 p	1	2	3	4	5
旋转磁场的转速 n_0/(r/min)	3000	1500	1000	750	600

4. 三相异步电动机的工作原理

三相异步电动机的工作原理如图 3-24 所示。定子绕组通以三相对称交流电流后,在空间产生转速为 n_0 的旋转磁场,则静止的转子与旋转磁场间就有了相对运动。假设旋转磁场沿顺时针方向以同步转速旋转,即相当于转子绕组沿逆时针方向切割磁力线,转子绕组中产生感应电动势,其方向可用右手定则来判定。由于转子绕组自成回路,所以在此感应电动势的作用下,转子绕组中产生感应电流,感应电流又与旋转磁场相互作用而产生电磁力,其方向用左手定则判定,与旋转磁场的旋转方向一致。各转子绕组受到的电磁力对转轴形成电磁转矩,在电磁转矩的作用下,转子便顺着旋转磁场的方向转动起来。改变旋转磁场的方向,即可改变转子的方向。当旋转磁场反转时,电动机也反转。

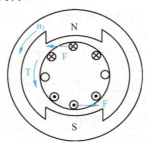

图 3-24 三相异步电动机的工作原理

3.2.3 三相异步电动机的铭牌数据

异步电动机的机座上都有一个铭牌,铭牌上标有型号和各种额定数据,三相异步电动机的铭牌数据如图 3-25 所示。

1. 型号

为了满足工农业生产的不同需要,我国生产多种型号的电动机,每一种型号代表一系列电动机产品。同一系列电动机的结构、形状相似。零件部通用性很强,容量是按一定比例递增的。型号是选用产品名称中最有代表意义的大写字母及阿拉伯数字表示的,如图 3-26 所示。

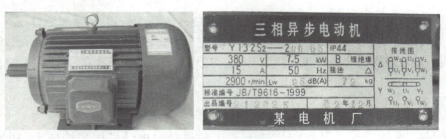

图 3-25　三相异步电动机的铭牌数据

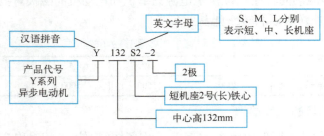

图 3-26　异步电动机型号

国产异步电动机的主要系列如下。

Y 系列：全封闭、自扇风冷、笼型转子异步电动机。此系列异步电动机具有高效率、起动转矩大、噪声低、振动小、性能优良和外形美观等特点。

DQ_2 系列：微型单相电容运转式异步电动机，广泛用作录音机、家用电器、风扇、记录仪表的驱动设备。

2. 额定值

额定值是设计、制造、管理和使用电动机的依据，见表 3-2。

表 3-2　电动机额定值

序号	额定值	含义
1	额定功率	电动机在额定负载运行时，轴上所输出的机械功率，单位为 W
2	额定电压	电动机正常工作时，定子绕组所加的线电压，单位为 V
3	额定电流	电动机输出功率时，定子绕组允许长期通过的线电流，单位为 A
4	额定频率	我国的电网频率为 50Hz
5	额定转速	电动机在额定状态下，转子的转速，单位为 r/min
6	绝缘等级	电动机所用绝缘材料的等级
7	工作方式	电动机的工作方式分为连续工作制、短时工作制与断续周期工作制三类

3.2.4　三相异步电动机的接线

三相异步电动机的接线板上有定子绕组的 6 个接线头，通常以 U_1、V_1、W_1 标记为始端，U_2、V_2、W_2 标记为末端。三相定子绕组可以接成星形或三角形，但必须视电源电压和绕组额定电压的情况而定。一般电源电压为 380V（指线电压），如果电动机定子各相绕组的额定电压是 220V，则定子绕组必须接成星形，如图 3-27a 所示；如果电动机各相绕组的额定电压为 380V，则应将定子绕组接成三角形，如图 3-27b 所示。

图 3-27 三相异步电动机定子绕组的接线
a) 星形联结 b) 三角形联结

任务 3.3 变压器的选择与使用

【任务引入】

变压器是广泛应用在通信、广播、冶金、电子实验、电气测量机自动控制等方面的静止的电磁设备。认识变压器的结构、工作原理,并通过实验方式分析和计算变压器运行性能,以便后续变压器的选择与使用。

【知识链接】

变压器是基于电磁感应原理工作的静止的电磁设备。变压器主要用于配输电系统、电气控制领域、电子技术领域、测试技术领域及焊接技术领域等。变压器可用于改变电压、电流以及变换阻抗、产生脉冲等。

3.3.1 变压器的基本结构

变压器种类繁多,按照绕组结构不同,可分为双绕组变压器、三绕组变压器、多绕组变压器和自耦变压器;按冷却方式不同,可分为油浸式变压器、充气式变压器和干式变压器;按用途不同,可分为电力变压器、特种变压器、仪用互感器和试验用的高压变压器等,如图 3-28 所示。

变压器的结构与工作原理

图 3-28 变压器
a) 电力变压器 b) 仪用互感器 c) 三相干式变压器

变压器的主要组成部分是铁心和一次绕组、二次绕组。中、大容量的电力变压器,为了散热的需要，通常将变压器的铁心和绕组浸入封闭的油箱中，对外电路的连接由绝缘套管引出，因此电力变压器还有绝缘套管、油箱及其他附件。

1. 铁心

铁心是变压器的磁路系统，同时也是绕组的支撑骨架。铁心由铁心柱和铁轭两部分组成。铁心柱上套绕组，铁轭将铁心柱连接起来形成闭合磁路，对铁心的要求是导磁性能好，磁滞损耗和涡流损耗要尽量小，因此均采用硅钢片制成。

变压器的铁心结构有心式和壳式两类。心式结构变压器的特点是铁心柱被绕组包围，如图 3-29a 所示。壳式结构变压器的特点是铁心包围绕组的顶面、底面和侧面，如图 3-29b 所示。心式结构简单，绕组装配和绝缘比较容易。壳式结构机械强度好，但制造复杂，铁心用材料较多。因此电气变压器中的铁心主要采用心式结构。

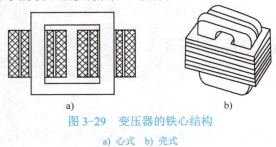

图 3-29　变压器的铁心结构

a) 心式　b) 壳式

2. 绕组

变压器的线圈通常称为绕组，它是变压器的电路部分，由铜或铝绝缘导线绕制而成，容量稍大的变压器则用扁铜线或扁铝线绕制。

在变压器中，接到高压电网的绕组称为高压绕组，接到低压电网的绕组称为低压绕组。或者一般把接于电源的绕组称为一次绕组，接于负载的绕组称为二次绕组。从高、低压绕组的装配位置看，可分为同心式和交叠式绕组。

同心式绕组的高、低压绕组同心地套在铁心柱上。小容量单相变压器一般采用此种结构，为了便于绝缘，低压绕组靠近铁心柱，高压绕组套在低压绕组的外面，两个绕组之间留有油道。交叠式绕组的高、低压绕组交叠放置在铁心上，如图 3-30 所示。变压器的两个绕组套在同一个铁心柱上，以增大其间的电磁耦合作用。

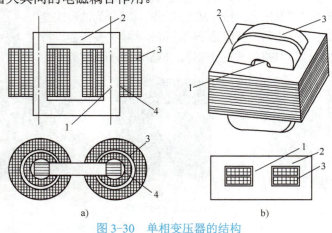

图 3-30　单相变压器的结构

1—铁心柱　2—铁轭　3—高压绕组　4—低压绕组

为了便于识图，常将变压器的两个绕组分别画在铁心的两侧，如图 3-31a 所示，其中 N_1 为一次绕组的匝数，N_2 为二次绕组的匝数，变压器的图形符号如图 3-31b 所示。

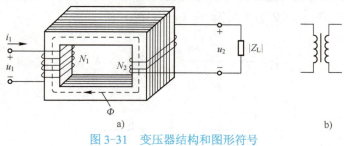

图 3-31　变压器结构和图形符号

a) 变压器结构　b) 变压器图形符号

3.3.2　变压器的运行

变压器是利用电磁感应原理工作的，将一种交流电转变为另一种或几种频率相同、大小不同的交流电。图 3-32 所示为其基本工作原理示意图。

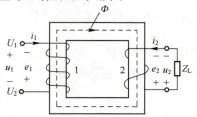

图 3-32　变压器的基本工作原理示意图

变压器一、二次电动势分别为

$$e_1 = -N_1 \frac{d\Phi}{dt}, \quad e_2 = -N_2 \frac{d\Phi}{dt}$$

（1）变压器空载运行

变压器空载运行，一、二次电压近似与一、二次感应电动势相等，即

$$\frac{U_1}{U_2} \approx \frac{E_1}{E_2} = \frac{N_1}{N_2} = K_U = K$$

式中，K_U 为变压器的电压比，也可用 K 来表示，这是变压器中最重要的参数之一。变压器一、二次绕组中的电压与一、二次绕组的匝数呈正比，即变压器有变换电压的作用。

（2）变压器负载运行

变压器负载运行，一、二次电流有效值的关系为

$$\frac{I_1}{I_2} \approx \frac{N_2}{N_1} = \frac{1}{K_U} = K_I$$

式中，K_I 为变压器的电流比。变压器一、二次绕组中的电流与一、二次绕组的匝数呈反比，即变压器也有变换电流的作用，且电流的大小与匝数呈反比。变压器的高压绕组匝数多，而通过的电流小，因此绕组所用的导线细；反之低压绕组匝数少，通过的电流大，绕组所用的导线较粗。

（3）变压器阻抗变换

变压器除了能起变电压、变电流作用外，还有变换阻抗的作用，以实现阻抗匹配，即使负

载上能获得最大功率。如图 3-33 所示，变压器一次侧接电源 U_1，二次侧接负载 $|Z_L|$，对于电源来说，图中点画线框内的电路可用另一个等效阻抗 $|Z_L'|$ 来等效代替。所谓等效，就是它们从电源吸收的电流和功率相等，两者的关系为

$$|Z_L'| = \frac{U_1}{I_1} = \frac{\frac{N_1}{N_2}U_2}{\frac{N_2}{N_1}I_2} = \left(\frac{N_1}{N_2}\right)^2 \frac{U_2}{I_2} = K^2|Z_L|$$

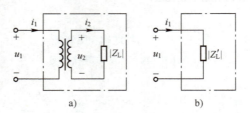

图 3-33　变压器阻抗变换

线圈匝数不同，实际负载阻抗 $|Z_L|$ 折算到一次侧的等效阻抗 $|Z_L'|$ 也不同，人们可用不同的匝数比，把实际负载变换为所需要的数值，这种做法通常称为阻抗匹配。

（4）变压器的外特性

当一次电压 U_1 和负载功率因数 $\cos\varphi_2$ 保持不变时，二次侧输出电压 U_2 和输出电流 I_2 的关系 $U_2 = f(I_2)$ 称为变压器的外特性。外特性曲线如图 3-34 所示。对电阻性和电感性负载而言，电压 U_2 随电流 I_2 的增加而下降。

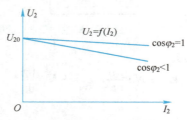

图 3-34　变压器的外特性曲线

电压变化率反应电压 U_2 的变化程度，通常希望电压 U_2 的变化越小越好，一般变压器的电压变化率为 5%。从空载到某一负载，二次电压的变化程度用电压变化率 ΔU 来表示，即

$$\Delta U = \frac{U_{20} - U_2}{U_{20}} \times 100\%$$

（5）变压器的并联运行

变压器的并联运行是指将两台或两台以上的变压器的一、二次绕组分别接在一、二次侧的公共母线上，共同向负载供电的运行方式，如图 3-35 所示。变压器的并联运行可以提高供电的可靠性、经济性。其意义在于，当一台变压器发生故障时，并联的其他变压器可以继续供电，保证用户的用电；当变压器检修时，又能保证不间断供电，提高变压器的可靠性。由于用电负载季节性很强，在负载较轻的季节可将部分变压器退出运行，这样既可以减少变压器的空载损耗，提高效率，又可以减少无功励磁电流，改善电网的功率因数，提高系统的经济性。

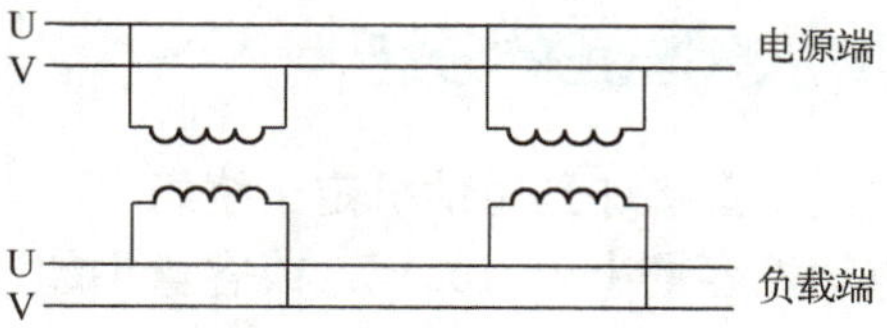

图 3-35 变压器的并联运行

变压器并联运行的理想情况是,当变压器并联还没带负载时,各变压器之间没有循环电流;带负载后,能按照各变压器的容量比例分担负载,且不超过各自的容量。因此,并联变压器必须满足以下条件:各变压器的极性相同;各变压器的电压比相等;各变压器的阻抗值相等;各变压器的漏电抗与电阻之比相等。

(6) 变压器的额定值

1) 额定电压 U_{1N}、U_{2N}。一次额定电压 U_{1N} 是根据绕组的绝缘强度和允许发热所规定的应加在一次绕组上的正常电压的有效值;二次额定电压 U_{2N},在电力系统中是指变压器一次侧施加额定电压时的二次侧的空载电压有效值。

2) 额定电流 I_{1N}、I_{2N}。一、二次额定电流 I_{1N}、I_{2N} 是指变压器在连续运行时,一、二次绕组允许通过的最大电流的有效值。

3) 额定容量 S_N。额定容量 S_N 是指变压器二次额定电压和二次额定电流的乘积,即二次侧的额定功率为

$$S_N = U_{2N} I_{2N}$$

额定容量反映了变压器所能传送功率的能力,并不是指变压器的实际输出功率。如一台变压器额定容量 $S_N = 3000kW$,负载的功率因数为 1,它能输出的最大有功功率为 3000kW。若负载功率因数为 0.8,则它能输出的最大有功功率为 2400kW。变压器在实际使用时的输出功率取决于二次侧负载的大小和性质。

4) 额定频率 f。额定频率 f 是指变压器应接入的电源频率,我国电力系统的标准频率为 50Hz。

任务 3.4 电动机控制系统分析

【任务引入】

随着我国制造业的飞速发展,在现代控制系统中采用了许多新的控制装置和元器件,用以实现对复杂生产过程的自动控制。任何复杂的控制电路或系统,也都是由一些比较简单的基本控制环节、保护环节根据不同的要求组合而成的。电动机控制系统在现代控制系统中是一个基本控制环节,在电气控制线路中的应用非常广泛。如何对电动机控制系统进行分析呢?

【知识链接】

电气控制电路是由各种有触点的接触器、继电器、按钮和行程开关等按不同连接方式组合而成的。其作用是实现电力拖动系统的起动、正反转、制动、调速和保护,以满足生产工艺要求,实现生产过程自动化。

3.4.1 电动机直接起动控制电路的分析

直接起动控制是指将额定电压直接加到电动机定子绕组上,对其进行起动及停止的控制。当电动机容量小于 10kW,或容量不超过电源变压器容量 15%~20%时都允许直接起动,例如工厂中砂轮机就是采用直接起动控制。

电动机控制电路

1. 主电路分析

1)确定用电器。用电器是指消耗电能的用电器或电气设备,如电动机、电热器件等。如图 3-36 所示电路的用电器有一台三相交流异步电动机 M,采用的是交流直接起动方式。

2)确定控制元件。明确用电器是采用什么控制元件进行控制,是用几个控制元件控制。在图 3-36 电路中控制电动机的电气元件是接触器 KM。

3)确定低压电器设备。明确用电器以外的其他电气元件,以及这些电气元件所起的作用。如电源开关、熔断器、热继电器等。在图 3-36 电路中还接有电源开关 QS、熔断器 FU。QS 控制主电路电源的接通和断开,FU 起短路保护作用。

 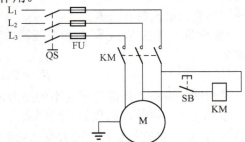

图 3-36　砂轮机直接起动电路

4)确定电源。明确电源的种类和电压等级,是直流电源还是交流电源。图 3-36 电路采用的电源是 380V 三相交流电。

2. 辅助电路分析

1)确定辅助电路的电源。明确辅助电路的电源种类和电压等级。图 3-36 所示控制电源直接采用 360V 交流电。

2)确定辅助电路的控制过程。从左至右,从上至下分析各条支路如何控制主电路,分析每一条支路的工作原理,分析辅助电路中每个控制元件的作用,各控制元件对主电路用电器的控制关系。在图 3-36 电路中,控制电路为接触器 KM 所在的支路。

3)确定各元件之间的相互联系。

4)确定其他电气元件。

砂轮机直接起动控制电路工作过程:闭合开关 QS,三相电源被引入控制电路,但电动机还不能起动。按下按钮 SB,接触器 KM 线圈通电,常开主触点接通,电动机定子接入三相电源起动运转,松开 SB,接触器线圈 KM 断电,常开主触点断开,电动机因断电而停转。此电路也是一个点动控制电路。

我们再来看一个直接起动控制电路,如图 3-37 所示。

1)起动过程。按下起动按钮 SB_1,接触器 KM 线圈通电,与 SB_1 并联的 KM 的辅助常开触点闭合,以保证松开按钮 SB_1 后 KM 线圈持续通电,串联在电动机回路中的 KM 的主触点持续闭合，电动机连续运转，从而实现电动机连续运转控制。

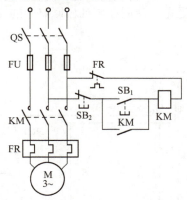

图 3-37　直接起动控制电路

2）停止过程。按下停止按钮 SB_2，接触器 KM 线圈断电，与 SB_1 并联的 KM 的辅助常开触点断开，以保证松开按钮 SB_2 后 KM 线圈持续失电，串联在电动机回路中的 KM 的主触点持续断开，电动机停转。此电路也是一个联动控制电路。

 小提示： 与 SB_1 并联的 KM 的辅助常开触点的这种作用称为自锁。

图 3-37 所示控制电路还可实现短路保护、过载保护和零压保护。

短路保护： 串接在主电路中的熔断器 FU。一旦发生短路故障，熔体立即熔断，电动机立即停转。

过载保护： 热继电器 FR。当过载时，热继电器的热元件发热，将其常闭触点断开，使接触器 KM 线圈断电，串联在电动机回路中的 KM 的主触点断开，电动机停转。同时 KM 辅助常开触点也断开，解除自锁。故障排除后若要重新起动，需按下 FR 的复位按钮，使 FR 的常闭触点复位。

零压保护： 接触器 KM。当电源暂时断电或电压严重下降时，接触器 KM 线圈的电磁吸力不足，衔铁自行释放，使主、辅助触点自行复位，切断电源，电动机停转，同时解除自锁。

3.4.2　电动机正反转控制电路的分析

在生产中，有的生产机械常要求能按正反两个方向运行，如机床工作台的前进与后退，风机的正反转，小型升降机、起重机吊钩的上升与下降等，这就要求电动机必须可以正反转。

电动机控制电路的分析1

1. 简单的正反向起动控制

图 3-38 所示为简单的正反转控制电路。

1）正向起动过程。按下起动按钮 SB_1，接触器 KM_1 线圈通电，与 SB_1 并联的 KM_1 的辅助常开触点闭合，以保证 KM_1 线圈持续通电，串联在电动机回路中的 KM_1 的主触点持续闭合，电动机连续正向运转。

电动机控制电路的分析2

2）停止过程。按下停止按钮 SB_3，接触器 KM_1 线圈断电，与 SB_1 并联的 KM_1 的辅助触点断开，以保证 KM_1 线圈持续失电，串联在电动机回路中的 KM_1 的主触点持续断开，切断电动机定子电源，电动机停转。

3）反向起动过程。按下起动按钮 SB$_2$，接触器 KM$_2$ 线圈通电，与 SB$_2$ 并联的 KM$_2$ 的辅助常开触点闭合，以保证线圈持续通电，串联在电动机回路中的 KM$_2$ 的主触点持续闭合，电动机持续反向运转。

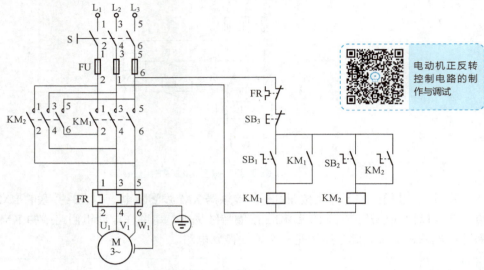

图 3-38　简单的正反转控制电路

2. 带电气互锁的正反转电路

图 3-39 所示为带电气互锁的正反转控制电路。

1）电路特点。除具有电动机过载保护自锁控制电路的全部功能特点外，使用了两个接触器。其中 KM$_1$ 为正转接触器，KM$_2$ 为反转接触器。

2）工作过程分析。将接触器 KM$_1$ 的辅助常闭触点串入 KM$_2$ 的线圈回路中，从而保证在 KM$_1$ 线圈通电时 KM$_2$ 线圈回路总是断开的；将接触器 KM$_2$ 的辅助常闭触点串入 KM$_1$ 的线圈回路中，从而保证在 KM$_2$ 线圈通电时 KM$_1$ 线圈回路总是断开的。这样接触器的辅助常闭触点 KM$_1$ 和 KM$_2$ 保证了两个接触器线圈不能同时通电，这种控制方式称为互锁或者联锁，这两个辅助常开触点称为互锁或者联锁触点。

3. 双重互锁的正反转控制电路的分析

图 3-40 所示为双重互锁的正反转控制电路。

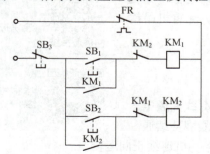

图 3-39　带电气互锁的正反转控制电路

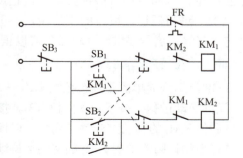

图 3-40　双重互锁的正反转控制电路

1）电路特点。电动机正转（或反转）起动运转后，不必先按停止按钮使电动机停止，可以直接按反转（或正转）起动按钮，使电动机变为反方向运行。

2）工作过程分析。

正转控制：按下正向起动按钮 SB_1，KM_1 线圈得电并自锁，主触点闭合，电动机 M 起动连续正转。

反转控制：按下反向起动按钮 SB_2，KM_2 线圈得电并自锁，主触点闭合，电动机 M 起动连续反转。

停止控制：按下停止按钮 SB_3，线圈失电，电动机停止工作。

 小提示：双重互锁是如何实现的呢？双重互锁包含了接触器互锁和按钮互锁。

接触器互锁：KM_1 线圈回路串入 KM_2 的常闭辅助触点，KM_2 线圈回路串入 KM_1 的辅助常闭触点。当正转接触器 KM_1 线圈得电动作后，KM_1 的辅助常闭触点断开，KM_2 线圈回路，防止 KM_1、KM_2 同时吸合造成相间短路。

按钮互锁：按钮 SB_1 的常闭触点与接触器 KM_2 线圈串联，其常开触点与接触器 KM_1 线圈回路串联。按钮 SB_2 的常闭触点与接触器 KM_1 线圈串联，其常开触点与 KM_2 线圈回路串联。当按下 SB_1 时，接触器 KM_1 线圈得电，而 KM_2 线圈失电，按下 SB_2 时，接触器 KM_2 线圈得电而 KM_1 线圈失电，如果按下 SB_1，则两只接触器线圈都不能得电。

任务 3.5 安全用电

【任务引入】

安全用电和节约用电

安全用电包括供电系统的安全、用电设备的安全及人身安全三个方面，它们之间紧密联系的。供电系统的故障可能导致用电设备的损坏或人身伤亡事故，而用电事故也可能导致局部或大范围停电，甚至造成严重的社会灾难。在用电过程中，应如何保证安全使用呢？

【知识链接】

安全用电是指电气工作人员、生产人员以及其他用电人员，在规定环境下采取必要的措施和手段，在保证人身及设备安全的前提下正确用电。如果电气设备使用不当、安装不合理、设备维护不及时和违反操作规程等，都可能造成触电事故，使人体受到各种不同程度的伤害。

交流工频安全电压的上限值，在任何情况下，两导体间或任一导体与地之间都不得超过 50V。我国的安全电压的额定值为 42V、36V、24V、12V 及 6V。如手提照明灯、危险环境的携带式电动工具，应采用 36V 安全电压；金属容器内、隧道内、矿井内等工作场合，狭窄、行动不便及周围有大面积接地导体的环境，应采用 24 或 12V 安全电压，以避免因触电而造成人身伤害。

 小提示：安全电压并不是所有情况下都绝对安全，只不过在一般情况下触电伤亡的可能性和危险性相对较小。因此，即使我们在使用 36V 以下的电气设备时，在安装和使用上也一定要符合操作规程，否则还是会有不安全因素存在。

3.5.1 触电的危害与急救

1. 触电的种类

所谓触电，是指电流通过人体时对人体产生的生理和病理的伤害。人体触电有电击和电伤两类。

（1）电击

电击是指电流通过人体时所造成的内伤。它可以使肌肉抽搐、内部组织受损伤、造成发热发麻，神经麻痹等。严重时会造成心室纤维颤动，致使心脏停止跳动，或造成呼吸中枢抑制及心血管中枢衰竭，致使呼吸停止和血循环障碍，引起昏迷、窒息和死亡。通常说的触电就是电击。触电死亡大部分是由电击造成的。

（2）电伤

电伤是指电流的热效应、化学效应、机械效应及电流本身作用下造成的人体外伤，常见的有灼伤、烙伤和皮肤金属化等现象。电灼伤面积往往较小，可是深度一般较大，不但会破坏皮肤、肌肉和神经等组织，而且还可使骨骼炭化。

2. 触点方式

（1）单相触电

单相触电就是人体的某一部位接触带电设备的一相，而另一部位与大地或中性线接触引起触电，如图 3-41 所示，这是常见的触电方式。

（2）两相触电

人体的不同部分同时接触两相电源所造成的触电，如图 3-42 所示。对于这种情况，无论电网中性点是否接地，人体所承受的线电压都将比单相触电时高，危险性更大。

（3）跨步电压触电

雷电流入地或电力线（特别是高压线）断散到地时，会在导线接地点及周围形成强电场。当人跨进这个区域，两脚之间出现的电位差称为跨步电压。在这种电压的作用下，电流从接触高电位的脚流进，从接触低电位的脚流出，从而形成触电，如图 3-43 所示。

跨步电压的大小与接地电流的大小、人距接地点的远近及土壤的电阻率等有关。人体站立点与接地点的距离越小，其跨步电压越大。当距离超过 20m（理论上为无穷远处），可认为跨步电压为零，不会发生触点危险。

> **小提示**：当人体万一误入危险区，将会感到两脚发麻，这时千万不能大步跑，而应单脚跳出或双脚蹦出接地区。

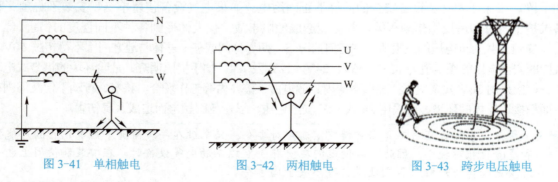

图 3-41　单相触电　　　　图 3-42　两相触电　　　　图 3-43　跨步电压触电

3. 触电急救

触电急救的要点是动作迅速、救护得法，切不可惊慌失措、束手无策。

（1）尽快使触电者脱离电源

人触电以后，可能由于痉挛或失去知觉等原因而紧抓带电体，不能自行摆脱电源。此时，使触电者尽快脱离电源是救活触电者的首要因素。

1）低压触电事故。

① 触电地点附近有电源开关或插头时，可立即断开电源开关或拔掉电源插头，切断电源。

② 电源开关远离触电地点时，可用有绝缘柄的电工钳或干燥木柄的斧头分相切断电线，断开电源；或用干木板等绝缘物插入触电者身下，以隔离电源。

③ 电线搭落在触电者身上或被压在身下时，可用干燥的衣服、手套、绳索、木板、木棒等绝缘物作为工具，拉开触电者或挑开电线，使触电者脱离电源。

2）高压触电事故。

① 立即通知有关部门停电。

② 戴上绝缘手套，穿上绝缘靴，用相应电压等级的绝缘工具断开开关。

③ 抛掷裸金属线使电路短路接地，迫使保护装置动作，断开电源。注意在抛掷裸金属线前，应将金属线的一端可靠接地，然后抛掷另一端。

小提示：脱离电源注意事项如下。

1）救护者不可以直接用手或其他金属及潮湿的物件作为救护工具，而必须采用适当的绝缘工具且单手操作，以防止自身触电。

2）防止触电者脱离电源后可能造成的摔伤。

3）如果触电事故发生在夜间，应当迅速解决临时照明问题，以利于抢救，并避免扩大事故。

（2）现场急救方法

当触电者脱离电源后，应当根据触电者的具体情况，迅速对症进行救护，现场应用的主要救护方法是人工呼吸法和胸外心脏按压法。

1）对症抢救。如果触电者伤势不重，神志清醒，但是有些心慌、四肢发麻、全身无力；或者触电者在触电过程中曾经一度昏迷，但已经恢复清醒。在这种情况下，应当使触电者安静休息，不要走动，严密观察，并请医生前来诊治或送往医院。

如果触电者伤势比较严重，已经失去知觉，但仍有心跳和呼吸，这是应当使触电者舒适、安静地平卧，保持空气流通；同时揭开其衣服，以利于呼吸。如果天气寒冷，要注意保温，并立即请医生诊治或送医院。

如果触电者伤势严重，呼吸停止或心脏停止跳动，或者两者都已停止时，则应立即实行口对口人工呼吸法和胸外心脏按压法，并迅速请医生诊治或送往医院。

小提示：急救要尽快进行，不能等候医生的到来，在送往医院的途中，也不能中止急救。

2）口对口人工呼吸法。口对口人工呼吸法是在触电者呼吸停止后应用的急救方法。具体步骤如下：

① 使触电者仰卧，迅速解开其衣领和腰带。

② 将触电者的头偏向一侧，清除口腔中的异物，使其呼吸畅通。必要时，可用金属匙柄由口角伸入，使口张口。

③ 救护者站在触电者的一边，一只手捏紧触电者的鼻子，握住颔部使头尽量后仰，保持气道开放状态，然后深吸一口气，用口紧贴触电者的口，大口吹气两次，一次1~1.5s，直到胸廓抬起，停止吹气；接着放松触电者的鼻子，将脸转向一旁，让气体从触电者肺部排出。当患者呼气

完毕，即开始下一次同样的吹气，不断重复地进行，直到触电者苏醒为止，如图 3-44 所示。

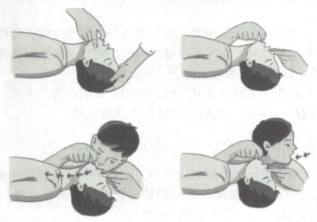

图 3-44　口对口人工呼吸法

小提示：对儿童施行此法时，不必捏鼻。开口困难时，可以使其嘴唇紧闭，对准鼻孔吹气（口对鼻人工呼吸），效果相似。

3）胸外心脏按压法。胸外心脏按压法是触电者心脏跳动停止后采用的急救方法。具体步骤如下：

① 触电者仰卧在结实的平地或木板上，松开衣领和腰带，使其头部稍仰（颈部可垫软物），救护者跪跨在触电者腰部两侧，如图 3-45a 所示。

② 救护者将右手掌放在触电者胸骨处，中指指尖对准其颈部凹陷的下端，左手手掌压在右手背上（对儿童只用一只手），如图 3-45b 所示。

③ 救护者借身体重量向下用力挤压，压下 3～4mm，突然松开。

挤压和放松动作要有节奏，每秒钟进行 1 次，每分钟宜挤压 60 次左右，不可中断，直到触电者苏醒为止。要求挤压定位要准确，用力要适当，防止用力过猛给触电者造成内伤或用力过小、挤压无效。对儿童用力要适当小些。

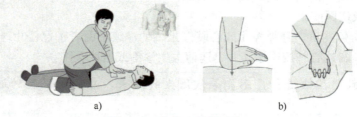

图 3-45　胸外心脏按压法

3.5.2　触电的预防

在日常生产和生活中，对供电系统和用电设备通常采取各种各样的接地或接零措施，以保障电力系统的安全运行，保证人身安全，保证设备正常运行。

1. 保护接地

在正常情况下，将电气设备的金属外壳与埋入地下的接地体可靠接地，称为保护接地。一一般用钢管、角钢等作为接地体。图 3-46 所示为保护接地的原理图。

电动机漏电时，若人体触及外壳，则人体电阻 R_b 与接地电阻 R_c 并联，由于人体电阻远大于接地电阻，所以，漏电电流主要通过接地电阻流入大地，而流过人体的电流很小，从而避免了触电的危险。

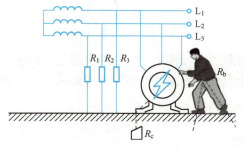

图 3-46 保护接地

2. 保护接零

保护接零就是在电源中性点直接接地的三相四线制低电压供电系统中，将电气的外壳与零线相连接。这时电源中性点的接地是为了保证电气设备可靠地工作。

电气设备采取保护接零后，如图 3-47 所示。当设备的某相漏电时，就会通过设备的外壳形成该相短路，使该相熔断器熔断，切断电源，避免发生触电事故。保护接零的保护作用比保护接地更为完善。

在采用保护接零时应注意，零线决不允许断开；连接零线的导线必须牢固可靠、接触良好，保护零线与工作零线一定要分开，决不允许把接在用电器上的零线直接与设备外壳连通，而且同一低电压供电系统中决不允许一部分设备采用保护接地，而另一部分设备采用保护接零。

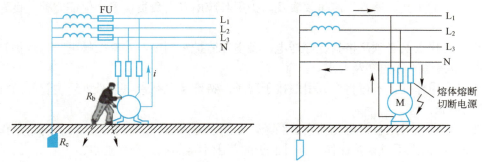

图 3-47 保护接零原理图

3. 重复接地

在保护接零的系统中，若零线断开，当设备绝缘损坏时，会使用电设备外壳带电，造成触电事故。因此，除将电源中性点接地外，常将零线每隔一定距离再次接地，称为重复接地，如图 3-48 所示。重复接地电阻一般不超过 10Ω。

4. 其他保护接地

1) 过电压保护接地是为了消除雷击或过电压的危险影响而设置的接地。

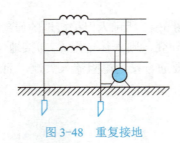

图 3-48　重复接地

2）防静电接地是为了消除生产过程中产生的静电而设置的接地。

3）屏蔽接地是为了防止电磁感应而对电力设备的金属外壳、屏蔽罩、屏蔽线的外皮或建筑物金属屏蔽体等进行的接地。

3.5.3　安全用电措施

在科学技术高速发展的今天，电几乎进入人们生产和生活的所有领域，成为最基本的能源，也是国民经济及广大人民日常生活不可缺少的能源。在应用这种能源时，如果处理不当即可能发生事故，危及生命安全和造成财产损失。因此人们只有掌握了用电的基本规律，懂得用电的基本知识，按操作规程办事，才可以防止各种用电设备事故和人身触电事故的发生，电就能很好地服务人民。

1. 电气安全技术操作规程

1）电气工作人员必须经医生鉴定，没有疾病或只有无碍工作的病症，具备必要的电气知识并经考试合格，取得特种作业证才能上岗工作。

2）电气工作人员必须严格执行相关工种颁发的《电气安全工作规程》，不得玩忽职守。

3）电气工程投产前必须事先配齐合格的操作人员和电气安全用具。

4）电工用的工具、器具、测量仪表及防护用具应由专人负责保管，保证完整、良好，合理使用。

5）电气工作人员必须严格执行停送电、验电和监护等制度，并熟知触电紧急救护知识；工作前必须了解清楚工作内容及要求。

6）不准带电作业，不得将电源引线接于现场；特殊情况须带电，必须经主管部门批准并采取安全防范措施。

7）带电作业人员应有带电作业实践经验，必须设专人监护，监护人员应具有带电作业实践的人员担任，监护人不得直接操作，并且监护的范围不得超过一个作业点。

8）电气线路和设备拆除后，不得留有带电的裸露接头或接点。

9）严禁用无插头的导线直接插入电源插座，动力开关和照明开关不得共用。

10）各种手持电动工具要有管理制度，必须保持完好并定期检查。

11）对高压电气设备和绝缘工具要定期进行预防性的耐压试验。

12）接近带电设备或线路施工时必须符合安全电压工作距离，并采取可靠的安全措施。

13）电气设备着火时应立即将有关设备电源切断，并用灭火剂、干粉灭火器灭火，严禁用泡沫灭火器带电灭火。

14）高处作业时，必须严格执行高处作业安全技术操作规程。

2. 配电设备安全检修规程

1）电气工作人员接到停电通知后，闭合有关刀开关和熔断器，并在操作把手上加锁，同时挂警告牌，对尚无停电的设备周围加放保护遮拦。

2）高、低电压断电后，在工作前必须首先进行验电。

3）高压验电时，应使用相应高压等级的验电器。验电时，必须穿戴试验合格的高压绝缘手套，先在带电设备上试验，确实好用后，方能用其进行验电。

4）验电工作应在施工设备进出线两侧进行，规定室外配电设备的验电工作，应在干燥天气进行。

5）在验明确实无电后，将施工设备接地并将三相断路，这是防止突然来电、保护工作人员的基本可靠的安全措施。

6）应在施工设备各可能送电的方面皆装接地线。对于双回路供电单位，在检修某一母线刀开关或隔离开关、负荷开关时，不但同时将两母线刀开关拉开，而且应该施工刀开关两端都同时挂接地线。

7）装设接地线应先行接地，后挂接地线，拆接地线顺序与此相反。

8）接地线应挂在电气工作人员随时可见的地方，拆接地线处挂"有人工作"警告牌，工作监护人应经常巡查接地线是否保持完好。

9）应特别强调的是，必须把施工设备各方面的开关完全断开，必须拉开刀开关或隔离开关，使各方面至少有一个明显的断开点，禁止在只断开有关的设备上工作，同时必须注意由低电压侧经过变压器高电压侧反送电的可能。所以必须把与施工设备有关的变压器从高电压两侧同时断开。

10）工作中如遇到中间停顿后再复工时，应重新检查所有安全措施，一切正常后，方可重新开始工作。全部离开现场时，室内应上锁，室外应派人看守。

3. 生产岗位安全操作规范

1）严格遵守劳动纪律、工艺纪律、操作纪律。严格执行交接班制度、巡回检查制度，禁止脱岗，禁止与生产无关的一切活动。

2）认真执行岗位安全操作细则，防止刀伤、碰伤、棒伤、砸伤、烫伤、跌倒及身体被卷入转动设备等人身事故和设备事故的发生。

3）开机前，必须全面检查设备有无异常，对转动设备应确认无卡死现象，安全保护设施完好，无缺相、漏相等相关条件，并确认无人在设备作业，方能起动运转。起动后如发现异常，应立即检查原因，及时反映情况。在紧急情况下，应按有关规程采取果断措施或立即停车。

4）严格遵守特种设备管理制度，禁止无证操作。正确使用特种设备，开机时必须注意检查，发现不安全因素应立即停止使用并挂上故障牌。吊机操作者作业时要避开重物，禁止乱摔、乱碰斜吊重物等野蛮操作。

5）不准超高、超重装运钢材原料，不准超高堆放物料，防止物料倾斜倒塌伤人。

6）按规章作业，有权拒绝上级或其他部门的违章指令，并可在向直接上级报告无效后越级向上反映。

4. 职工安全环保职责

1）安全生产人人有责，企业的每个职工都应在自己的岗位上认真履行各自的安全环保职责，对本岗位的安全环保负直接责任。

2）进入施工现场，任何人都必须佩戴安全帽，按规定穿着劳保服装，严格遵守本岗位的安全生产操作规程，严格遵守劳动、操作、工艺、施工和工作纪律，否则禁止进入施工现场。

3）特种作业人员必须经过安全技术培训、考核取证，必须持证上岗操作。新上岗、换岗人员必须进行三级安全教育。

4）正确分析、判断和处理各种事故发生原因，预防事故的发生。在事故发生时及时向上级汇报，按事故预案正确处理，并保护现场，做好详细记录。

5）正确操作、精心维护设备、妥善保管、正确使用各种防护器具和消防器材，保持作业环境整洁，搞好文明生产。

6）积极参加各种安全活动、岗位技术练兵和事故预案演练。

7）有权拒绝违章作业的指令，对他人违章加以劝阻和制止。

8）严格执行交接班制度，详细交代、认真检查，做到防患于未然。

任务 3.6　控制柜的装配与调试

【任务引入】

完成由组合开关、熔断器、热继电器、低压断路器和交流接触器等低压电器设备组成的低压配电柜，使其符合 GB7251.1—2013《低压成套开关设备和控制设备　第 1 部分：总则》的要求，可以控制停车场内送风机（0.75kW）等用电设备，使其具有短路保护、过载保护、欠电压保护、失电压保护和漏电保护等作用。

【知识链接】

防排烟设施的作用是在火灾发生时及时而有效地排除火灾初起区域和蔓延到未着火区域的烟气，防止火灾烟气扩散到未着火区域和疏散通道，为受灾人员的疏散、物资财产的转移、火灾的扑救创造时间和空间上的条件。防排烟系统一般由送排风管道、管井、防火阀、门开关设备、送排风机等设备组成，如图 3-49 所示。排烟风机控制柜的电气原理图如图 3-50 所示。

图 3-49　风机和风机控制柜实物图

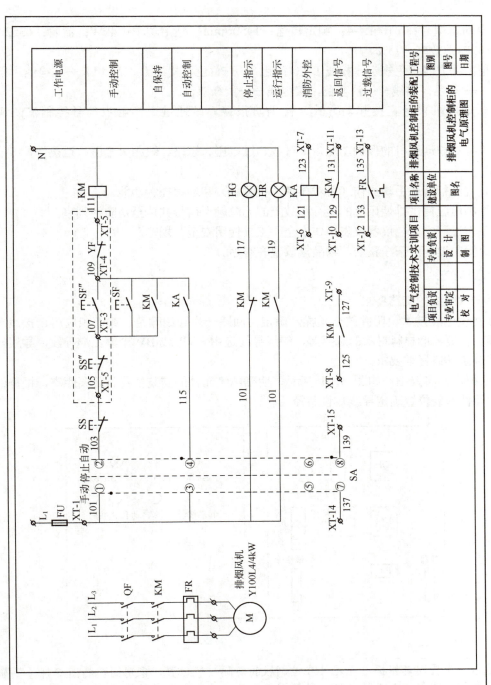

图 3-50 排烟风机控制柜的电气原理图

3.6.1 工作任务分析

1. 技术要求

1)电动机型号:Y100L4-4;额定转速:1450r/min;额定功率:4kW;流量:$6352m^3/h$;全压:1142Pa;效率:75%。

2)柜内动力线相色规定:相线 L_1(U 相)——黄色,相线 L_2(V 相)——绿色,相线 L_3(W 相)——红色,零线——浅蓝色,接地线——黄绿双色。

3)排烟风机采用直接起动方式,由消防报警系统通过无源触点信号控制消防风机的起停。

4)应有对排烟风机的保护功能,如过载、过电压、短路、缺相欠电压、过热等,并有声光报警功能。

5)具有进行就地手动操作(可对排烟风机测试)和远程控制功能。

6)控制柜应提供排烟风机的运行和故障的无源触点信号并传至消防控制室。

7)工作过程安全,仪器仪表操作安全,工具使用安全、规范。

8)保持实训场所干净整洁,物品摆放整齐有序。

2. 配线工艺

(1)一次配线的工艺要求

详细阅读电装技术说明并结合图样,确定主回路一次导线颜色、截面积选用,接线端头和扎带及螺旋管等辅助材料材质的选用等,绝缘导线选用 BVR 或 BV 聚氯乙烯导线,导线规格和颜色应符合图样或标准要求。

1)根据电器布置图,如图 3-51 所示,明确电气元件的安装位置和隔离距离,根据柜体安装方式和元件安装位置确定导线敷设路径。

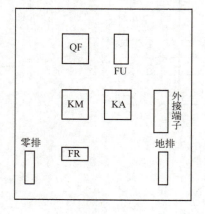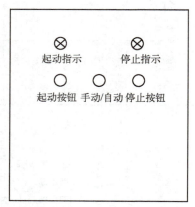

图 3-51 电器布置图

 小提示:布置图是根据电气元件在控制板的实际安装位置,采用简化的图形符号(如正方形、矩形、圆形等)而绘制的一种简图,它不表达各电器的具体结构、作用、接线情况以及工作原理,主要用于电气元件的布置和安装,图中各元件的文字符号必须与电路图和接线图的标注一致。

小提示：接线图是根据电气设备和电气元件的实际位置和安装情况绘制的，只用来表示电气设备和电气元件的位置、配线方式和接线方式，而不明显表示电气动作原理，主要用于安装接线、线路的检查维修和故障处理。

2）根据电气元件距离放线，按需取线，避免浪费。

3）线束内导线不应交叉，并应将距离最远的导线敷设在表面，将上下弯曲的导线依次敷设在线束内侧。

4）线束不允许从母线相间或母线安装孔中穿过。

5）使用专用剥线钳或电工刀剥掉导线的绝缘外皮，剥线时线头长度以 8mm 左右为宜，确保下一步接线时漏铜量合适，单芯导线线芯无损伤痕迹，多股导线不应有断股现象。

6）压接导线时漏铜量以 1~2mm 为宜，漏铜过长在操作时易发生触电或者导线变形后搭接造成短路，而漏铜过短易发生压接线皮造成隐蔽断路。同时，导线端头压接后不应出现端头与导线间滑动及导线在压接部位断裂或拔出、端头变形等缺陷，如图 3-52 所示。

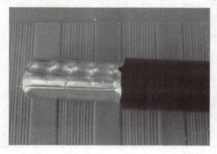
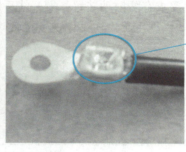

压坑位置为正面

图 3-52　导线压接头

7）接线。将制作完成的导线连接到电器接点上，用螺钉拧紧。

8）接线整理。接线结束后，对线束和分支导线进行整理，修正和弥补导线配置过程中的不足，以达到配线工艺质量要求。

9）操作完成清理现场。

（2）二次配线的工艺要求

熟悉二次接线图样中配电系统和回路等编号，按照二次接线图样中的编号、顺序和要求，将导线型号规格、长度、须制作标号字母等书写记录在纸上，并应仔细核对无误。备好辅助材料，包括：导线、号码管、扎带、定位片、缠绕管、绝缘套管、塑料垫圈、线耳以及相应规格的标准紧固件。

1）测量、控制、保护回路应采用额定绝缘电压不低于 500V 的铜芯绝缘导线。当设备、仪表和端子上装有专用于连接铝芯的接头时，可采用铝芯绝缘导线。

2）电流回路的铜芯绝缘导线截面积不应小于 $2.5mm^2$，电压回路不应小于 $1.5mm^2$；配电柜控制回路不应小于 $1.0mm^2$。

3）导线颜色规定为计量回路采用黄色线（A 相）、绿色线（B 相）、红色线（C 相）、蓝色线（N 线）；控制回路全部采用黑色线。

4）柜门上的导线（活动部分）与柜内连接线必须用多股铜芯软线，并用线夹固定，导线固定处应用缠绕管缠绕，导线应留有开门的余量；与电器连接时，端部应绞紧，并应加终端附件或搪锡，不得松散断股。

5）计量导线的长度，剪线时应留出 200~300mm，导线中间不许有断线接头，若导线长度不够时，必须抽出更换。

（3）二次配线的接线要求

1）二次线安装操作流程：放线→穿号码管→绕缠绕管→固定线匝→压接端子→接线。

2）根据导线的走向，将导线捆扎成圆线束，圆线束内导线走向的原则是：线束不松动，无交叉，无麻花；外层先出，里层后出；线束固定后，后侧先出，前面后出。

3）圆线束用尼龙带捆扎固定时，线束上尼龙带的固定间距应为等间距，其间距不得超过150mm。

4）按照先门线后内部，先上后下的顺序接线。

5）当所有导线从线束中分列元件至接线端子处，留余 25~50mm 的裕量剪断；对 BV 导线用剥线钳把导线的塑料绝缘皮剥掉；对多股导线接头应压接冷压端子，用专用压接钳压紧，用手拉导线不松动为准；二次导线与母线相接时，需在母线处钻直径 6mm 孔，用 M5 螺钉、垫片、弹垫、螺母紧固；接线端子的接线裕量，走向半径必须一致，平整，用于固定连接导线的螺钉必须旋紧，并要求有防松动装置；配好线后用缠绕管把线束套好，以加强绝缘。

6）清理现场，整理工具，使工作现场符合"6S"要求。

3.6.2 工作任务实施

1. 任务分组（见表 3-3）

表 3-3　学生任务分配表

班级		组号		指导教师	
组长		学号			
组员					
任务分工					

2. 工作计划

（1）制定工作方案（见表 3-4）

表 3-4　工作方案

步骤	工作内容	负责人

(2) 列出仪表、工具、耗材和器材清单（见表 3-5）

表 3-5 器件清单

序号	名称	型号与规格	数量	单位	备注

(3) 绘制风机控制柜的安装接线图

3. 工作决策

1）各组分别陈述设计方案。
2）各组对其他组的方案提出自己不同的看法。
3）教师结合学生完成的情况进行点评，选出最佳方案。

4. 工作实施

(1) 各组按照工作计划实施——安装电路

1）领取元器件和工具。
2）检查元器件。
3）根据工艺要求及最佳方案布线。

(2) 安装步骤

1）识读电路图，明确电路所用电气元件，熟悉电路的工作原理。
2）根据电路图或元件明细表配齐电气元件，并使用工具进行质量检验。
3）根据电气元件选配安装工具。
4）根据电路原理图绘制接线图，然后按要求再控制板上安装电气元件。
5）根据排烟风机容量选配主电路导线的截面积。控制电路导线一般采用 BVR1mm^2 的铜芯线（红色），按钮线一般采用 BVR0.75mm^2 的铜芯线（红色），接地线一般采用截面积不小于 1.5mm^2 的铜芯线（BVR 黄绿双色）。主电路一般选用 2.5mm^2 的铜芯线（黄、绿、红三色）。
6）根据接线图布线，同时剥去绝缘层两端的线头，套上与电路图一致编号的编码套管。

7）安装排烟风机。
8）连接排烟风机和所有电气元件金属外壳的保护接地线。
9）连接排烟风机等控制板外部的导线。
10）检查。
11）通电试车。

5. 评价反馈

各组展示作品，介绍任务完成过程，并完成评价表（见表3-6～表3-8）。

表3-6 学生自评表

序号	任务	自评情况
1	任务是否按计划时间完成（10分）	
2	理论知识掌握情况（15分）	
3	电路设计、焊接、调试情况（20分）	
4	任务完成情况（15分）	
5	任务创新情况（20分）	
6	职业素养情况（10分）	
7	收获（10分）	
	自评总分：	

表3-7 小组互评表

序号	评价项目	小组互评
1	任务元器件、资料准备情况（10分）	
2	完成速度和质量情况（15分）	
3	电路设计、焊接质量、功能实现等（25分）	
4	语言表达能力（15分）	
5	团队合作情况（15分）	
6	电工工具使用情况（20分）	
	互评总分：	

表3-8 教师评价表

序号	评价项目	教师评价
1	学习准备（5分）	
2	引导问题（5分）	
3	规范操作（15分）	
4	完成质量（15分）	
5	完成速度（10分）	
6	6S管理（15分）	
7	参与讨论主动性（15分）	
8	沟通协作（10分）	
9	展示汇报（10分）	
	教师评价总分：	
	项目最终得分：	

注：每项评分满分为100分；项目最终得分=学生自评25%+小组互评35%+教师评价40%。

拓展阅读

我们经常可以看到，在一些变压器下面放置了大量的鹅卵石，如图 3-53 所示，那么这些鹅卵石到底是干什么用的？只是为了美观吗？

让我们一起走进知识小课堂，去找找原因。

图 3-53　变压器

常见的变压器分为干式变压器和油浸式变压器。

油浸式变压器是以油作为变压器主要绝缘手段，并依靠油作冷却介质，如油浸自冷、油浸风冷、油浸水冷及强迫油循环等。变压器的主要部件有铁心、绕组、油箱、油枕、呼吸器、防爆管（压力释放阀）、散热器、绝缘套管、分接开关、气体继电器、温度计、净油器等。

油浸式变压器和干式变压器相比具有造价低、维护方便，能够解决变压器大容量散热问题和高电压绝缘问题等特点，但是因为油浸式变压器的冷却油是可燃的，所以导致油浸式变压器具有天生的缺点，那就是可燃、可爆。

而这时，鹅卵石等这一系列部件就应运而生；而变压器下这个部位通常称为卸油池或卸油坑（或者类似的叫法），通往事故油坑或事故油池。发生事故时，如喷油或爆炸，变压器的油会卸到卸油坑内，然后流往事故油池。池内有的做隔栅，也有的不做隔栅。做隔栅的，鹅卵石就放置在隔栅上面；不做隔栅的，鹅卵石就放置在卸油坑内。做不做隔栅，跟变压器形式、容量、电压等级有关。

在放置鹅卵石在油浸式变压器下面主要是考虑以下七点因素：

1）在变压器使用很长时间以后，零部件有可能出现老化渗漏等问题，而放置大量的鹅卵石可以吸收变压器漏油，让变压器油顺利回流到事故油池，减少事故发生。

2）一旦发生事故时，鹅卵石又可以防止变压器中的油喷溅，避免爆炸。

3）爆炸起火时，鹅卵石可以起到隔离作用，阻止火灾蔓延到地面，利于灭火。

4）鹅卵石有轻微的冷却作用，当变压器温度过高时可以借助鹅卵石使其冷却。

5）鹅卵石绝缘，便于检修、运行人员检查工作。

6）鹅卵石具有减振作用。其作用和铁路上的石头是一样的，可以增加一层缓冲。

7）防止杂草生长。

思考与练习

一、选择题

1. 交流接触器的常开辅助触点的图形符号为（　　）。

   A. KM┤├ B. KM ┤E─\ C. KM ┘\ D. KM ─\

2. 交流接触器主触点的图形符号为（　　）。

   A. KM B. KM C. KM

3. 如果将起停控制电路中自锁的常开触点错接成交流接触器的常闭触点，起动时将会发生（　　）。

   A. 线圈不会得电
   B. 主触点不会闭合
   C. 主触点不会释放
   D. 听到噼里啪啦的声音

4. 现有两个接触器，它们的型号相同，额定电压相同，则在电气控制电路中如果将其线圈串联连接，则在通电时（　　）。

   A. 有一个吸合，有一个不能吸合
   B. 有一个吸合，有一个可能烧坏
   C. 都能吸合正常工作
   D. 都不能吸合

5. 热继电器在进行保护时，先切断的是（　　）。

   A. 主电路
   B. 控制电路
   C. 指示灯电路
   D. 电源照明电路

二、填空题

1. 熔断器俗称保险丝，用于电路的＿＿＿＿保护，使用时应＿＿＿＿接在电路中。
2. 变压器的主要结构包括硅钢片叠成的＿＿＿＿和＿＿＿＿。
3. 三相对称绕组是指三个外形、尺寸、匝数都完全相同，首端彼此互隔＿＿＿＿，对称地放置到定子槽内的三个独立的绕组。
4. 三相异步电动机的转子绕组按结构不同可分为＿＿＿＿和＿＿＿＿两种。
5. 三相异步电动机旋转磁场的转向是由＿＿＿＿决定的，运行中若旋转磁场的转向改变了，转子的转向＿＿＿＿。
6. 电动机铭牌上所标额定电压是指电动机绕组的＿＿＿＿。
7. 两相触电，人体承受＿＿＿＿V电压。

三、判断题

1. 热继电器的热元件由电阻值不高的电热丝或电阻片绕成，串联在电动机或其他用电设备的主电路中，当过载时，热元件熔断，从而切断主电路保护用电设备。（　　）

2. 按钮用来短时间接通或断开小电流电路，常用于控制电路，绿色表示起动，红色表示停止。（　　）

3. 将电动机的三相电源进线中任意两相接线对调，电动机便可以反转。（　　）

4. 在电气线路具体安装、电路检查和故障排除时，需要依照电气原理图，它能反映元器件的实际位置和尺寸比例等。（　　）

5. 读电气原理图过程一般按动作顺序从上而下，从左到右。（　　）

四、计算题

某三相异步电动机的额定转速为 960r/min，频率为 50Hz，问电动机的同步转速是多少？有几对磁极？

项目 4　OTL 功率放大器的制作与调试

【项目描述】

本项目要求制作一个可以将 CD、VCD、DVD、MP3 等信号源输入的声音信号进行放大，并通过扬声器输出的 OTL 功率放大器。功放电路不仅能够向负载提供较大的工作电压，还能够向负载提供较大的工作电流，使负载获得足够的功率，以完成相应的工作。如扬声器发声、继电器动作等都需要相应的功率放大器为其提供驱动。

【项目目标】

目标类型	目标
知识目标	1. 识读电路原理图，并能进行简单电路的分析与计算，会分析基本放大电路和功率放大电路 2. 能够运用各种仪器仪表对功率放大器进行测量、调试，使其正常工作 3. 能够独立测试功率放大器的技术指标
能力目标	1. 熟悉电子元器件的类别、性能、用途，能够正确地选用电子元器件 2. 学会电子元器件的插装 3. 学会使用焊接工具，熟练地在印制电路板上焊接元器件 4. 能够制作一个由分立元件构成的功率放大器，并且能够对其进行调试
素质目标	1. 树立团队协作意识，用辩证唯物主义观点观察分析问题、解决问题 2. 培养奋斗精神和民族自豪感 3. 具备节约资源、工作细心、团队合作的精神

任务 4.1　常用半导体器件的识别与检测

【任务引入】

半导体器件是导电性介于良导电体与绝缘体之间，利用半导体材料特殊电特性来完成特定功能的电子器件，可用来产生、控制、接收、变换、放大信号和进行能量转换。半导体在常态下导电能力非常微弱，但在掺杂、受热、光照等条件作用下，其导电能力可能会大大加强。用来制造电子器件的半导体材料有硅、锗和砷化镓等。

【知识链接】

1. 本征半导体

本征半导体是指完全纯净的具有晶体结构的半导体，如硅和锗。它们都是 4 价元素，它们的原子最外层都有 4 个价电子，原子间以共价键形式结合。共价键中的电子受原子核的吸引力很强，不能自由移动，称为束缚电子。当绝对零度（即 $T=0K$）或无外界激发时，半导体不能导电而成为绝缘体。本征半导体的结构如图 4-1 所示。

对本征半导体而言，当温度升高或受光照射时，少数价电子获得足够大的能量挣脱共价键的束缚，能够自由移动，成为自由电子，同时在原来共价键位置留下一个空位，称为空穴。由本征激发产生的电子空穴对如图 4-2 所示。显然，自由电子和空穴是成对出现的，因此称为电子空穴对。

这种在热或光作用下，本征半导体产生电子空穴对的现象称本征激发。这里的自由电子带负电，空穴看成带正电，分别称为电子载流子和空穴载流子（我们把在电场作用下，能运载电荷形成电流的带电粒子称为载流子)。

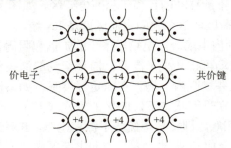 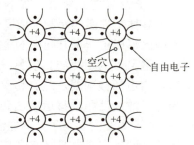

图 4-1　本征半导体的结构图　　　　图 4-2　本征激发产生的电子空穴对

本征激发产生电子空穴对的同时，自由电子在运动过程中有可能和空穴相遇，重新被共价键束缚起来，电子空穴对消失，这种现象称为复合。在一定的环境温度下，本征半导体的本征激发和复合现象并存，且速率一定，最终将处于动态平衡状态。这时电子空穴对的数目不变，且浓度很低，因此其导电能力很弱。

当温度升高或光照增强时，本征半导体中电子空穴对浓度将升高，其导电能力大大增强，这就是它的热敏性和光敏性。利用这个特点可以将其制作成热敏器件和光敏器件。

2．杂质半导体

在本征半导体中掺入微量的杂质元素所形成的半导体称为杂质半导体。根据掺入杂质的不同，可将杂质半导体分为 N 型和 P 型两大类。

（1）N 型半导体

在本征半导体中掺入微量的五价元素（如磷或砷等）后，这些微量原子的最外层有五个电子，其中四个与本征半导体的外层电子组成共价键，多余的一个电子便成为自由电子。所掺杂质使得自由电子的总数远大于空穴，自由电子的增加使其导电能力大大增强，这时自由电子成为多数载流子，而空穴成为少数载流子。由于这种半导体主要靠自由电子导电，称为电子型半导体，简称为 N 型半导体。

（2）P 型半导体

在本征半导体中掺入微量的三价元素（如硼或铝等）后，这些微量原子的最外层有三个电子，在组成共价键过程中多出一个空穴，使得空穴的总数远大于自由电子，则空穴成为多数载流子，自由电子成为少数载流子，空穴的增加使其导电能力大大增强。由于这种半导体主要靠空穴导电，称为空穴型半导体，简称为 P 型半导体。

小提示： 对于杂质半导体，应到注意的是，无论是哪一种掺杂半导体，虽然它们都有一种载流子占多数，但是整个晶体仍然是电中性的。

3. PN结的结构与特性

（1）PN结的形成

用特殊的工艺在一块半导体晶片上可制成两边分别为N型和P型的半导体，则在这两种半导体的界面附近将形成一个PN结，PN结是构成各种半导体器件的基础。

由于P型半导体一侧有大量空穴（浓度高），N型半导体一侧空穴极少（浓度低），在交界面处就出现了空穴的浓度差别。这样，空穴都要从浓度高的P区向浓度低的N区扩散，且与N区的自由电子复合，在P区一侧留下不能移动的负离子空间电荷区。同样N区的自由电子扩散到P区，且与P区的空穴复合，在N区一侧留下不能移动的正离子空间电荷区。如图4-3所示，在两种半导体交界面的两侧形成了一个空间电荷区，这个空间电荷区就是PN结。

空间电荷区形成了一个方向由N区指向P区的内电场。内电场对多子的扩散起阻碍作用，所以空间电荷区又称为阻挡层。但另一方面，内电场可推动少子漂移。漂移运动的结果使空间电荷区变窄，内电场被削弱，这又将引起多子扩散并增强内电场。在一定温度下，如果没有外电场的作用，扩散运动和漂移运动达到动态平衡。在平衡状态下，P区的空穴（多子）向右扩散的数量与N区的空穴（少子）向左漂移的数量相等，即扩散电流等于漂移电流，PN结中没有净电流流动。这时空间电荷区宽度基本稳定，即形成PN结。由于空间电荷区内载流子已消耗尽了，故它又叫耗尽层。

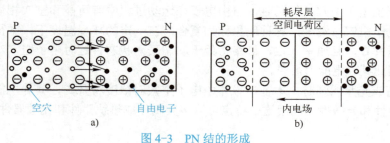

图4-3 PN结的形成
a) 多数载流子的扩散运动　b) 形成空间电荷区

综上所述，在无外电场或其他因素激发下，PN结处于平衡状态，没有电流通过，空间电荷区宽度是恒定值。

（2）PN结的单向导电性

1）PN结正向偏置导通。给PN结的P区接电源正极，N区接电源负极，这种连接方式称为正向接法或正向偏置（简称正偏），如图4-4所示。此时外电场与内电场方向相反，因而削弱了内电场，使耗尽层宽度减小，N区的电子和P区的空穴都能顺利地通过PN结，形成较大的扩散电流。至于漂移电流，本来就是少子运动形成的，而少子的数量又很少，故对总电流的影响可忽略。因此，回路中的扩散电流将大大超过漂移电流，最后形成一个较大的正向电流I_F，其方向在PN结中是从P区流向N区。这时PN结处于低阻状态，又称导通状态。

> **小提示**：正偏时，只要在PN结两端加上一个很小的正向电压，即可得到较大的正向电流。为了防止回路电流过大，一般接入一个限流电阻R。

2）PN结反向偏置截止。当PN结外加反向电压，即电源正极接N区，负极接P区时，这种连接方式称为反向接法或反向偏置（简称反偏），如图4-5所示。反向偏置时，外电场与内电场方向一致，耗尽层大大加宽，因此扩散难以进行，但有利于少子的漂移，在回路中产生了由少子漂移所形成的反向电流 I_R。因少子浓度很低，并在温度一定时浓度不变，所以反向电流很小，此时 PN 结处于高阻状态，又称截止状态。当温度升高时，少子数量增加，故反向电流 I_R 增大。

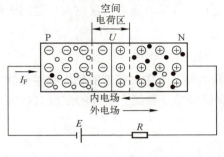
图 4-4　正向偏置的 PN 结

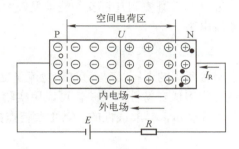
图 4-5　反向偏置的 PN 结

综上所述，PN 结正偏时，正向电流很大；PN 结反偏时，反向电流很小，这就是 PN 结的单向导电性。

4.1.1　二极管的识别与检测

1．二极管的识别

将 PN 结封装并接出两个引出端，就是一个二极管。从 P 区引出的端称为阳极（正极），从 N 区引出的端称为阴极（负极）。二极管的图形符号如图 4-6 所示。

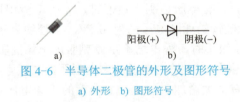

图 4-6　半导体二极管的外形及图形符号

a) 外形　b) 图形符号

二极管的种类很多，按使用的材料不同，可分成硅管和锗管两类；按其结构的不同可分为点接触型和面接触型两类。

（1）点接触型二极管

点接触型二极管多为锗管，结构如图 4-7a 所示。它的特点是结面积很小，结电容较小。这类管子的工作频率较高，可达到 100MHz 以上。但不能承受较高的反向电压和通过较大的电流，一般电流在十几毫安或几十毫安以下，常用于高频检波和数字脉冲电路里的开关元件。

图 4-7　点接触型和面接触型二极管

a) 点接触型二极管　b) 面接触型二极管

（2）面接触型二极管

面接触型二极管多为硅管，结构如图 4-7b 所示。它的特点是结面积大，允许通过较大电流，一般为几百毫安到几百安，能承受较大的反向电压和功率，但结电容也大，适用于低频电路及整流电路。

2. 二极管的伏安特性

二极管两端的电压 U 与流过的电流 I 之间的关系曲线，叫作二极管的伏安特性曲线。二极管的性能常用伏安特性来反映，可以用实验方法获取伏安特性曲线。实际的二极管伏安特性曲线如图 4-8 所示，是非线性的。其主要特点如下。

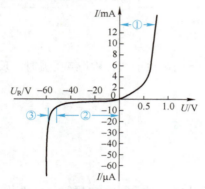

图 4-8 二极管的伏安特性曲线

（1）正向特性

正向特性如图 4-8 的第①段所示。当二极管外加较小的正向电压时，正向电流几乎为零，可以认为二极管是不导通的。只有电压达到一定值时，才有电流出现。这个电压称为二极管的死区电压（门限电压）。一般硅管的死区电压约为 0.5V，锗管约为 0.1V。二极管存在死区电压的原因在于：当外加正向电压很小时，外电场不足以克服内电场的影响，正向电流几乎为零。

当正向电压大于死区电压时，PN 结内电场被大大削弱，二极管导通。二极管正向导通后，外加电压稍有上升，电流即有很大增加。因此，二极管的正向电压变化很小。在正常使用的电流范围内，硅管导通时的正向压降为 0.6～0.8V，典型值可取 0.7V；锗管导通电压为 0.2～0.4V，典型值可取 0.3V。

（2）反向特性

外加反向电压不高时（见图 4-8 中的第②段），由于少子的漂移运动，形成很小的反向电流，二极管处于截止状态。由于在反向电压不超过一定范围时，反向电流的大小基本恒定，故又称反向电流为反向饱和电流。当温度升高时，由于少子增多，该电流将明显增大。

当反向电压超过一定数值时（见图 4-8 中的第③段），反向电流急剧增大，这时二极管被"反向击穿"，对应的电压称为反向击穿电压。二极管被反向击穿时，失去了单向导电性，原来的性能不能再恢复，二极管就损坏了。因而使用二极管时，应避免外加反向电压超过击穿电压。

3. 二极管的主要参数

（1）最大整流电流 I_{FM}

它是指二极管长期使用时允许通过的最大正向平均电流。使用时二极管的平均电流不能超过此值，防止因 PN 结过热而使二极管损坏。

（2）最高反向工作电压 U_{RM}

它指保证二极管不被击穿所允许施加的最高反向电压值，一般规定为反向击穿电压的一半左右。

（3）反向电流 I_R

二极管未被击穿时，流过二极管的反向电流。此值越小，二极管的单向导电性能越好，并且受温度的影响小。通常，硅二极管优于锗二极管。

小提示：不同二极管，其参数不同，实际使用中，要了解不同二极管的具体参数值，需查阅半导体器件手册。

4．二极管的应用

二极管在实际中的应用十分广泛。不论是应用于整流、限幅，还是应用于钳位、隔离或检波、保护等，都是利用二极管的单向导电性。因此在分析二极管的应用时，其等效电路就显得很重要。

在相当多场合下，把二极管理想化。理想化的二极管正向导通时电压降为零，相当于开关闭合；反向截止时电流为零，相当于开关打开。还有一些场合，当二极管本身的正向导通电压不能忽略时，则相当于一个 0.7V 或 0.3V 的电压源。

（1）整流

整流就是将交流电变为单向脉动（方向不变，大小变化）直流电，主要用于各类电器的电源电路，如手机的充电器、计算机的电源、电磁炉的电源等。

（2）钳位

钳位是指利用二极管正向导通电压相对稳定，且数值较小（有时近似为零）的特点，来限制电路中某点的电位。

（3）限幅

将输出电压的幅值限制在某一数值就称为限幅。在图 4-9a 中，设输入电压 $u_i = 20\sin\omega t\,\text{V}$，$E=10\text{V}$，$R_1 = R_2 = 10\text{k}\Omega$，$VD_1$、$VD_2$ 为理想二极管（它们的正向压降及反向电流均可忽略不计）。

当 $u_i > 0$ 时，VD_1 导通，$u_{ab} = u_i$；当 $u_i < 0$ 时，VD_2 截止，$u_{ab} = 0$。u_{ab} 为常见的单相半波整流电路的波形，如图 4-9b 所示。

当 $0 \leq u_{ab} \leq E$ 时，VD_2 截止，R_2 中无电流流过，$u_o = u_{ab} = u_i$；当 $u_{ab} > E$ 时，VD_2 导通，$u_o = E$。最后求得 u_o 的波形如图 4-9c 所示。

VD_1 是单相半波整流元件，而 VD_2 起限幅作用，将 u_{ab} 的大小限制在 10V 范围内。

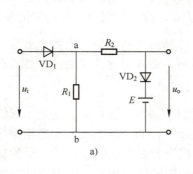
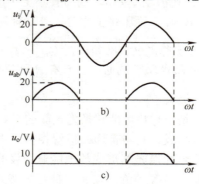

图 4-9 限幅电路

5. 特殊二极管的使用

（1）稳压二极管

稳压二极管是一种特殊的硅二极管。利用其反向击穿特性，在电路中与适当数值的电阻配合使用能起稳定电压的作用，故称为稳压管。

稳压管的伏安特性曲线与普通二极管的相似，如图4-10所示。它的伏安特性曲线也是由正向导通、反向截止和反向击穿三个部分组成，不同的是反向击穿的特性曲线比较陡。也就是说，稳压管反向击穿后，电流虽然在很大范围内变化，但电压几乎不变。正是由于稳压管工作于反向击穿区时具有这样的特性，所以它在电路中起稳压作用。

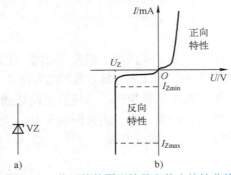

图4-10　稳压管的图形符号和伏安特性曲线
a) 图形符号　b) 伏安特性曲线

普通二极管反向击穿后不能恢复，而稳压管的反向击穿是可逆的。当电击穿后，去掉反向电压，稳压管能恢复正常。但是，如果反向电流和功率损耗超过允许范围，造成热击穿，稳压管就损坏了。

稳压管的主要参数如下。

1) 稳定电压 U_Z。它是指稳压管通过的反向电流为额定电流时的端电压，也就是稳压管的反向击穿电压。

2) 稳定电流 I_Z。它是指稳压管正常工作时的电流参考值。只要 $I_{Zmin} < I_Z < I_{Zmax}$，稳压二极管都起稳压作用，而且一般来说，工作电流较大时，稳压效果较好。

3) 最大稳定电流 I_{Zmax}。它是指稳压管允许通过的最大反向电流。稳压管工作时的电流应小于这个电流，若超过这个值，稳压管会因电流过大造成管过热而损坏。

4) 最大允许耗散功率 P_{ZM}。稳压管不至于产生热损坏时的最大功率损耗值叫作最大耗散功率，即 $P_{ZM} = I_{ZM} U_{ZM}$。稳压管工作时，若功耗超过 P_{ZM}，稳压管将会因热击穿而损坏。

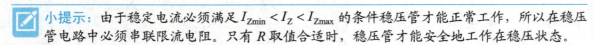

小提示：由于稳定电流必须满足 $I_{Zmin} < I_Z < I_{Zmax}$ 的条件稳压管才能正常工作，所以在稳压管电路中必须串联限流电阻。只有 R 取值合适时，稳压管才能安全地工作在稳压状态。

（2）发光二极管

发光二极管是一种将电能转换为光能的半导体器件，简称为LED。发光二极管多采用砷化镓、磷化镓材料制成。它与普通二极管相似，也是由一个PN结组成的，当正向导通时，由于电子与空穴的复合而以光的形式放出能量。发光二极管的发光颜色取决于使用的材料，一般有红、绿、黄、蓝、橙等颜色。发光二极管与普通二极管的结构相似，外形不同，发光二极管的PN结封装在发光二极管透明的塑料管壳内，外形多为圆形、方形和矩形，图形符号是在一般二极管上加上发光标记，如图 4-11 所示。

发光二极管只能工作在正向偏置状态，一般正向工作电压在 1.5～2.5V，正向电流为 5～20mA，电流太大会烧坏发光二极管，所以电路中必须串接限流电阻。

发光二极管常用于信号指示、数字和字符显示等。发光二极管具有驱动电压低、功耗小、体积小、抗冲击和抗振动性能好、可靠性高、寿命长等特点。

（3）光电二极管

光电二极管是一种将光能转换成电能的器件，其 PN 结封装在具有透明聚光窗的管壳内。其图形符号是在一般二极管符号上加光照的标记。图 4-12a 为光电二极管的图形符号，图 4-12b 为它的伏安特性曲线。

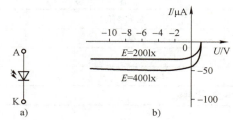

图 4-12　光电二极管图形符号和伏安特性曲线

a）图形符号　b）伏安特性曲线

光电二极管的 PN 结接受光线照射时，会像热激发一样，可以成对产生大量的电子和空穴，使半导体中少子的浓度提高。这些载流子在反向偏置下可以产生漂移电流，使反向电流显著增加。所产生的反向电流的大小与光照强度呈正比。此时的光电二极管等效于一个恒流源。光电二极管常应用于遥控、报警和光电传感器中。

6．二极管的识别与检测

（1）二极管的极性判定

用万用表电阻档判别极性。

1) 量程选用：用 "R×100" 或 "R×1k" 档位。

2) 将两表笔分别接到二极管的两端如图 4-13 所示，当测得二极管电阻较小时，如图 4-13a 所示，则黑表笔接二极管的正极，红表笔接二极管的负极，此时万用表指示的电阻通常小于几千欧；当测得二极管电阻较大时，如图 4-12b 所示，则黑表笔接二极管的负极，红表笔接二极管的正极，此时万用表指示的电阻值将达几百千欧。

图 4-13　二极管测试

a）二极管正偏　b）二极管反偏

小提示：为什么小功率的二极管不能用"R×1"档或"R×10k"档测量？因 R×1 档，万用表内阻较小，流过二极管的电流特大，易烧坏二极管；"R×10k"档，因万用表使用的叠层式电池的电压较高，可能击穿二极管。

（2）二极管的性能测试

将万用表的黑表笔接二极管正极，红表笔接二极管负极，可测得二极管的正向电阻，此电阻值一般在几千欧以下为好。通常要求二极管的正向电阻越小越好。将红表笔接二极管正极，黑表笔接二极管负极，可测出反向电阻。一般要求二极管的反向电阻应大于二百千欧，若反向电阻太小，则二极管失去单向导电作用。如果正、反向电阻都为无穷大，表明二极管已断路；反之，二者都为零，表明二极管短路，见表 4-1。

表 4-1 二极管性能测试

正向电阻	反向电阻	二极管好坏
较小	较大	好
0	0	短路损坏
∞	∞	开路损坏
正反向电阻比较接近		二极管质量不佳

4.1.2 晶体管的识别与检测

1. 晶体管的识别

晶体管是在本征半导体中掺入不同杂质制成两个背靠背的 PN 结。根据 PN 结的组成方式，晶体管分为 NPN 型和 PNP 型，外形如图 4-14 所示，结构及图形符号如图 4-15 所示。在电路中晶体管的文字符号用字母 VT 来表示。

晶体管的识别与检测

图 4-14 晶体管外形

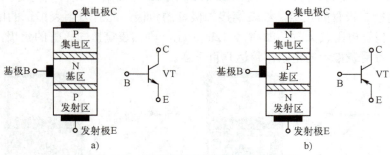

图 4-15 晶体管结构示意图及图形符号
a) NPN 型 b) PNP 型

无论是 NPN 型还是 PNP 型的晶体管，它们都具有三个区：发射区、基区和集电区，并相应地引出三个电极：发射极（E）、基极（B）和集电极（C）。发射区和基区之间的 PN 结称为发射结。集电区和基区之间的 PN 结称为集电结。晶体管符号中的箭头表示管内电流的方向。

2. 晶体管的工作原理

晶体管是放大电路的核心器件，在模拟电路中经常用来放大信号。NPN 型晶体管和 PNP 型晶体管的放大原理相同，下面以 NPN 型晶体管为例，说明它的放大作用。

图 4-16 所示，各极电流之间的分配关系符合基尔霍夫电流定律（若将晶体管看成一个节点，流入晶体管的电流之和等于流出晶体管的电流之和）。在 NPN 型晶体管中，I_B、I_C 流入，I_E 流出；在 PNP 型晶体管中，则是 I_E 流入，I_B、I_C 流出，则 $I_E = I_B + I_C$。

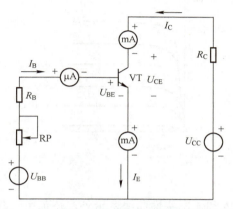

图 4-16 晶体管电流放大电路

如果基极电压 U_B 有微小变化，基极电流 I_B 也会随之有微小的变化，集电极电流 I_C 会有较大的变化。基极电流 I_B 越大，集电极电流 I_C 也越大，即基极电流 I_B 的微小变化使得集电极电流 I_C 发生较大变化，这就是晶体管的电流放大作用。I_C 的变化量与 I_B 的变化量之比称为晶体管的电流放大倍数，用 β 表示，即

$$\beta = \Delta I_C / \Delta I_B \approx I_C / I_B \tag{4-1}$$

β 表征晶体管的电流放大能力，当一个晶体管制造出来后，其电流放大倍数也就确定了，一般在 20～200 之间。

3. 晶体管的特性与主要参数

（1）晶体管的特性曲线

晶体管的特性曲线用来表示各极电压和电流之间的关系曲线，反映了晶体管的性能，是分析放大电路的重要依据。晶体管的共发射极接法应用最广，下面以 NPN 型晶体管共发射极接法为例来分析晶体管的特性曲线。

1）输入特性曲线。输入特性曲线是当集电极-发射极电压 U_{CE} 为常数时，输出回路中基极电流 I_B 与集电极-发射极电压 U_{CE} 之间的关系曲线，即 $I_B = f(U_{CE})$，与二极管的正向特性类似。

2）输出特性曲线。输出特性曲线是当基极电流 I_B 为常数时，输出电路中集电极电流 I_C 与集电极-发射极电压 U_{CE} 之间的关系曲线，即 $I_C = f(U_{CE})$。当 I_B 不同时可得到不同的曲线。所以晶体管的输出特性是一组曲线，如图 4-17 所示。通常将晶体管的输出特性曲线分成三个区域。

① 放大区。输出特性曲线近于水平的部分是放大区。在该区域内，$I_C = \beta I_B$，体现了晶体管的电流放大作用。晶体管工作在放大区，发射结处于正向偏置，集电结处于反向偏置。

② 截止区。$I_B = 0$ 曲线以下部分称为截止区，发射结零偏或反偏，集电结反偏，此时晶体管不导通，$I_C \approx 0$，输出特性曲线是一条几乎与横轴重合的直线。

③ 饱和区。图 4-17 中位于左偏上部分区域称为饱和区，在该区域内，I_C 与 I_B 不呈比例，β 值不适用于该区，晶体管工作在饱和导通状态。晶体管工作在饱和区时发射结和集电结都处于正向偏置。饱和时的 U_{CE} 称为饱和电压降，用 U_{CES} 表示。饱和导通时的集电极发射极电压 U_{CES} 很小，通常小于 0.5V。

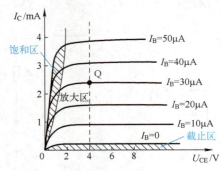

图 4-17　晶体管输出特性曲线

（2）晶体管的主要参数

晶体管的性能除了用输入和输出特性曲线表示外，还可用一些参数来表示它的性能和使用范围。常用的主要参数包括如下几个。

1）共发射极电流放大倍数 β。当晶体管接成共发射极电路时，集电极电流的增量与基极电流增量之比称为共发射极电流放大倍数 β，即

$$\beta = \frac{\Delta I_C}{\Delta I_B} \tag{4-2}$$

2）集电极最大允许电流 I_{CM}。集电极最大允许电流 I_{CM} 表示当晶体管的 β 值下降到其额定值 2/3 时所允许的最大集电极电流。当集电极电流超过该参数时，并不一定损坏晶体管，但 β 值下降太多可能使放大电路不能正常工作，一般小功率管的 I_{CM} 为几十毫安，大功率管可达几安。

3）集电极-发射极反向击穿电压 $U_{(BR)CEO}$。当基极开路时，集电极、发射极之间的最大允许反向电压称为集电极-发射极反向击穿电压。一旦集电极-发射极电压 U_{CE} 超过该值时，晶体管可能被击穿。

4）集电极最大允许耗散功率 P_{CM}。晶体管工作时，由于集电结承受较高的反向电压并通过较大的电流，故将消耗功率而发热，使结温升高。P_{CM} 是指在允许结温（硅管约为 150℃，锗管约为 70℃）下，集电极允许消耗的最大功率，称为集电极最大允许耗散功率。

4．晶体管的检测

（1）基极和管型的判断

档位选用万用表 R×100 或 R×1k 档，假设三个引脚中的任意一个引脚为基极，把一表笔接在这个电极，另一表笔分别依次接在另外两个电极上，若所测的电阻值均较小，则假设正确，这个引脚为基极。此时，如假设引脚接黑表笔，则该晶体管为 NPN 型；如假设引脚接红表笔，则该晶体管为 PNP 型。如果两次测量的结果为一大一小，说明假设错误，需要重新假设进行测量。

(2) 集电极与发射极的判别

如果管型为 NPN，将万用表选到"R×1k"档，调零。将 100kΩ 电阻与 1、2 引脚相连，黑表笔与 1 引脚相连，红表笔与 3 引脚相连，此时可以看到万用表读数为 20kΩ，如图 4-18a 所示。将红、黑表笔对调，电阻与 2 引脚、3 引脚相连，此时万用表读数趋近于无穷大，如图 4-18b 所示。可以判断 1 引脚为集电极，3 引脚为发射极。

图 4-18　晶体管发射极和集电极的判断
a) 接法 1　b) 接法 2

如果管型为 PNP，用同样的方法重测一次。以电阻值较小的那次为准，黑表笔所接的为发射极，红表笔所接的为集电极。

任务 4.2　基本放大电路的认识与运用

【任务引入】

基本放大电路是电路的一种，可以应用在电路施工中。基本放大电路输入电阻很低，一般只有几欧到几十欧，但其输出电阻却很高。对于初学者而言，通过分析基本放大电路的电路原理，增加静态工作点对输出波形影响的认识，并学习负反馈放大电路的判断和特性，可以为后续进一步学习功率放大电路奠定基础。

基本放大电路的组成

【知识链接】

基本放大电路既可以放大交流信号，也可放大直流信号和变化非常缓慢的信号，且信号传输效率高，具有结构简单、便于集成化等优点，集成电路中多采用这种耦合方式。

4.2.1　共射极放大电路的认识

1. 共射极放大电路的组成及运用

(1) 放大电路的组成

图 4-19 所示的是共发射极基本放大电路，输入端接交流信号源，输入电压为 u_i，输出端接负载电阻 R_L，输出电压为 u_o。电路中各元器件的作用如下。

1) 晶体管 VT。它是放大电路的核心，起电流放大作用。

2) 直流电源 U_{CC}。它一方面与 R_B、R_C 配合，保证晶体管的发射结正偏、集电结反偏，即保证晶体管工作在放大状态；另一方面 U_{CC} 也是放大电路的能量来源。U_{CC} 一般在几伏到十几伏之间。

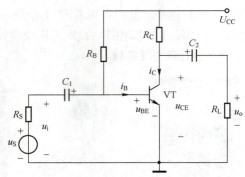

图 4-19　共发射极基本放大电路

3）基极偏置电阻 R_B。它与电源 U_{CC} 配合决定了基极电流 i_B 的大小，R_B 的值一般为几十欧至几百千欧。

4）集电极负载电阻 R_C。集电极电流的变化量转换为电压的变化量，反映到输出端，从而实现电压放大。R_C 的值一般为几千欧至几十千欧。

5）耦合电容 C_1 和 C_2。它们的作用是"隔直流通交流"。隔离信号源与放大电路之间、放大电流与负载之间的直流信号，使交流信号能顺利通过。注意，此电容为有极性的电解电容，连接时要注意极性，一般是几微法至几十微法。

（2）放大电路的运用

放大电路的功能是将微小的输入信号放大成较大的输出信号。在图 4-19 所示的电路中，在放大电路的输入端加上交流信号 u_i 经电容 C_1 传送到晶体管的基极，则基极与发射极之间的电压 u_{BE} 也将随之发生变化，产生变化量 Δu_{BE}，从而产生变化的基极电流 Δi_B，因晶体管处于放大状态，进而产生一个更大的变化量 $\Delta i_C(\beta \Delta i_B)$，这个集电极电流的变化量流过集电极负载电阻 R_C 和负载电阻 R_L 时，将引起集电极与发射极之间的电压 U_{CE} 也发生相应的变化。可见，微小输入电压的变化量 Δu_i 加在输入端，在输出端将获得一个比较大的变化量 Δu_{CE}，从而实现交流电压信号的放大。

2. 共射极放大电路的静动态分析

对放大电路的分析包括静态分析和动态分析。静态分析的对象是直流量，用来确定放大电路的静态工作点；动态分析的对象是交流量，用来求得放大电路的性能指标。

（1）放大电路的静态分析

放大电路的静态分析是指放大电路没有信号输入（$u_i = 0$）时的工作状态。静态分析时要确定放大电路的静态值 I_{BQ}、I_{CQ}、U_{BEQ}、U_{CEQ}，称为静态工作点 Q。

静态值既然是直流，就可以直接从放大电路的直流通路（直流电流流通的路径）求得。对于如图 4-19 所示的电路图，由于电容 C_1、C_2 具有隔直流通交流的作用，可视为开路，因而直流通路如图 4-20 所示。

首先，估算基极电流 I_{BQ}，再估算 I_{CQ} 和 U_{BEQ}。I_{BQ} 为

$$I_{BQ} = \frac{U_{CC} - U_{BEQ}}{R_B} \qquad (4\text{-}3)$$

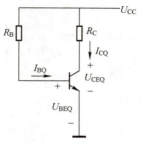

图 4-20 基本放大电路直流通路

U_{BEQ} 的估算值,对于硅管取 0.7V;对于锗管取 0.3V。一般 $U_{CC} > U_{BEQ}$,故可近似为

$$I_{BQ} = \frac{U_{CC}}{R_B} \quad (4-4)$$

$$I_{CQ} = \beta I_{BQ} \quad (4-5)$$

$$U_{CEQ} = U_{CC} - I_{CQ}R_C \quad (4-6)$$

至此,根据以上三式就可以估算出放大电路的静态工作点,条件是晶体管工作在放大区。如果算得 U_{CEQ} 值小于 1V,则说明晶体管已处于或接近饱和状态,I_{CQ} 将不再与 I_{BQ} 呈 β 倍线性比例关系。

【例 4-1】 试求图 4-21a 所示放大电路的静态工作点,已知该电路中的晶体管 $\beta=37.5$,$U_{CC} \approx 12V$。

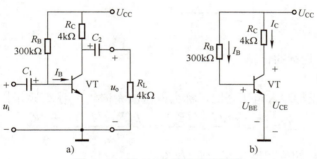

图 4-21 例 4-1 电路及直流通路
a) 电路图   b) 直流通路

解:首先画出图 4-21a 电路的直流通路如图 4-21b 所示,由直流通路可知:

$$I_B \approx \frac{U_{CC}}{R_B} = \frac{12}{300} \text{mA} = 0.04 \text{mA} = 40 \mu\text{A}$$

$$I_C = \beta I_B = 37.5 \times 0.04 \text{mA} = 1.5 \text{mA}$$

$$U_{CE} = U_{CC} - I_C R_C = 12V - 1.5 \times 4V = 6V$$

(2)放大电路的动态分析

动态分析是在静态值确定后分析信号的传输情况,主要是确定放大电路的电压放大倍数 A_u、输入电阻 R_i 和输出电阻 R_o 等。微变等效法是动态分析的基本方法,它的分析步骤如下。

> **小提示**:动态是指放大电路输入端有交流信号时的工作状态,此时放大电路在直流电压和交流输入信号共同作用下工作。

1)画出交流通路。交流通路是在 u_i 单独作用下的电路,由于电容 C_1、C_2 具有隔直流通交流的作用,可视为短路,直流电源 U_{CC} 不作用,即将其对地短接,得到交流通路如图 4-22 所示。

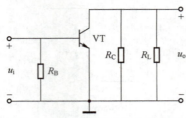

图 4-22 基本放大电路交流通路

2）画出微变等效电路。由于晶体管工作在放大状态，Δi_B 与 Δu_{BE} 可近似看作线性关系。这时，晶体管输入端可以等效为一个电阻，晶体管输出端可以等效为一个受控源。晶体管的小信号等效模型如图 4-23 所示。

交流输入电阻为

$$r_{be} = 300\Omega + (1+\beta)\frac{26\text{mV}}{I_{EQ}} \tag{4-7}$$

式中，r_{be} 是动态电阻，只能用于计算交流量，r_{be} 一般为几百欧到几千欧。将其交流通路中的晶体管 VT 用小信号模型代替，得到放大电路的微变等效电路，如图 4-24 所示。

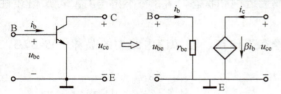

图 4-23 晶体管小信号等效模型

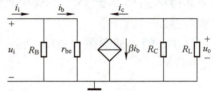

图 4-24 基本放大电路的微变等效电路

3）放大电路性能指标的计算。

① 电压放大倍数 A_u。

放大电路输出电压与输入电压之比，称为电压放大倍数，用 A_u 表示，即

$$A_u = \frac{u_o}{u_i} = \frac{-i_e(R_C//R_L)}{i_b r_{be}} = \frac{-\beta(R_C//R_L)}{r_{be}} = \frac{-\beta R_L'}{r_{be}} \tag{4-8}$$

式中，负号表示 u_o 与 u_i 相位相反，$R_L' = R_C//R_L$。

② 输入电阻 R_i。

输入电阻就是从放大电路输入端看进去的等效电阻，用 R_i 表示。图 4-23 所示放大电路的输入电阻在数值上等于输入电压与输入电流之比，即

$$R_i = \frac{u_i}{i_i} = R_B//r_{be} \approx r_{be} \tag{4-9}$$

③ 输出电阻 R_o。

输出电阻就是从输出端（不包括负载 R_L）看进去的交流等效电阻，用 R_o 表示。放大电路对负载而言，相当于一个信号源，从图 4-23 所示放大电路可以得到

$$R_o = R_C \tag{4-10}$$

小提示：对于电压放大电路而言，通常希望输出电阻 R_o 小些，使放大电路的带载能力较强，这样当负载变化时，输出电压的变化较小。

3. 静态工作点对输出波形的影响

（1）温度对静态工作点的影响

对于图 4-25 所示的放大电路，其静态工作点取决于偏置电流 I_B 的大小，就是说，当 R_B 一

经选定后，I_B 也就固定不变了，故这种放大电路称为固定式偏置放大电路。

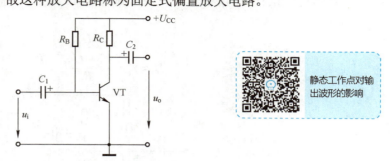

图 4-25　共射极交流放大电路

固定式偏置放大电路虽然具有元器件少、电路简单的优点，但有一个很大的缺点，即它的静态工作点不稳定。不论是环境温度、电路元器件参数和电源电压的变化，还是换晶体管时参数不一致都会引起静态工作点变动。在影响静态工作点稳定的诸多因素中，温度变化带来的影响是比较突出的。

在前面已经叙及，当温度升高时，I_{CEO}、β 增加，U_{BE} 下降，它们最终体现在 I_C 的增加上。由图 4-26 可知，$U_{CE} = U_{CC} - I_C R_C$，当 I_C 增加时，U_{CE} 减少，结果导致静态工作点偏离原来的位置，甚至移到不合适的饱和区，使放大器不能正常工作，如图 4-27 中的 Q' 点。因此，设置合适的静态工作点的同时，还应设法使静态工作点得到稳定。

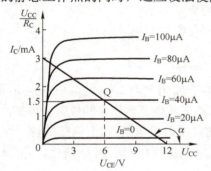

图 4-26　图解法确定静态工作点

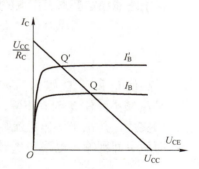

图 4-27　温度对静态工作的影响

当温度变化时，要使 I_C 近似维持不变以稳定静态工作点，可以采用能自动稳定工作点的电路，这样的电路有多种，以下介绍其中最重要的一种。

（2）分压式偏置电路

图 4-28 所示的放大电路为分压式偏置放大电路，其中 R_{B1}、R_{B2} 构成偏置电路。下面首先分析它稳定静态工作点的原理。

由图 4-28 可以列出

$$I_1 = I_2 + I_B \tag{4-11}$$

若使

$$I_1 \gg I_B \tag{4-12}$$

则

$$I_1 \approx I_2 \approx \frac{U_{CC}}{R_{B1} + R_{B2}} \tag{4-13}$$

基极电位为

$$V_B \approx I_2 R_{B2} \approx \frac{R_{B2}}{R_{B1} + R_{B2}} U_{CC} \tag{4-14}$$

可认为 V_B 与晶体管的参数无关,不受温度影响,而仅为 R_{B1} 和 R_{B2} 的分压电路所固定。

若使

$$V_B \gg U_{BE} \tag{4-15}$$

则

$$I_C \approx I_E = \frac{V_B - U_{BE}}{R_E} \approx \frac{V_B}{R_E} \tag{4-16}$$

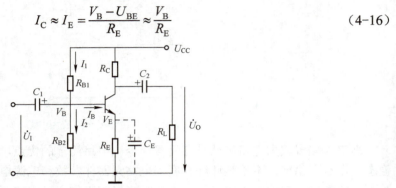

图 4-28 分压式偏置放大电路

可认为 I_C 也与晶体管参数无关,不仅不受温度的影响,而且在换用不同 β 值的晶体管时,工作点也可以保持不变。这对电子设备的批量生产和维修是很有利的。

因此,只要满足上式的两个条件,V_B 和 I_B 或 I_C 就与晶体管的参数(I_{CEO}、β、U_{BE})几乎无关,不受温度变化的影响,从而静态工作点得以基本稳定。

分压式偏置电路能稳定静态工作点的物理过程可表示如下:

温度升高 → $I_C\uparrow$ → $V_E\uparrow\approx(I_C R_E)$ → $U_{BE}\downarrow$

$I_C\downarrow \leftarrow I_B\downarrow$

即当温度升高使 I_C 和 I_B 增大时,V_E 也增大。由于 V_B 为 R_{B1} 和 R_{B2} 的分压电路所固定,U_{BE} 减小,从而引起 I_B 减小,使 I_C 自动下降,静态工作点大致恢复到原来的位置。可见,这种电路能稳定工作点的实质,是由于输出电流 I_C 的变化通过发射极电阻 R_E 上电压降($V_E = I_C R_E$)的变化反映出来,而后引回到输入电路和 V_B 比较,使 U_{BE} 发生变化来牵制 I_C 变化。R_E 越大,稳定性能越好。

 小提示:但若 R_E 太大,将使 V_E 增高,因而减小放大电路的工作范围。R_E 在小电流情况下为几百欧到几千欧,在大电流情况下为几欧到几十欧。

发射极电阻 R_E 接入后,一方面发射极电流的直流分量 I_E 通过它起自动稳定静态工作点的作用;但另一方面发射极电流的交流分量 i 通过它也会产生交流电压降,使 u_{be} 减小,i_b、i_c、和 u_{ce} 均减小。由于 u_i 没变,这样就会降低放大电路的电压放大倍数。为此,可在 R_E 两端并联电容 C_E。只要 C_E 的容量足够大,对交流信号的容抗就很小,对交流可视作短路,而对直流分量并无影响,故 C_E 称为发射极交流旁路电容,其容量一般为几十微法到几百微法。

为了达到稳定静态工作点的目的,在设计电路时必须满足 $I_1 \gg I_B$,$V_B \gg U_{BE}$ 这两个条件。但 I_1 和 V_B 也不能取得太大,因 I_1 太大时,电阻 R_{B1}、R_{B2} 的值必然会减小,这会增加电路的功率损耗并使输入电阻减小,V_B 取得过大时,V_E 也大,在电源电压 U_{CC} 一定的情况下,管压降 U_{CE} 会变小,使放大电路的动态范围变小,输出信号的幅度下降。

4.2.2 其他基本放大电路的认识

1. 共集电极放大电路的认识

（1）共集电极放大电路的组成

共集电极放大电路如图 4-29 所示，图 4-30 是其交流通路。可见输入信号 U_i，加到基极、集电极之间，输出信号 U_o 取自发射极、集电极之间。因此集电极是输入回路和输出回路的公共端，故得名共集电极放大电路。由于输出信号从发射极取出，所以又叫"射极输出器"。

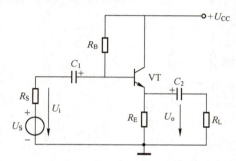

图 4-29　共集电极放大电路

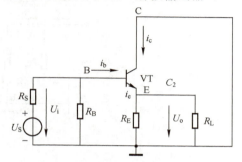

图 4-30　共集电极放大电路的交流通路

（2）共集电极放大电路的特点及运用

共集电极放大电路的主要特点是：①输入电阻高；②输出电阻低；③电压放大倍数小于 1，且近似等于 1，即没有电压放大能力，但有电压跟随作用，有一定的电流和功率放大能力。

共集电极放大电路的上述特点在电子电路中运用非常广泛。

1）用作输入级。由于共集电极放大电路的输入电阻很高，将其用作多级放大电路的输入级时，可以提高整个放大电路的输入电阻。因此，输入电流很小，减轻了信号源的负担，在测量仪器中，提高其测量准确度。

2）用作输出级。其输出电阻很小，近似于一个恒压源，因此用作多级放大器的输出级时，可以大大提高多级放大电路的带负载能力。

3）用作中间级。在多级放大电路中，有时前后两级间的阻抗匹配不当，影响了放大倍数的提高。如在两级之间加入一级共集电极放大电路，它能够起到阻抗变换作用，即前一级放大电路的外接负载正是共集电极放大电路的输入电阻，这样前级的等效负载的阻值提高了，从而使前一级电压放大倍数提高；它的输出却是后级的信号源，由于输出电阻很小，使后一级接收信号的能力提高，即源电压放大倍数增加，从而整个放大电路的电压放大倍数提高。

2. 共基极放大电路的认识

共基极放大电路如图 4-31a 所示，图中 R_{B1}、R_{B2} 为基极的上、下偏置电阻；R_E 为发射极电阻；R_C 为集电极负载电阻；C_1、C_2 分别为输入、输出电容；C_B 为基极旁路电容，保证基极交流接地。共基极放大电路的交流通路和微变等效电路如图 4-31b 和图 4-31c 所示。

共射极放大电路是反相放大电路，而共基极放大电路则是同相放大电路。共基极放大电路输入电阻很低，一般只有几欧至几十欧。共基极放大电路的输出电阻较大，且共基极放大电路没有电流放大作用，但其频率特性好，常用于高频和宽频电路中。

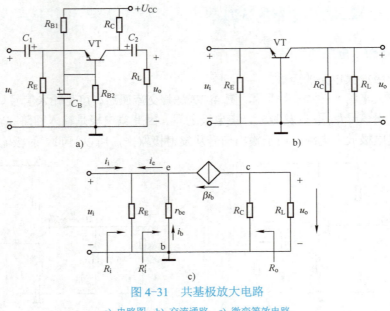

图 4-31 共基极放大电路

a) 电路图　b) 交流通路　c) 微变等效电路

4.2.3 多级放大电路的认识

1. 多级放大电路的结构和特性

（1）多级放大电路的组成

大多数电子电路的放大系统，需要将微弱的毫伏或微伏级信号放大为足够大的输出电压和电流信号去驱动负载工作。从单级放大电路的放大倍数来看，仅几十倍到一百多倍，输出的电压和功率不大，因此需要采用多级放大电路，以满足放大倍数和其他性能方面的要求。

图 4-32 为多级放大电路的组成框图，其中的输入级作输入阻抗匹配并兼作电压放大。中间级主要用作电压放大，可将微弱的输入电压放大到足够的幅度。后面的末前级和输出级多用作功率放大和阻抗匹配，以输出负载所需要的功率并获得尽量高的效率。

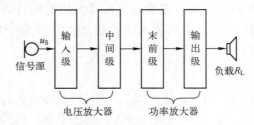

图 4-32 多级放大电路的组成框图

（2）级间耦合形式及其特点

多级放大电路级与级之间的耦合是指前一级放大电路的输出信号加到后一级放大电路的输入端所采用的连接方式。目前在线性放大电路中，用得较多的耦合方式有阻容耦合、变压器耦合、直接耦合三种形式，如图 4-33 所示。

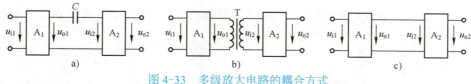

图 4-33 多级放大电路的耦合方式

a) 阻容耦合　b) 变压器耦合　c) 直接耦合

1）阻容耦合。阻容耦合是指前、后级通过耦合电容 C 联系起来的耦合方式。这种耦合方式的特点是前、后级的静态工作点各自独立，但不能用于直流或缓慢变化信号的放大。

2）变压器耦合。变压器耦合是指级与级之间采用变压器传递交流信号的耦合方式，各级静态工作点也各自独立。这种耦合方式的特点是变压器具有阻抗变换作用，负载阻抗可实现合理配合；缺点是体积大、笨重、频率特性差，且不易传递直流信号，常用于选频放大或功率放大电路。

3）直接耦合。直接耦合是指前级的输出端直接与后级的输入端相连的耦合方式。这种耦合方式的特点是频率特性好，各级静态工作点不独立、相互影响。它适用于直流信号或变化缓慢信号的放大，直接耦合在集成放大器电路中获得了广泛应用。

2. 反馈放大电路的判断和特性

把放大器的输出信号（电压或电流）的一部分或全部，经过一定的电路送回输入端，称为反馈放大电路，其组成框图如图 4-34 所示。在基本放大电路的输出端与输入端之间连接一个反馈网络 F（支路），将输出信号的一部分反馈回输入端（反向传输），与输入信号进行叠加后将输到基本放大电路中，这就构成了一个反馈放大电路。其中，X_i 是外部输入信号，X_f 是反馈信号。X_f 与 X_i 进行叠加后的信号 X_i' 称为净输入信号。基本放大电路和反馈网络构成一个闭合环路，故有时把引入了负反馈的放大电路称为闭环放大电路（也称为反馈放大电路），而对未引入反馈的放大电路称为开环放大电路。

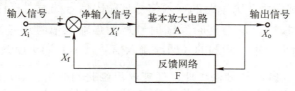

图 4-34 反馈放大电路的组成框图

 小提示：判断一个放大电路是否存在反馈，就看它的输入回路与输出回路之间是否存在反馈支路，若存在反馈支路，则存在反馈；否则，就不存在反馈。

在电路中判断反馈支路的方法如下：找到输入回路与输出回路，判断是否满足以下两种情况之一。

1）看是否有一条支路是输入回路与输出回路的公用支路。

2）看是否有一条支路，一端接在输入回路上，另一端接在输出回路上。

上述两种情况满足其中之一，即存在反馈，而该支路即为反馈支路（注：公共电源和公共接地端不属于反馈支路）。

例如，在图 4-35 所示的反馈放大电路 1 中，输入回路：u_i 正极→C_1→晶体管 VT 的基极→晶体管 VT 的发射极→R_E→地；输出回路：u_o 正极→C_2→晶体管 VT 的集电极→晶体管 VT 的发射极→R_E→地。R_E 所在的支路为输入和输出回路的公共支路满足上述条件 1），该放大电路存在反馈，反馈支路是 R_E 所在的电路。在图 4-36 所示的反馈放大电路 2 中 R_f 所在的支路一端接在输入端，另一端接在输出端符合上述条件2），该放大电路存在反馈，反馈支路是 R_1 所在的电路。

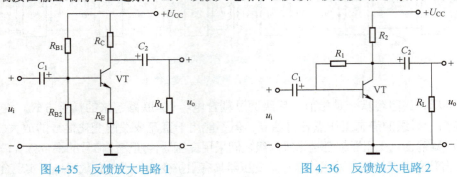

图 4-35　反馈放大电路 1　　　　　图 4-36　反馈放大电路 2

（1）反馈极性的判断

根据从输出端反馈的信号是增强了输入信号还是减弱了输入信号来划分，可分为正反馈和负反馈。

1）正反馈。如果反馈信号增强了输入信号，即在输入信号不变时输出信号比没有反馈时增强，导致放大倍数增大，这种反馈称为正反馈。正反馈能使放大倍数增大，但也会使放大电路的工作稳定性变差，甚至产生自激振荡，破坏其放大作用，故在放大电路中很少使用。

2）负反馈。如果反馈信号削弱了输入信号，即在输入信号不变时输出信号比没有反馈时减弱，导致放大倍数减小，这种反馈就称为的负反馈。负反馈在放大电路中应用较多，虽然它降低了放大倍数，但却可以改善放大电路的载能。

判断是正反馈还是负反馈常用瞬时极性法，即先假定输入信号的瞬时值对地有一正向的变化，即瞬时极性为（+）（瞬时电位升高）；然后按信号先放大、后反馈的传输途径，根据放大电路在中频区电压的相位关系（共射电路的 u_c 与 u_b 反相；共基电路的 u_c 与 u_e 同相；共集电路的 u_e 与 u_b 相等），依次得到各级放大电路的输入信号与输出信号的瞬时极性是（+）还是（−）；最后推出反馈信号的瞬时极性，从而判断反馈信号是加强输入信号还是削弱输入信号，加强的（即净输入信号增大）为正反馈，削弱的（即净输入信号减小）为负反馈。

> 小提示：除了常用的瞬时极性法之外，还可以用经验判断法。若反馈信号与原假定的输入信号接在同一电极上（如原假定信号从基极输入，反馈回来的信号也加在基极），则两者极性相同为正反馈，否则为负反馈；若反馈信号与原假定的输入信号不在同一电极上（如原假定输入信号从基极输入，反馈回来的信号加在发射极），则两者极性相同为负反馈，否则为正反馈。

【例 4-2】　试判断图 4-37 所示电路中 R_F 引入的反馈是正反馈还是负反馈。

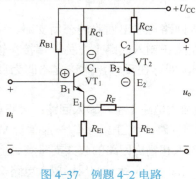

图 4-37　例题 4-2 电路

解：设 u_i 的瞬时极性为（+），则 u_{B1} 的瞬时极性也为（+），经过 VT_1 反相后 u_{C1}（即 u_{B2}）的瞬时极性为（-），u_{BE2} 的瞬时极性也为（-），该电压经 R_F 加到 VT_1 发射极，则 u_{E1} 的瞬时极性为（-），由于 $u_{BE1} = u_{B1} - u_{E1}$，净输入电压 u_{BE1} 增大，所以是正反馈。

（2）负反馈的特性

综上所述，根据反馈信号在输出端的取样方式以及在输入回路连接方式的不同组合，负反馈放大电路可以分为如下 4 种组态，即电压串联负反馈、电压并联负反馈、电流串联负反馈和电流并联负反馈。

负反馈放大电路的 4 种基本组态框图如图 4-38 所示。图 4-38a 所示为电压串联负反馈。图 4-38b 所示为电压并联负反馈。图 4-38c 所示为电流串联负反馈。图 4-38d 所示为电流并联负反馈。

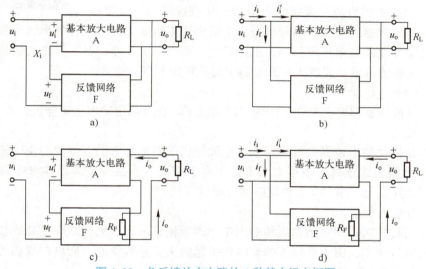

图 4-38　负反馈放大电路的4种基本组态框图

a）电压串联负反馈　b）电压并联负反馈　c）电流串联负反馈　d）电流并联负反馈

可以得到如下结论：凡是电压负反馈都能稳定输出电压，凡是电流负反馈都能稳定输出电流，即负反馈具有稳定被采样的输出量的作用。

任务 4.3　功率放大器的应用

【任务引入】

功率放大器，简称"功放"，是指在给定失真率条件下，能产生最大功率输出以驱动某一负载（例如扬声器）的放大器。功率放大器在整个音响系统中起到了"组织、协调"的枢纽作用，在某种程度上主宰着整个系统能否提供良好的音质输出。本节通过对功率放大器原理的全面剖析，为后续制作功率放大器奠定知识基础。

【知识链接】

功率放大器利用晶体管的电流控制作用或场效应晶体管的电压控制作用将电源的功率转换

为按照输入信号变化的电流。因为声音是不同振幅和不同频率的波，即交流信号电流，晶体管的集电极电流在放大区中恒为基极电流的 β 倍，β 是晶体管的电流放大倍数，应用这一点，若将小信号注入基极，则集电极流过的电流会等于基极电流的 β 倍，然后将这个信号用隔直电容隔离出来，就得到了电流（或电压）是原先 β 倍的大信号，这现象称为晶体管的放大作用。经过不断的电流放大，就完成了功率放大。

4.3.1 功率放大电路的特点与分类

1. 功率放大器的特点

功率放大器的特点与分类 1

功率放大器与前述放大器本质上无差别，都是利用晶体管的控制作用，将电源提供的直流功率按输入信号变化规律转换为交流输出功率。但前述放大器工作在小信号状态，主要实现电压放大，故又称为小信号放大器或电压放大器，对其主要要求是电压增益高，工作稳定。而功率放大器通常工作在大信号状态，它与工作在小信号状态的电压（或电流）放大器相比具有如下不同的特点。

（1）输出功率尽可能大

在不失真（或失真程度在允许范围内）的情况下，要求输出功率尽可能大。

（2）效率要高

所谓效率是指负载上得到的有用功率与电源提供的直流功率的百分比。由于输出功率比较大，所以对效率要求比较高，效率太低不但不利于节能，而且会造成晶体管等器件的温度升高，这既不利于其安全工作，又会使电路的可靠性降低。

（3）非线性失真要小

若要求输出功率大，则输出电压和输出电流的幅值就都比较大，从而使功率放大器中的晶体管工作在大信号状态。由于晶体管的非线性引起的失真是难免的，所以在提高放大电路输出功率的同时，应采取一定的措施，减小非线性失真。

（4）要保证功率管安全工作

为了获得足够大的输出功率，功率放大器中的晶体管常常工作在极限状态，因此要保证晶体管的安全工作，要注意极限参数 $U_{(BR)CEO}$、I_{CM} 和 P_{CM} 的选择。

2. 功率放大器的分类

功率放大器按工作方式划分，有甲类、乙类、甲乙类和丙类。功率放大器 4 种工作状态如图 4-39 所示。

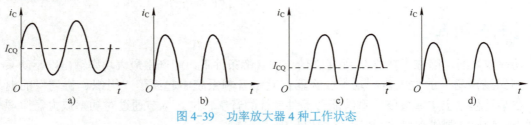

图 4-39　功率放大器 4 种工作状态

a) 甲类　b) 乙类　c) 甲乙类　d) 丙类

（1）甲类

甲类功率放大器，Q 点位置适中，在输入信号整个周期都有 i_C 流过功率管，导通角为 360°，非线性失真小,如图 4-39a 所示。即使无输入信号,晶体管也有静态电流 $I_{CQ} = 0$,因此电流较大,功率低,一般 $\eta \leqslant 35\%$。

(2) 乙类

乙类功率放大器,Q 点在截止区与放大区的交界处,只在输入信号的半个周期有 i_C 流过功率管,导通角为 180°,非线性失真严重,如图 4-39b 所示。当无输入信号时,$I_{CQ} = 0$,即没有管耗,因此效率高,最大达 78.5%。

(3) 甲乙类

甲乙类功率放大器的工作状态介于甲类与乙类之间,在输入信号的大半个周期有 i_C 流过功率管,导通角在 180°~360°,非线性失真较严重。i_C 波形如图 4-39c 所示,效率较高。

(4) 丙类

丙类功率放大器的导通时间小于输入信号的半个周期,导通角小于 180°,如图 4-39d 所示,它在 4 类功率放大器中效率最高,失真也最严重。

可以看出,功率放大器的工作状态从甲类到甲乙类、乙类、丙类,Q 点逐渐降低,功率管的导通角逐渐减小,效率越来越高,非线性失真也越来越严重。

4.3.2　乙类互补对称功率放大电路

1. 电路组成

乙类互补对称功率放大电路如图 4-40a 所示。VT_1 和 VT_2 分别为导电类型相反的 NPN 型晶体管和 PNP 型晶体管,它们的特性相同,称为互补管;显然,VT_1 和 VT_2 都是属于共集电极组态,由于负载与电路之间是直接耦合的,没有耦合电容。

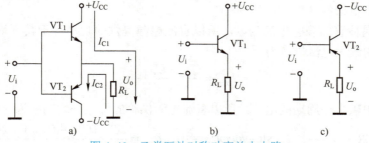

图 4-40　乙类互补对称功率放大电路
a) 电路图　b) $u_i > 0$ 时的电路　c) $u_i < 0$ 时的电路

2. 工作原理

静态时,两晶体管均无偏置而截止,输出电压等于零。

动态时,若忽略晶体管发射结的开启电压,u_i 波形在正半周,VT_1 导通,VT_2 截止,流过负载 R_L 的电流 i_{E2} 形成输出电压 u_o 的正半周波形,此时电路相当于图 4-40b;u_i 波形在负半周,VT_2 导通,VT_1 截止,流过 R_L 的电流 i_{E2} 形成 u_o 的负半周波形,此时电路相当于图 4-40c。可见当 u_i 变化一个周期时,VT_1、VT_2 轮流导通,在负载上得到完整的 u_o 波形。

3. 主要性能指标估算

乙类电路工作在大信号状态,宜采用图解法分析,电路图解分析如图 4-41 所示。图中 I 区

是 VT_1 的输出特性，Ⅱ区是 VT_2 的输出特性。由于电路工作在乙类状态，所以两只晶体管的静态电流很小，可以近似认为静态工作点在横轴上，为电路最大输出电压幅值。

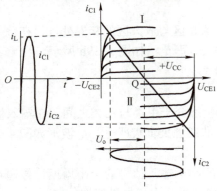

图 4-41　电路图解分析

（1）输出功率

乙类电路的输出功率为

$$P_{om} = \frac{U_o^2}{R_L} = \frac{(U_{om}/\sqrt{2})^2}{R_L} = \frac{U_{om}^2}{2R_L} \tag{4-17}$$

式中，输出电压振幅的正半周为 $U_{om} = (U_{CC} - U_{CE1})$，负半周为 $U_{om} = (U_{CC} - |U_{CE2}|)$。如果输入电压参数合适，在正半周最大时使 VT_1 刚好饱和，负半周最小时使 VT_2 刚好饱和，则输出电压最大值为 $U_{om} = U_{CC} - U_{CES}$，若忽略晶体管饱和电压降则

$$P_{om} = \frac{(U_{CC} - U_{CES})^2}{2R_L} \approx \frac{U_{CC}^2}{2R_L} \tag{4-18}$$

（2）直流电源供给的功率

由于电路中晶体管的静态电流为零，所以直流电源提供的功率等于其平均电流与电源电压之积。电源提供的最大电流幅值为

$$I_{mm} = \frac{U_{CC} - U_{CES}}{R_L} \tag{4-19}$$

每个电源只提供半个周期的电流，所以直流电源供给的最大平均功率为

$$P_{vm} = 2U_{CC} \times \frac{1}{2\pi} \int_0^\pi I_{mm} \sin\omega t \, d(\omega t) = \frac{2}{\pi} U_{CC} I_{mm} = \frac{2U_{CC}(U_{CC} - U_{CES})}{\pi R_L} \approx \frac{2U_{CC}^2}{\pi R_L} \tag{4-20}$$

（3）管耗

在功率放大电路中，直流电源提供的功率一部分转换成输出功率，其余部分主要消耗在晶体管上，晶体管所消耗的功率为 $P_T = P_V - P_o$。当输入电压等于 0 时，由于集电极电流很小，所以晶体管的损耗很小；当输入电压最大时，由于管压降很小，所以管的损耗也很小，可见，输入电压最大和最小时都不会出现管耗为最大的情况。可以证明，当输出电压 $U_{om} \approx 0.6 U_{CC}$ 时，管耗最大。当 $U_{CES} \approx 0$ 时，最大单管管耗为

$$P_{T1m} = P_{T2m} \approx 0.2 P_{om} \tag{4-21}$$

（4）效率

功率放大电路的效率为

$$\eta = \frac{P_o}{P_v} \tag{4-22}$$

$$\eta = \frac{P_{om}}{P_{vm}} = \frac{\pi}{4} \frac{U_{CC} - U_{CES}}{U_{CC}} \approx \frac{\pi}{4} \approx 78.5\% \tag{4-23}$$

(5)功率管的选择

既要使功率放大电路有符合要求的功率输出，又要保证功率管安全工作，功率管的参数就必须满足以下条件：

1）晶体管的集电极最大允许功耗为 $P_{CM} \geq 0.2 P_{om}$。
2）晶体管的集电极-发射极极间击穿电压为 $U_{(BR)CEO} \geq 2U_{CC}$。
3）晶体管的最大允许集电极电流为 $I_{CM} \geq U_{CC}/R_L$。

4.3.3 甲乙类互补对称功率放大电路

1. 乙类互补对称功率放大电路的交越失真

功率放大器的特点与分类2

乙类互补对称功率放大电路静态时 VT_1、VT_2 都处于零偏，当输入信号小于晶体管开启电压（即 $|u_i| < U_{on}$）时，VT_1 和 VT_2 都处于截止状态，输出电压等于零，出现一段死区，输出波形出现失真，交越失真如图 4-42 所示。由于这种失真发生在两晶体管交接工作的时刻，所以称为交越失真。

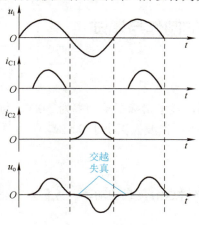

图 4-42 交越失真

2. 甲乙类互补对称功率放大电路

为了消除交越失真，可分别给两晶体管的发射结加上很小的正向偏置电压，使 VT_1、VT_2 在静态时处于微导通状态。当有输入信号作用时，晶体管即导通，从而消除交越失真，因为 Q 点很低，所以效率仍然很高。甲乙类互补对称功率放大电路如图 4-43 所示。

在图 4-43a 中，R_{C3}、R_{E3}、VD_1 和 VD_2 通过 U_{CC} 形成通路，静态时 VD_1 和 VD_2 两端的电压加到 VT_1 和 VT_2 的基极之间，使其处于微导通状态。当有信号输入时，VD_1 和 VD_2 近似短路（其正向交流电阻很小），因此加到两晶体管基极的正、负半周幅度相等。

图 4-43a 所示的功率放大电路虽然可以克服交越失真，但要使 VT_1 和 VT_2 有合适的静态偏置，就必须仔细调节 VD_1 和 VD_2 的静态电流，给实际应用带来不便。为了解决这个问题，可以采用如图 4-43b 所示的 U_{BE} 倍增电路作为偏置的甲乙类互补对称功率放大电路。

在图 4-43b 中，VT_4、R_1 和 R_2 构成具有恒压特性的偏置电路，当 VT_4 处于放大状态时，U_{BE4}

近似为一常数，若 VT_4 的基极电流 i_{B4} 远小于流过 R_1 和 R_2 的电流，则有 $U_{CE4} \approx \dfrac{U_{BE4}(R_1+R_2)}{R_2}$。只要适当选择 R_1 和 R_1 的阻值，就能得到 U_{BE4} 任意倍数的直流电压，故称为 U_{BE} 倍增电路。由于上述电路具有恒压特性，所以它对交流近似短路，从而保证加到 VT_1 和 VT_2 基极的正、负半周信号的幅度相等。

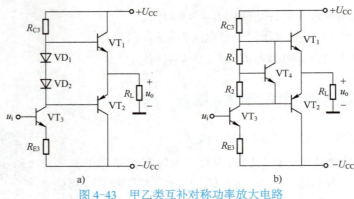

图 4-43　甲乙类互补对称功率放大电路
a) 二极管偏置　b) U_{BE} 倍增电路作为偏置

任务 4.4　功率放大器的制作与调试

【任务引入】

制作完成 OTL 功率放大器，技术指标要求功率为 50W、频率为 20Hz～20kHz、信噪比大于 85dB，信号输入电平为 690mV，谐波失真小于 0.5%。

【知识链接】

输出功率是指功率放大电路输送给负载的功率。人们对输出功率的测量方法和评价方法很不统一，使用时应注意。

频率响应反映功率放大器对音频信号各频率分量的放大能力，功率放大器的频响范围应不低于人耳的听觉频率范围，因而在理想情况下，主声道音频功率放大器的工作频率范围为 20～20000Hz。国际规定一般音频功放的频率范围是（40～16000）Hz±1.5dB。

失真是重放音频信号的波形发生变化的现象。波形失真的原因和种类有很多，主要有谐波失真、互调失真、瞬态失真等。

放大器不失真的放大最小信号与最大信号电平的比值就是放大器的动态范围。实际运用时，该比值使用 dB 来表示两信号的电平差，高保真放大器的动态范围应大于 90dB。

信噪比是指声音信号大小与噪声信号大小的比例关系，将功放电路输出声音信号电平与输出的各种噪声电平之比的分贝数称为信噪比的大小。

4.4.1　工作任务分析

音频功率放大电路如图 4-44 所示。

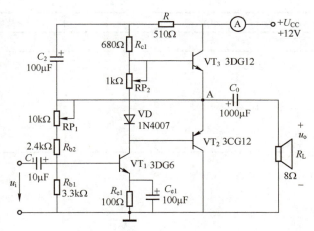

图 4-44 音频功率放大电路图

1. 电路分析

下面对如图 4-44 所示的单电源甲乙类互补对称功率放大电路进行分析,该电路的输出端接有一个大电容量的电容器 C_0,为使 VT_3、VT_2 工作状态对称,调节 RP_1 使得它们发射极 A 点静态时对地电位是电源电压的一半,即 $U_A = U_{CC}/2$,这样静态电容 C_0 被充电,使其两端电压也等于 $U_{CC}/2$,VT_3、VT_2 均处于零偏置。

当有输入正弦信号 u_i 时,在正半周,VT_3 导电,有电流通过负载 R_L,同时向 C_0 充电,由于电容上有 $U_{CC}/2$ 的直流电压降,因此 VT_3 的工作电压实际为 $U_{CC}/2$。在当输入正弦信号 u_i 在负半周时,VT_2 导电,则已充电的电容器 C_0 起着负电源($-U_{CC}/2$)的作用,通过 R_L 放电。只要选择时间常数 $R_L C$ 足够大(比信号的最长周期长得多),就可以保证电容 C_0 上的直流电压降变化不大。

由此可见,VT_3、VT_2 在输入正弦信号的作用下,轮流导通,两管的等效电源电压为 $U_{CC}/2$。图中 VT_1 构成前置电压放大电路,工作在甲类,其静态电流流过 VD 和 RP_2,产生的电压降作为 VT_3、VT_2 的静态偏置电压,使得两管工作在甲乙类状态,可减少交越失真。由于 VT_1 的偏置电阻 R_{b2} 和 RP_1 接至输出端 A 点,构成负反馈,提高了电路静态工作点的稳定性,并改善了功率放大电路的动态性能。

2. 电路的主要技术参数与要求

1)最大输出功率为 50W。
2)频率范围为 20~20kHz。
3)谐波失真≤0.5%。
4)信噪比≥85dB。

4.4.2 工作任务实施

1. 任务分组

学生进行分组,选出组长,做好工作任务分工(见表 4-2)。

表 4-2　学生任务分配表

班级		组号		指导教师	
组长		学号			
组员					
任务分工					

2．工作计划

（1）制定工作方案（见表 4-3）

表 4-3　工作方案

步骤	工作内容	负责人

（2）列出仪表、工具、耗材和器材清单

1）电路焊接工具：电烙铁、烙铁架、焊锡丝、松香。

2）机加工工具：剪刀、剥线钳、尖嘴钳、平口钳、螺钉旋具、镊子。

3）测试仪器仪表：万用表、双踪示波器、稳压电源、低频信号发生器、频率计、数字 IC 测试仪，电路主要元器件清单见表 4-4。

表 4-4　电路主要元器件清单

序号	代号	名称	规格型号	数量	备注
1	R_{b1}	电阻	3.3kΩ	1	
2	R_{b2}	电阻	2.4kΩ	1	
3	R_{e1}	电阻	100Ω	1	
4	R_{c1}	电阻	680Ω	1	
5	RP_1	电位器	10kΩ	1	
6	RP_2	电位器	1kΩ	1	
7	R	电阻	510Ω	1	
8	VT_1	晶体管	3DG6	1	
9	VT_2	晶体管	3CG12	1	

（续）

序号	代号	名称	规格型号	数量	备注
10	VT_3	晶体管	3DG12	1	
11	VD	二极管	IN4007	1	
12	U_{CC}	电源	+12V	1	
13	R_L	扬声器	8Ω	1	
14	C_1	电解电容	10μF	1	
15	C_2	电解电容	100μF	1	
16	C_{e1}	电解电容	100μF	1	
17	C_0	电解电容	1000μF	1	

3. 工作决策

1）各组分别陈述设计方案，然后教师对重点内容详细讲解，帮助学生确定方案的可行性。
2）各组对其他组的方案提出自己不同的看法。
3）教师对问题与疑点积极引导，适时点拨，对学习困难学生积极鼓励，并适度助学。
4）教师结合大家完成的情况进行点评，选出最佳方案。

4. 工作实施

在此过程中，指导教师要进行巡视指导，引导学生解决问题，掌握学生的学习动态，了解课堂的教学效果。

（1）元器件安装

元器件要安装到印制电路板上，其引脚需要成型，成型的目的是为了满足安装尺寸与印制电路板的配合等要求（当然对于已经满足要求的元器件，如双列直插封装的集成电路，还有的元器件出厂时就成型好了的就不必进行此操作了）。安装元器件的方法如图 4-45、图 4-46 所示。

图 4-45 元器件水平安装图示

图 4-46 元器件直立安装图示

电子元器件安装的基本原则如下。

1）元器件安装的顺序：先低后高，先小后大，先轻后重。
2）元器件安装的方向：电子元器件的标记和色码部位应朝上，以便于辨认；水平安装元器件的数值读法应保证从左至右，竖直安装元器件的数值读法应保证从下至上。
3）元器件的间距：在印制电路板上的元器件之间的距离不能小于 1mm；引脚间距要大于 2mm，必要时，要给引脚套上绝缘套管。对水平安装的元器件，应使元器件贴在印制电路板上，元器件与印制电路板之间的距离要保持在 0.5mm 左右。对竖直安装的元器件，元器件与印制电路板之间的距离应在 3~5mm。

电子元器件安装注意事项如下。

1）元器件插好后，其引脚的外形处理有弯脚、切断成型等方法，要根据要求处理好，所有弯脚的弯折方向都应与铜箔走线方向相同。

2）安装二极管时，除注意极性外，还要注意外壳封装，特别是玻璃壳体易碎，引脚弯曲时易爆裂的；对于大电流二极管，有的则将引脚当作散热器，故必须根据二极管规格中的要求决定引脚的长度。

3）为了区别晶体管的电极和电解电容的正负端，一般是在安装时，加带有颜色的套管进行区别。

4）大功率晶体管一般不宜装在印制电路板上。因为它发热量大，易使印制电路板受热变形。

（2）元器件焊接

焊接前首先对元器件引脚和印制电路板表面清洁、预焊、元器件引脚成型与插装。为了保证焊接工作的顺利进行，在焊接前要用刀片或细砂纸等工具对元器件引脚和印制电路板表面进行清洁处理。

 小提示：预焊是给待焊材料焊接处镀上一层薄焊锡（俗称上锡或搪锡），这样有利于元器件的焊接，同时也能保证焊接质量。

手工焊接一般遵循五步法完成，准备→加热→焊锡插入→取走焊锡丝→取走电烙铁，如图 4-47 所示。

1）准备：将被焊件，电烙铁，焊锡丝准备好，工作姿势端正。

2）加热：将烙铁头放在被焊件与气焊盘接触面上，使待焊物预热。

3）焊锡插入：将焊锡丝放入被焊件与其焊盘接触面上，使焊锡丝熔化。

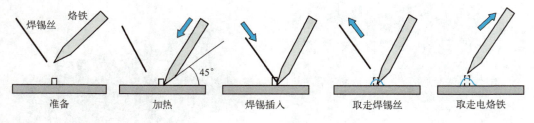

图 4-47　手工焊接五步骤操作法

4）取走焊锡丝：待焊锡丝熔化 1.5s 左右，焊点自然成型后迅速移开焊锡丝。

5）取走电烙铁：当焊接点上的焊料接近饱满、焊剂还没有完全挥发、焊点最光亮、流动性最强的时候，应迅速撤去电烙铁。

焊接检验方法如下。

1）电气连接应可靠：在焊点处应为一个合格的短路点，与之相连的各点间的接触电阻值应为零。

2）足够的机械强度：各焊件在机械上形成一体，要有一定的抗拉、抗振强度。可用镊子轻轻拨动焊接部位进行检查，并确认其质量。检查主要包括导线、元器件引脚和焊锡是否结合良好，有无虚焊现象，元器件引脚和导线根部是否有机械损伤。

3）外观要合乎要求：通过肉眼从焊点的外观上检查焊接质量，可以借助 3～10 倍放大镜进行目检。一个良好的焊点，应是明亮、平滑、焊料量充足、无裂纹、无针孔和拉尖现象。

焊接的技巧如下。

1）保持烙铁头的清洁。因为焊接时烙铁头长期处于高温状态，又接触焊剂等杂质，其表面很容易氧化并粘上一层黑色杂质，这些杂质形成隔热层，使烙铁头失去加热作用，因此要随时除去杂质。

2）焊接顺序按元器件高度自低到高，依次为电阻器、二极管、集成电路、电容器、晶体管。

3）焊接时间要短，以免造成印制电路板铜箔翘起、元器件损坏。

4）焊锡用量要合适。过量的焊锡会增加焊接时间，更严重的是过量的焊锡有可能造成不易察觉的短路。但是焊锡过少不能形成牢固的结合，同样也是不允许的。

5）耐热性差的元器件应使用工具辅助散热。如 CMOS 集成电路、瓷片电容、发光二极管等元器件，施焊时注意控制加热时间，焊接一定要快。在焊接过程中可以用镊子、尖嘴钳等夹住元器件的引脚，减小热量传递到元器件，避免元器件承受高温。

（3）电路调试

1）静态工作点的测量与调节。

① 调节输出中点电位 U_A，调节变位器 RP_1，用直流电压表测量 A 点电位，使 $U_A = \frac{1}{2} U_{CC}$。

② 调整输出级静态电流及测试各级静态工作点。调节 RP_2，使 VT_2、VT_3 的 I_{C2}、I_{C3} 为 5～10mA。从减小交越失真角度而言，适当加大输出级静态电流，但该电流过大，会使效率降低，所以一般以 5～10mA 为宜。由于毫安表是串联在电源进线中，因此测得的是整个放大器的电流，但一般 VT_1 的集电极电流 I_{C1} 较小，从而可以把测得的总电流近似当作末级的静态电流。如要准确得到末级静态电流，则可从总电流中减去 I_{C1} 的值。

调整输出级静态电流的另一方法是动态调试法。先使 $R_{RP2}=0$，在输入端接入 $f=1$kHz 的正弦信号 U_i。逐渐加大输入信号的幅值，此时，输出波形应出现较严重的交越失真（注意：没有饱和与截止失真），然后缓慢增大 RP_2，当交越失真刚好消失时，停止调节 RP_2，恢复 $U_i=0$，此时直流表（毫安）读数即为输出级静态电流。一般数值也应在 5～10mA，如过大，则要检查电路。按图接线，检查无误后接通直流电源（12V）。

输出级电流调好以后，测量各级静态工作点，记入表 4-5 中。

表 4-5　晶体管集电极、基极、发射极的电位测试

晶体管各级对地点电压	VT_1	VT_2	VT_3
U_B/V			
U_C/V			
U_E/V			

2）最大输出功率 P_{om} 和效率 η 的测试。

① 测量 P_{om}。输入端接 $f=1$kHz 的正弦信号 U_i，输出端用示波器观察输出电压 U_o 波形。逐渐增大 U_i，使输出电压达到最大不失真输出，用交流表（毫伏）测出负载 R_L 上的电压 U_{om}，则 $P_{om} = U_{om}^2 / R_L$。

② 测量 η。当输出电压为最大不失真输出时,读出直流表(毫安)中的电流值,此电流即为直流电源供给的平均电流 I_{DC}(有一定误差),由此可近似求得 $P_{DC} = U_{CC}I_{DC}$,再根据上面测得的 P_{om},即可求出 $\eta = P_{om}/P_{DC}$,并将数据填入表 4-6 中。

表 4-6 测量数据与计算数据

测量数据				计算数据	
U_o/V	U_i/V	I_{DC}/A	P_{DC}/V	$P_{om} = \dfrac{U_{om}^2}{R_L}$	$\eta = \dfrac{U_o^2}{R_L} \times 100\%$

在测试时,为保证电路的安全,应在较低电压下进行,通常取输入信号为输入灵敏度的 50%。在整个测试过程中,应保持 U_i 为恒定值,且输出波形不得失真。

3)频率特性的测试。测试方法同共射极管放大器的调试,记入表 4-7 中。

表 4-7 测试数据

				f_L	f_o	f_n			
f/Hz					1000				
U_o/V									
A_u									

5. 评价反馈

各组展示作品,介绍任务完成过程,教师和各组学生分别对方案进行评价打分,组长对本组组员进行打分(见表 4-8~表 4-10)。

表 4-8 学生自评表

序号	任务	自评情况
1	任务是否按计划时间完成(10 分)	
2	理论知识掌握情况(15 分)	
3	电路设计、焊接、调试情况(20 分)	
4	任务完成情况(15 分)	
5	任务创新情况(20 分)	
6	职业素养情况(10 分)	
7	收获(10 分)	
	自评总分:	

表 4-9 小组互评表

序号	评价项目	小组互评
1	任务元器件、资料准备情况(10 分)	
2	完成速度和质量情况(15 分)	
3	电路设计、焊接质量、功能实现等(25 分)	
4	语言表达能力(15 分)	
5	团队合作情况(15 分)	
6	电工工具使用情况(20 分)	
	互评总分:	

表 4-10　教师评价表

序号	评价项目	教师评价
1	学习准备（5 分）	
2	引导问题（5 分）	
3	规范操作（15 分）	
4	完成质量（15 分）	
5	完成速度（10 分）	
6	6S 管理（15 分）	
7	参与讨论主动性（15 分）	
8	沟通协作（10 分）	
9	展示汇报（10 分）	
	教师评价总分：	
	项目最终得分：	

注：每项评分满分为 100 分；项目最终得分=学生自评 25%+小组互评 35%+教师评价 40%。

拓展阅读

　　半导体材料设计与制造长期以来一直是全球化程度最高的产业之一，世界范围数十个国家都参与其中。2021 年，美国政府下令禁止美国企业向华为提供芯片，想要用芯片来扼杀中国 5G 技术在全球的发展，面对美国的干预，中国政府展现出了十足的骨气，也充分认识到掌握科技核心的重要性，想要真正地把握住产业命脉，掌握核心科学技术才是重中之重。

　　美国的禁令让国人真正认识到了芯片的重要性，其实中国也有众多芯片企业，并且国之重器就搭载国产芯片，虽然与美国最为顶尖的芯片技术相比，依然存在一定的差距，但美国想要用芯片彻底扼杀中国发展是不可能的。比如国产超级计算机天河 3 号，就搭载国产芯片与国产操作系统，负责全球导航定位服务的北斗系统，也采用国产芯片。这些都足以证明，中国的确有研发芯片的潜力，而此前国内芯片企业力量相对分散，无法形成一个有力的拳头，但现在只需要对芯片行业进行整合，那么国产芯片的竞争力将大大增强，同时为了改变芯片落后的现状，很多企业也纷纷开始注资芯片行业，距离美国芯片禁令才一年左右时间，国产芯片的增速就呈 10 倍速度增长。

思考与练习

一、选择题

1. 一个输出电压几乎不变的设备有载运行，当负载增大时，是指（　　）。
   A．负载电阻增大　　　　　　　　B．负载电阻减小
   C．电源输出的电流增大　　　　　D．电源输出的电压增大
2. 处于截止状态的晶体管，其工作状态为（　　）。
   A．发射结正偏，集电结反偏　　　B．发射结反偏，集电结反偏
   C．发射结正偏，集电结正偏　　　D．发射结反偏，集电结正偏

3. 晶体管组成的放大电路在工作时，测得晶体管上各电极对地直流电位分别为 V_E=2.1V，V_B=2.8V，V_C=4.4V，则此晶体管已处于（   ）。

　　A．放大区　　　　B．饱和区　　　　C．截止区　　　　D．击穿区

4. 已知晶体管的输入信号为正弦波，图 4-48 所示输出电压波形产生的失真为（   ）。

　　A．饱和失真　　　B．交越失真　　　C．截止失真　　　D．频率失真

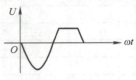

图 4-48　选择题 4 图

5. 与甲类功率放大器相比较，乙类互补推挽功放的主要优点是（   ）。

　　A．无输出变压器　　　　　　　B．能量转换效率高
　　C．无交越失真　　　　　　　　D．带负载能力强

二、填空题

1. 物质按导电能力强弱可分为_____、_____和_____。
2. 硅晶体管和锗晶体管工作于放大状态时，其发射结电压 U_{BE} 分别_____V 和_____V。
3. 晶体晶体管有两个 PN 结，分别是_____和_____，分_____、_____和_____三个区域。晶体管的三种工作状态是_____状态、_____状态和_____状态。
4. 放大电路应遵循的基本原则是：_____正偏；_____反偏。
5. 放大器输出波形的正半周削顶了，则放大器产生的失真是_____失真，为消除这种失真，应将静态工作点_____。

三、计算题

图 4-49 所示电路中，知道晶体管的 $\beta = 60$，求：

（1）静态工作点。
（2）输入电阻 r_i。
（3）输出电阻 r_o。
（4）有载时的电压放大倍数 A_u。

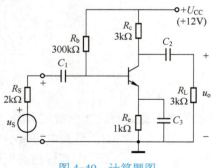

图 4-49　计算题图

项目 5　红外线报警器的设计与制作

【项目描述】

热释电红外传感器是一种能检测人或动物身体发射的红外线而输出电信号的传感器。它可以做成主动式和被动式的传感器，与各种电路配合，广泛应用于安全预防及控制自动门、灯、水龙头等场合。本项目使用 SD02 型热释电人体红外传感器组成放大检测电路，制成红外线报警器。报警器可监视几十米范围内运动的人体，当有人在该范围内走动时，就会发出报警信号。

【项目目标】

目标类型	目标
知识目标	1. 掌握差分放大电路的结构及性能特点 2. 掌握集成运算放大器的线性应用和非线性应用 3. 了解红外线报警器电路的结构和工作原理
能力目标	1. 能进行集成运算放大器的引脚识别及测试 2. 能够熟练掌握集成运算放大器性能及其分析判别方法 3. 能用集成运算放大器构成简单实用电路
素质目标	1. 增强家国情怀，扎实学好专业电路知识，担负起振兴中国电子产业的重任 2. 通过集成运算放大器的各种实际应用，提高学生学习动力及分析问题解决问题的能力 3. 培养分工协作、大局意识的团队精神，发扬爱岗敬业、吃苦耐劳的工匠精神

任务 5.1　差分放大电路的组装与测试

【任务引入】

差分放大电路又叫差动放大电路，是另一类基本放大器，它的输出电压与两个输入电压之差呈正比，由此而得名。它不仅能放大直流信号，而且能有效地减小由于电源波动和晶体管随温度变化而引起的零点漂移，因而获得广泛应用，是组成集成运算放大器的一种主要电路，常被用作多级放大电路的前置级。

【知识链接】

差分放大电路是构成多级直接耦合放大电路的基本单元电路。由于它在电路和性能方面有许多优点，因而成为集成运放的主要组成单元，常用作集成运算放大器的输入级。

1. 直接耦合放大电路需要解决的问题

所谓直接耦合放大电路就是放大电路的前级输出端与后级输入端,以及放大电路与信号源或负载直接连接起来。由于直接耦合放大电路可用来放大直流信号,所以也称为直流放大器。在集成电路中要制作耦合电容和电感元件相当困难,因此集成电路的内部电路都采用直接耦合方式。

直接耦合放大电路虽然有显著的优点,但存在两个突出的问题:一是前、后级电位配合问题;二是存在零点漂移问题。

(1)前、后级电位配合问题

简单的直接耦合放大电路如图 5-1 所示。从图中可以看出,由于 VT_1 的集电极和 VT_2 的基极是等电位的。而 VT_2 发射结电压降 U_{BE2} 很小,使 VT_1 的集电极电位很低,工作点接近于饱和区,限制了输出的动态范围。因此,要想使直接耦合放大电路能正常工作,就必须解决前、后级直流电位配合问题。

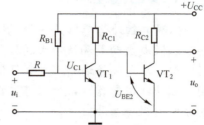

图 5-1 直接耦合放大电路

(2)零点漂移问题

零点漂移是指当输入信号为零时(即放大电路的输入端短路时),在放大电路的输出端会出现缓慢变化的输出信号,即输出电压偏离原来的起始点而上下漂动,这个现象就叫作零点漂移,简称为零漂。零漂的存在使得放大电路的输出电压有误差,因此必须采取相应措施抑制零漂。

产生零漂的因素很多,有温度变化、电源电压波动和元器件参数变化等。其中温度的变化是产生零漂的主要原因,因此零点漂移又称为温度漂移,简称温漂。通常,电源电压的波动可以通过采用高精度的稳压电源来解决;电阻、电容等元件可以选用高质量的产品,并通过老化等方法来提高它们的稳定性;而半导体晶体管的导电机理存在着对温度敏感的特点,且温度很难维持恒定,所以半导体晶体管参数受温度的影响产生的零漂就成为主要的因素。

由于零漂是逐级传递、放大的,因此放大电路级数越多,放大倍数越高,在输出端的零漂现象也越严重。尤其第一级放大电路的零漂对整个放大电路的影响最为严重。因此通常采用差分放大电路作为集成运放的输入级。

2. 基本差分放大电路

(1)电路组成

基本差分放大电路如图 5-2 所示,它由两个相同的单晶体管放大电路组成,共用一个发射极电阻 R_e,用来决定晶体管的静态工作电流和抑制零漂。电路采用双电源供电,输出信号从两个单晶体管的集电极取出,即 $u_o = u_{o1} - u_{o2}$。电路中 VT_1 和 VT_2 称为差分对管,两边的元件具有相同的温度特性和参数,使之具有很好的对称性,并且一般采用正、负电源供电,且 $U_{CC} = U_{EE}$,输出负载可以接到两个输出端之间(称为双端输出),也可接到任一输出端到地之间(称为单端输出)。

(2)静态分析

静态时,没有输入信号电压,即 $u_{i1} - u_{i2} = 0$ 时,基本差分放大电路的直流通路如图 5-2b 所示。

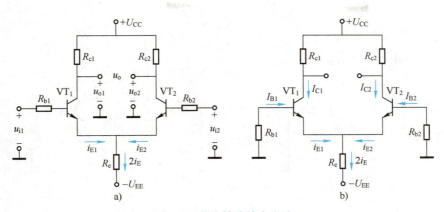

图 5-2 基本差分放大电路

a) 电路图　b) 直流通路

由于电路完全对称,所以当输入信号电压为零时,差分放大电路的输出电压 u_o 也为零。当温度升高引起晶体管集电极电流增大时,集电极电位都下降了,由于电路对称,导致两边的变化量相等,即: $\Delta I_{C1} = \Delta I_{C2}$, $\Delta V_{C1} = \Delta V_{C2}$。虽然每个管都产生了零点漂移,但是,由于两集电极电位的变化相同,所以输出电压依然为零。

由以上分析可知,在理想情况下,由于电路的对称性,输出信号电压采用从两管集电极间提取的双端输出方式,对于无论什么原因引起的零点漂移,均能有效地抑制。

抑制零点漂移是差动放大电路最突出的优点。但必须注意,在这种最简单的差动放大电路中,每个管子的漂移仍然存在。

(3) 动态分析

差动放大电路的信号输入有共模输入、差模输入、比较输入三种类型,输出方式有单端输出、双端输出两种。

1) 差模输入与差模特性。在差分放大电路输入端分别输入大小相等、极性相反的输入信号,称为差模输入,所输入的信号称为差模输入信号,如图 5-3a 所示,即 $u_{i1} = -u_{i2}$。两个输入端之间的电压用 u_{id} 表示,即

$$u_{id} = u_{i1} - u_{i2} = 2u_{i1}$$

在差模信号单独作用的情况下,两管射极电流 i_{E1} 和 i_{E2} 一个增大、一个减小,而且变化的幅度相同,因此流过电阻 R_e 下端接直流电源 $-U_{EE}$,故两管发射极电压为固定的直流量,及对于差模信号,两管发射极交流电压值为零。R_e 两端的电压降几乎不变,即 R_e 对于差模信号来说相当于短路。另外,两管集电极电压 $u_{c1} = -u_{c2}$,即差模信号输入时,R_L 两端电压向相反方向变化,故 R_L 中点电位相当于交流接地。由此可以画出差模交流通路,如图 5-3b 所示。

双端差模输出电压 u_{od} 与双端差模输入电压 u_{id} 之比称为差分放大电路的差模电压放大倍数 A_{ud},即

$$A_{ud} = \frac{u_{od}}{u_{id}} = \frac{u_{o1} - u_{o2}}{u_{id1} - u_{id2}} = \frac{2u_{od}}{2u_{id}} = A_{u1} = -\frac{\beta R'_L}{R_b + r_{be}} \tag{5-1}$$

式中, u_{od} 为双端输出时差模输出电压,它等于两管输出信号电压之差; A_{u1} 为单晶体管共射放大电路电压放大倍数; $R'_L = R_C // (R_L / 2)$。

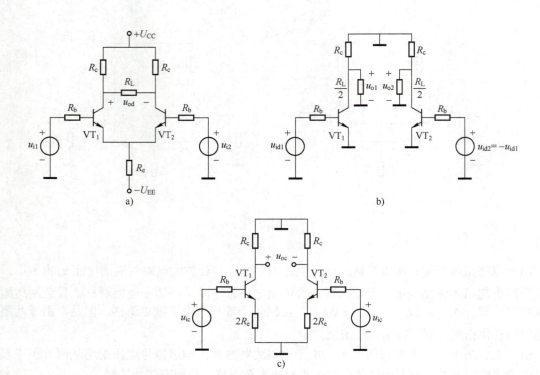

图 5-3 双端输入双端输出差分放大电路
a) 电路原理图 b) 差模交流通路 c) 共模信号交流通路

式（5-1）说明双端输出差分放大电路的电压放大倍数与单晶体管共发射极放大电路的电压放大倍数相同。

2）共模输入与共模抑制比。在差分放大电路两输入端分别输入大小相等、极性相同的信号，称为共模输入，可表示为 $u_{i1} = u_{i2} = u_{ic}$。

在差分放大电路中，无论是温度的变化，还是电源电压的波动，都会引起两管集电极电流及相应集电极电压产生相同的变化，其效果相当于在两个输入端加了共模信号。在共模信号的作用下，两管集电极电位的大小、方向变化相同，输出电压为零（双端输出），如图 5-3c 所示。说明差动放大电路对共模信号无放大作用。共模信号的电压放大倍数为零。实际上温漂电压折合到两个输入端，就相当于一对共模信号。所以差动放大电路抑制共模信号能力的大小，也反映出它对零点漂移的抑制水平。这一作用是很有意义的。

理想情况下，差分放大电路双端输出时，共模电压放大倍数 $A_{uc} = 0$，若电路的对称性不好，则共模电压放大倍数不为零。为了综合考虑差分放大电路对差模信号的放大能力和对共模信号的抑制能力，引入了一个指标参数——共模抑制比 K_{CMR}，定义为

$$K_{CMR} = \left| \frac{A_{ud}}{A_{uc}} \right| \tag{5-2}$$

差分放大电路的差模电压放大倍数 A_{ud} 越大，共模电压放大倍数 A_{uc} 越小，抑制温漂能力就越强。在电路参数理想对称情况下，$K_{CMR} = \infty$。

任务 5.2 集成运算放大器的组成与调试

【任务引入】

集成运算放大器简称为集成运放。集成运放最早应用于信号的运算,所以又称为运算放大器。随着电子技术的发展,目前集成运放的应用几乎渗透到电子技术的各个领域,除运算外,还可以对信号进行处理、变换、产生和测量,称为组成电子系统的基本功能单元。

【知识链接】

集成电路是把整个电路的各个元件以及相互之间连接同时制造在一块半导体芯片上,组成一个不可分割的整体。与分立元件电路比较,质量轻、体积小、功耗低,又由于减少了焊接点而提高了工作的可靠性,并且价格也比较便宜。

5.2.1 集成运算放大器的认识

1. 集成运算放大器的电路组成

集成运算放大器基本上都是由输入级、中间放大级、输出级和偏置电路四个部分组成如图 5-4 所示。

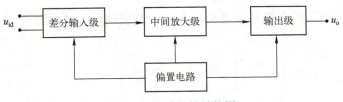

图 5-4 集成运放结构图

(1) 输入级

输入级是提高集成运算放大器质量的关键部分,要求其输入电阻高。为了能减少零点漂移和抑制共模干扰信号,输入级都采用具有恒流源的差分放大电路,也称差分输入级。

(2) 中间放大级

中间放大级的主要作用是提供足够大的电压放大倍数,使整个集成运算放大器有足够高的电压放大倍数。因此它本身具有较高的电压增益,为了减少前级的影响,还应具有较高的输入电阻,因此多采用共发射极放大电路。

(3) 输出级

输出级的主要作用是给出足够的输出电流以满足负载的需要,同时还要具有较低的输出电阻和较高的输入电阻,以起到减少噪声输入、提高负载驱动的作用。输出级电路常设计为跟随器或互补对称输出电路。此外,还设有过载保护,用以防止输出端电路或负载电流过大时烧毁晶体管。

（4）偏置电路

偏置电路用以供给各级直流偏置电流，为其提供静态工作点，一般采用理想电流源电路。

2. 集成电路的封装和图形符号

常见的集成运放有双列直插式、扁平式和圆壳式3种，如图5-5所示。目前国产集成运放已有多种型号，封装外形主要采用圆壳式金属封装和双列直插式塑料封装两种。

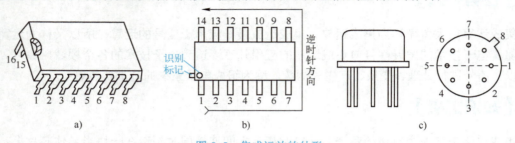

图 5-5 集成运放的外形

a) 双列直插式　b) 扁平式　c) 圆壳式

（1）圆形封装集成运放

对于圆形封装的集成运放，在识别引脚时，应先将集成运放的引脚朝上，找出其标记。常见的定位标记有锁口突耳、定位孔及引脚不均匀排列等。将引脚对准自己，由定位标记对应的引脚开始，按顺时针方向依次读引脚序号1、2、3、4等。

（2）双列直插式集成运放

识别其引脚时，若引脚向下，即其型号、商标向上，定位标记在左边，则从左下角第1只引脚开始，按逆时针方向，依次为1、2、3、4等。

集成运放的国际标准图形符号如图5-6a所示，习惯通用符号如图5-6b所示。

图 5-6 集成运放的电路符号

a) 国际标准图形符号　b) 习惯通用符号

它有两个输入端，即反相输入端和同相输入端，分别用"-""+"表示，有一个输出端。输出电压 u_o 与反相输入端输入电压 u_- 相位相反，而与同相输入端输入电压 u_+ 的相位相同，其输入输出关系式如下：

$$u_o = A_{od}(u_+ - u_-) \quad (5-3)$$

式中，A_{od} 为集成运放开环电压放大倍数。

LM324通用型四集成运放的引脚排列如图5-7所示。

3. 集成运放的主要性能指标

（1）开环差模电压增益 A_{od}

A_{od} 是表示集成运放无反馈电路，且工作在线性状态时的差模电压增益，常用 $20\lg|A_{od}|$ 表示，以分贝（dB）为单

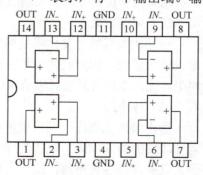

图 5-7 LM324通用型四集成运放的引脚排列

位。该数字越大，集成运放的性能越好。

（2）开环差模输入电阻 R_{id}

开环差模输入电阻是指集成运放的两个输入端之间的动态电阻。它反映输入端向差分信号源索取电压的能力，其值越大越好，一般在几十千欧到几十兆欧范围内。

（3）开环差模输出电阻 R_{od}

集成运放开环时，从输出端看进去的等效电阻称为输出电阻。它反映集成运放输出端的带负载能力，其值越小越好，一般 R_{od} 为几十欧。

（4）共模抑制比 K_{CMR}

共模抑制比为开环差模电压增益与共模电压增益之比的绝对值，$K_{CMR} = |A_{od} / A_{oc}|$，它表示集成运放对共模信号的抑制能力，其值越小越好。

4. 理想集成运放的性能指标

在实际应用中，为了简化分析，通常把集成运放看作一个理想化的运算放大器，称为理想集成运放，其主要性能指标有：

1）开环差模电压放大倍数 $A_{od} \to \infty$。
2）开环差模输入电阻 $R_{id} \to \infty$。
3）开环差模输出电阻 $R_{od} = 0$。
4）共模抑制比 $K_{CMR} = 0$。

实际的集成运放不可能具有理想性，但是在低频工作时它的特性接近理想。因此，低频情况下，在实际使用和分析集成运放电路时，就可以近似地把它看成理想集成运放。

5. 理想集成运放的电压传输特性

集成运放的电压传输特性是输出电压与输入电压之间的关系，如图 5-8 所示。

集成运放有两个工作区：一是放大区（又称线性区），曲线的斜率为电压放大倍数，理想运放 $A_{od} \to \infty$，在放大区的曲线与纵坐标重合；二是饱和区（又称非线性区），输出电压 u_o 不随输入电压而变化，是恒定值 $+U_{om}$（或 $-U_{om}$）。

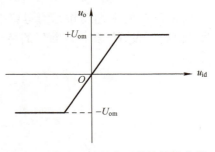

图 5-8　集成运放的电压传输特性曲线

（1）工作在线性区的集成运放

为了使集成运算放大器工作在线性区，通常把外部电阻、电容、半导体器件等，跨接在集成运算放大器的输出端与输入端之间构成闭环负反馈工作状态，限制其电压放大倍数。此时工作在线性区的集成运放，其输出信号随输入信号线性变化，曲线的斜率为电压放大倍数，输出信号和输入关系为

$$u_o = A_{od}(u_+ - u_-) \tag{5-4}$$

1）对于理想集成运放，由于 $A_{od} \to \infty$，而 u_o 为有限值（不超过电源电压），故 $u_{id} = u_+ - u_- = u_o / A_{od} \approx 0$，即

$$u_+ \approx u_- \tag{5-5}$$

式（5-5）表明，集成运放同相输入端和反相输入端的电位近似相等，即两输入端为近似短

路状态,称为"虚短"。

2)由于集成运放 $R_{id} \to \infty$,两输入端几乎没有电流输入,即两输入端都接近于开路状态,称为"虚断",记为

$$i_+ = i_- \approx 0 \tag{5-6}$$

上述两个结论,可以使集成运算放大器应用电路的分析大大简化,因此,这两个结论是分析具体运算放大器组成电路的依据。

(2)工作在非线性区的集成运放

集成运放处于开环或正反馈状态时,工作于非线性区。在非线性区,输出电压不再随输入电压线性增长,而将达到饱和。

在非线性区有如下关系:

当 $u_+ > u_-$ 时,$u_o = +U_{om}$;

当 $u_+ < u_-$ 时,$u_o = -U_{om}$。

由于集成运放差模输入电阻很大,在非线性应用时,净输入电流近似为零,仍有"虚断"的特征。

5.2.2 集成运算放大器的线性应用

由集成运算放大器可以组成各种线性和非线性应用电路,例如信号运算电路、信号处理电路、信号产生电路和信号变换电路等。

1. 反相比例运算电路

图 5-9 所示为反相比例运算电路。输入信号从反相输入端输入,同相输入端通过电阻接地。根据"虚短"和"虚断"的特点,即

$$u_- = u_+ = 0, \quad i_1 = i_f$$

$$\frac{u_i}{R_1} = \frac{u_o - u_i}{R_f}$$

$$u_o = -\frac{R_f}{R_1} u_i$$

式中的负号表示输出电压与输入电压的相位相反,电路的电压放大倍数为

$$A_{uf} = \frac{u_o}{u_i} = -\frac{R_f}{R_1}$$

式中表明,图 5-9 所示电路的输出电压和输入电压的幅值呈正比,但限位相反。也就是说,电路实现了反相比例运算。输出电压与输入电压之间的比例运算常数由反馈电阻 R_f 和输入电阻 R_1 决定,与自身常数无关。

当 $R_1 = R_f$ 时,$A_{uf} = -1$,即电路的 u_o 与 u_i 大小相等、相位相反,称此时的电路为反相器。

2. 同相比例运算电路

同相比例运算电路如图 5-10 所示,输入信号从同相输入端输入,反相输入端通过电阻接地,并通过电阻和输出端连接(引入负反馈)。

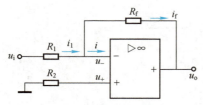
图 5-9　反相比例运算电路

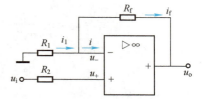
图 5-10　同相比例运算电路

由"虚短""虚断"性质可知，$u_+ = u_- = u_i$，$i_+ = i_- = 0$，所以

$$i_1 = \frac{0 - u_-}{R_1} = i_f = \frac{u_- - u_o}{R_f}$$

所以

$$u_o = \left(1 + \frac{R_f}{R_1}\right)u_- = \left(1 + \frac{R_f}{R_1}\right)u_i$$

输出电压与输入电压相位相同，电路的电压放大倍数为

$$A_{uf} = \frac{u_o}{u_i} = 1 + \frac{R_f}{R_1} \tag{5-7}$$

式中，A_{uf} 为正值，表明输出电压与输入电压相位相同，电路的比例系数恒大于 1，而且仅由外接电阻的数值来决定，与集成运算放大器本身的参数无关。

若 $R_1 = \infty$ 或 $R_f = 0$，则 $u_o = u_i$，电路起电压跟随作用，故称为电压跟随器，如图 5-11 所示。

3．加法运算电路

加法运算电路是对两个输入信号求和的电路。输入信号由反相输入端输入，同相输入端通过电阻 R_3 接地，如图 5-12 所示。

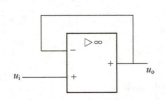
图 5-11　电压跟随器

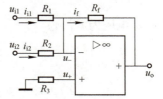
图 5-12　加法运算电路

利用电路"虚短"和"虚断"的概念可得

$$i_{i1} + i_{i2} = i_f$$

即

$$\frac{u_{i1}}{R_1} + \frac{u_{i2}}{R_2} = \frac{0 - u_o}{R_f}$$

由此得出

$$u_o = -R_f\left(\frac{u_{i1}}{R_1} + \frac{u_{i2}}{R_2}\right)$$

若 $R_1 = R_2 = R_f$，则 $u_o = (u_{i1} + u_{i2})$，实现了两个输入信号的反相相加。

4．减法运算电路

当集成运算放大器的同相输入端和反相输入端都接有输入信号时，称为减法运算电路，又称为差分输入运算电路，如图 5-13 所示，分析可得

$$u_+ = u_- = \frac{R_3 u_{i2}}{R_2 + R_3}, \quad i_1 = \frac{u_{i1} - u_-}{R_1}, \quad i_f = \frac{u_- - u_o}{R_f}, \quad i_1 = i_f$$

即

$$u_o = \frac{u_{i2} R_3}{R_2 + R_3}\left(1 + \frac{R_f}{R_1}\right) - \frac{R_f u_{i1}}{R_1}$$

当 $R_3 = R_f$，$R_2 = R_f$ 时，

$$u_o = \frac{R_f}{R_1}(u_{i2} - u_{i1}) \tag{5-8}$$

式（5-8）中表明，输出电压 u_o 与输入电压的差值呈正比。

若 $R_1 = R_2 = R_3 = R_f$ 时，$u_o = u_{i2} - u_{i1}$。

减法运算电路在测量与控制系统中得到了广泛的应用。

5. 积分运算电路

把反相比例运算电路中的反馈电阻 R_f 换成电容 C，就构成了积分运算电路，如图 5-14 所示。利用"虚短""虚断"性质可得

$$i_R = \frac{u_i}{R} = i_C$$

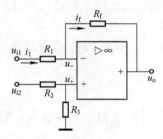

图 5-13 减法运算电路

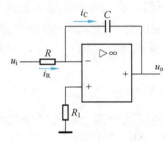

图 5-14 积分运算电路

若 C 上起始电压为零，则

$$u_C = \frac{1}{C}\int_0^t i_C dt$$

$$u_o = -u_C = -\frac{1}{C}\int_0^t i_C dt = -\frac{1}{RC}\int_0^t u_i dt$$

若 $u_i = U_i$ 为常数时，则

$$u_o = -\frac{U_i}{RC} t \tag{5-9}$$

式（5-9）中说明，输出电压为输入电压对时间的积分，实现了积分运算，式中负号表示输出与输入相位相反。

积分电路除用于积分运算外，还可以实现波形变换，当输入为方波和正弦波时，输出电压波形如图 5-15 所示。

6. 微分运算电路

如果把反相比例运算电路中的电阻 R_1 换

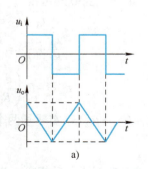
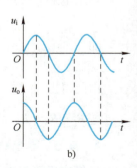

图 5-15 不同输入情况下的积分电路电压波形图

a) 输入为方波　b) 输入为正弦波

成电容 C，则称为微分运算电路，如图 5-16 所示，利用"虚短""虚断"性质可知

$$u_- = u_+ = 0$$

$$i_R = -\frac{u_o}{R}$$

$$i_C = C\frac{du_i}{dt}$$

$$i_C = i_R$$

$$u_o = -Ri_R = -RC\frac{du_i}{dt} \tag{5-10}$$

可见，输出电压正比于输入电压对时间的微分。电路中的比例常数取决于时间常数 $\tau = RC$。当输入信号为矩形波电压时，输出信号为尖脉冲电压，如图 5-17 所示。

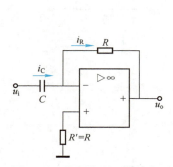

图 5-16　基本微分运算电路

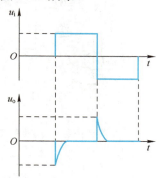

图 5-17　基本微分运算电路输入、输出电压波形图

5.2.3　集成运算放大器的非线性应用

1. 集成运放非线性应用的条件及特点

当集成运放工作在开环状态或外接正反馈时，由于集成运放的开环放大倍数很大，只要有微小的电压信号输入，就使输出信号超出线性放大范围，工作在非线性状态。为了简化分析，同集成运放的线性运用一样，仍然假设电路中的集成运放为理想元件。此时，有以下两个重要特点。

1）只要输入电压 $u_- \neq u_+$，输出电压就饱和，因此有

当 $u_+ > u_-$ 时，$U_O = U_{om}$

当 $u_+ < u_-$ 时，$U_O = -U_{om}$

2）"虚断"仍然成立，即

$$I_+ = I_- = 0 \tag{5-11}$$

在分析具体的集成运放应用电路时，可将集成运放按理想集成运放对待，判断它是否工作在线性区。一般来说，集成运放引入了深度负反馈时，将工作在线性区；否则，工作在非线性区。集成运放工作在非线性区的电路统称为非线性应用电路。这种电路大量地被用于信号比较、信号转换和信号发生以及自动控制系统和测试系统中。

电压比较器是用运算放大器构成的最基本的非线性电路，在电路中起着开关作用或模拟量

转换成数字量的作用。

2. 单门限电压比较器

单门限电压比较器有一个参考电压 U_{REF}，当输入电压 u_i 超过或低于它时，比较器输出的逻辑电平发生转换。这是比较器中最简单的一种电路。如图 5-18 所示，当 $u_i > U_{REF}$ 时，$u_o = -U_{om}$；当 $u_i < U_{REF}$ 时，$u_o = U_{om}$；当 $u_i = U_{REF}$ 时，u_o 发生跳变。如果令上述电路中的参考电压 U_{REF} 为零，则输入信号每次经过零时，输出电压就要产生翻转，这种比较器称为过零比较器，如图 5-19a 所示。在过零比较器的反相输入端输入正弦波信号时，该电路可以将正弦波信号转换成方波信号，波形如图 5-19b 所示。

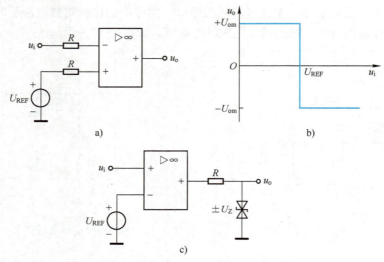

图 5-18 反相输入单门限电压比较器

a) 反相输入单门限电压比较器　b) 电压传输特性　c) 反相输入单门限电压比较器限幅电路

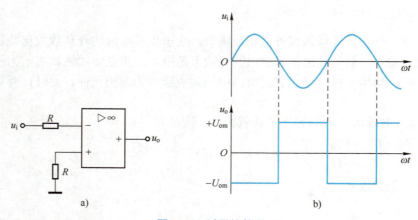

图 5-19 过零比较器

a) 过零比较器　b) 正弦波转换成方波波形图

由上述分析可知，电压比较器翻转的临界条件是运算放大器的两个输入端电压 $u_+ = u_-$，对于图 5-18a 所示电路的 u_i 与 U_{REF} 进行比较，当 $u_i = U_{REF}$ 时，也即达到 $u_+ = u_-$ 时，电路状态发生翻转。将比较器输出电压发生跳变时所对应的输入电压值称为阈值电压或门限电压 U_T。有时为了获取特定输出电压或限制输出电压值，在输出端采取稳压管限幅，如图 5-18c 所示，图中 R 为稳压二极管限流电阻，不考虑二极管正向管压降时，输出电压被限制在 $\pm U_Z$ 之间。

3．迟滞电压比较器

单门限电压比较器的优点是电路简单，灵敏度高，但是抗干扰能力较差，如果用来控制一个系统的工作，会出现误动作。为了克服这一缺点，实际工作中常使用迟滞电压比较器。

迟滞电压比较器如图 5-20a 所示，它是在单门值电压比较器的基础上，从输出端引一个电阻分压支路到同相输入端，形成正反馈，迟滞电压比较器又称为施密特触发器。这样同相端电压 u_+ 不再是固定的，而是由输出电压和参考电压共同作用叠加而成，因此集成运放的同相端电压 u_+ 也有两个。

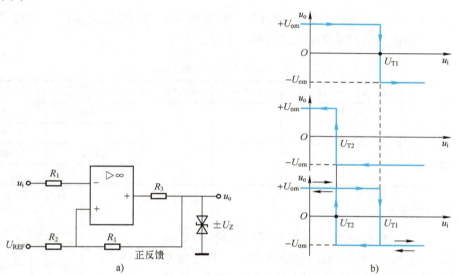

图 5-20　迟滞电压比较器
a) 电路图　b) 电压传输特性曲线

如图 5-20b 所示，U_{T1} 为上门限电压，U_{T2} 为下门限电压。上下门限电压之差称为回差电压 ΔU_T，即

$$\Delta U_T = U_{T1} - U_{T2} = 2U_{om}\frac{R_2}{R_2 + R_1}$$

　小提示： 迟滞电压比较器与单门限电压比较器相比，有以下特点。
　　1）引入正反馈后可以加速输出电压的转换过程，改善输出波形跃变时的速度。
　　2）回差提高了电路的抗干扰能力，且回差越大，抗干扰能力就越强。
　　因此，迟滞电压比较器在波形的整形、变换、幅值的鉴别以及自动控制系统等方面得到广泛的应用。

5.2.4　集成运算放大器的组装与调试

1．比例运算电路的组装与调试

按图 5-21 所示连接电路，检查无误后接通 $\pm 12V$ 电源，将输入端对地短路，进行调零和消振。

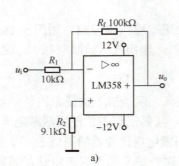 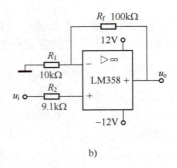

图 5-21 比例运算电路

a) 反相比例运算电路　b) 同相比例运算电路

输入正弦信号：$f=1\text{kHz}$，$U_i=500\text{mV}$，测量 $R_L=\infty$ 时的输出电压 U_o，并用示波器观察 u_o 和 u_i 的大小及相位关系，并将结果填入表 5-1 中。

表 5-1　反相与同相比例运算电路的测试

电路	U_i/V	U_o/V	U_i 波形	U_o 波形	A_u	
					实测值	计算值
反相比例运算电路						
					实测值	计算值
同相比例运算电路						

2. 过零比较器的组装与调试

按图 5-22 所示连接电路，检查无误后接通 ±12V 电源，测量当比较器输入端悬空时的输出电压 u_o。调节信号源，使其输出的正弦波信号为 $f=100\text{Hz}$，$U_i=1\text{V}$，将其接入比较器输入端，用示波器观察输入、输出波形，并测出电压 u_o 和 u_i。

改变输入电压的幅值，用示波器观察输出电压的变化，记录并描绘出电压传输特性曲线。

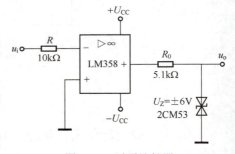

图 5-22　过零比较器

 小提示：在拆卸元器件时，必须切断电源，不可带电操作。
　　　　在使用示波器观察波形时，示波器"Y 轴灵敏度"旋钮位置调好后，不要再变动，否则将不方便比较各个波形情况。

任务 5.3　红外线报警器的组装与调试

【任务引入】

完成由 3 个 LM324 集成运算放大器构成的热释电红外报警器的组装与调试，使其可监视几十米范围内运动的人体，当有人在该范围内走动时，就会发出报警信号。

【知识链接】

本项目电路采用 SD02 型热释电红外传感器,当人体进入该传感器的监视范围时,传感器就会产生一个交流电压,该电压的频率与人体移动的速度有关。在正常行走速度下,其频率为 6Hz。

5.3.1 工作任务分析

电路通电后,热释电红外传感器 PIR 探测到前方人体辐射出的红外线信号时,经过晶体管 VT1 放大后,输入到运算放大器 IC1 进行高增益低噪声放大。运算放大器 IC2 在电路中作为电压比较器,当 IC1 的输出的信号到 IC2 时,进行电压比较。电路原理图如图 5-23 所示。

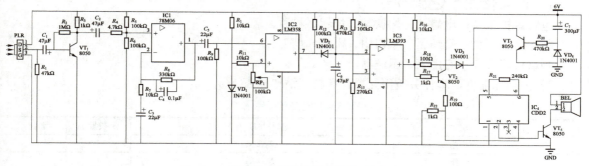

图 5-23 热释电红外传感器报警电路原理图

1)当 IC1 的输出的信号电压比基准电压高,IC2 输出端原来的高电平变为低电平。此时 C_6 通过 VD_2 放电,使 IC3 的反相输入端变为低电平。运算放大器 IC3 的反相输入端电压比电阻 R_{14}、R_{15} 分压提供的基准电压低,则 IC3 的输出端变为高电平,晶体管 VT_2 导通,音乐芯片 IC4 获得电压,其输出的音频信号经过晶体管 VT_4 放大后,驱动蜂鸣器 BELL 发出报警的声音。

2)当人离开探测区时,运算放大器 IC2 的输出端变为高电平,VD_2 截止,C_6 有一个充电时间(30s),使得蜂鸣器延时报警,而晶体管 VT_3、电阻 R_{20} 与电容 C_7 组成开机延时电路,以防止开机时立即报警,让人有时间离开现场,也可防止在停电后来电时造成误动作。

5.3.2 工作任务实施

1. 任务分组(见表 5-2)

表 5-2 学生任务分配表

班级		组号		指导教师	
组长		学号			
组员					
任务分工					

2. 工作计划

（1）制定工作方案（见表 5-3）

表 5-3　工作方案

步骤	工作内容	负责人

（2）列出仪表、工具、耗材和器材清单

1）准备制作工具及仪器仪表。

电路焊接工具：电烙铁、烙铁架、焊锡、松香。

制作加工工具：剥线钳、平口钳、镊子、剪刀。

测试仪器仪表：万用表、示波器。

2）清点元器件，本任务所用元器件和材料清单见表 5-4。

表 5-4　电路元器件清单

序号	名称	型号与规格	数量	备注
1	电阻	$47k\Omega/R_1$	1	
2	电阻	$1M\Omega/R_2$	1	
3	电阻	$1k\Omega/R_3$、R_{17}、R_{22}	3	
4	电阻	$4.7k\Omega/R_4$	1	
5	电阻	$100k\Omega/R_5$、R_6、R_9、R_{12}、R_{14}	5	
6	电阻	$10k\Omega/R_7$、R_{10}、R_{11}、R_{16}	4	
7	电阻	$330k\Omega/R_8$	1	
8	运算放大器	LM358/IC2	1	
9	开关	K_1	1	
10	电阻	$470k\Omega/R_{13}$、R_{20}	2	
11	电阻	$270k\Omega/R_{15}$	1	
12	电阻	$100\Omega/R_{18}$、R_{19}	2	
13	电阻	$240k\Omega/R_{21}$	1	
14	电容	$47\mu F/C_1$、C_2、C_6、C_8	4	
15	电容	$22\mu F/C_3$、C_5	2	
16	电容	$100\mu F/C_7$	1	
17	运算放大器	LM393/IC3	1	
18	二极管	$VD_1 \sim VD_4$/1N4007	4	
19	电容	$220\mu F/C_9$	1	
20	瓷片电容	$0.1\mu F/C_4$	1	
21	电位器	$100k\Omega/RP_1$	1	
22	热释电传感器	D203/PIR	1	
23	透镜	配 PIR		
24	晶体管	8050/$VT_1 \sim VT_4$	4	
25	运算放大器	78M06/IC1	1	
26	音乐芯片	CDD2/IC4	1	
27	蜂鸣器	BELL	1	

3. 工作决策

1）各组分别陈述设计方案，然后教师对重点内容详细讲解，帮助学生确定方案的可行性。
2）各组对其他组的方案提出自己不同的看法。
3）教师对问题与疑点积极引导，适时点拨，对学习困难学生积极鼓励，并适度助学。
4）教师结合大家完成的情况进行点评，选出最佳方案。

4. 工作实施

在此过程中，指导教师要进行巡视指导，引导学生解决问题，掌握学生的学习动态，了解课堂的教学效果。

（1）元器件的检测

1）外观质量检查。电子元器件应完整无损，各种型号、规格、标志应清晰、牢固，标志符号不能模糊不清或脱落。
2）元器件的测试与筛选。用万用表分别检测电阻、电容、二极管。

（2）元器件的引线成形和插装

按技术要求和焊盘间距对元器件的引线成形。在印制电路板上插装元器件，插装时应注意以下事项：

1）电阻和涤纶电容无极性之分，但插装时一定要注意电阻阻值和电容量，不能插错。
2）电解电容和发光二极管有正负极性之分，插装时要看清极性。
3）插装集成电路和传感器时要注意引脚。

（3）元器件的焊装

按照装配工艺要求进行焊接和安装，元器件焊接时间最好控制在 2～3s 内，焊接完成后，剪掉多余的引线。

（4）电路的调试

通电前，先仔细检查已焊接好的电路板，确保装接无误。然后用万用表电阻档测量正负电源之间有无短路和开路现象，若不正常，则应排除故障后再通电。

若电路不工作，在供电电压正常的前提下，可由前至后逐级测量各级输出端有无变化的电压信号，以判断电路及各级工作状态。若哪一级有问题，就排除该级的故障。

热释电红外传感器报警器制作完成实物如图 5-24 所示。

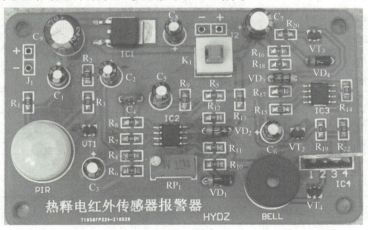

图 5-24　热释电红外传感器报警器

5. 评价反馈

各组展示作品，介绍任务完成过程，教师和各组学生分别对方案进行评价打分，组长对本组组员进行打分（见表5-5～表5-7）。

表5-5　学生自评表

序号	任务	自评情况
1	任务是否按计划时间完成（10分）	
2	理论知识掌握情况（15分）	
3	电路设计、焊接、调试情况（20分）	
4	任务完成情况（15分）	
5	任务创新情况（20分）	
6	职业素养情况（10分）	
7	收获（10分）	
	自评总分：	

表5-6　小组互评表

序号	评价项目	小组互评
1	任务元器件、资料准备情况（10分）	
2	完成速度和质量情况（15分）	
3	电路设计、焊接质量、功能实现等（25分）	
4	语言表达能力（15分）	
5	团队合作情况（15分）	
6	电工工具使用情况（20分）	
	互评总分：	

表5-7　教师评价表

序号	评价项目	教师评价
1	学习准备（5分）	
2	引导问题（5分）	
3	规范操作（15分）	
4	完成质量（15分）	
5	完成速度（10分）	
6	6S管理（15分）	
7	参与讨论主动性（15分）	
8	沟通协作（10分）	
9	展示汇报（10分）	
	教师评价总分：	
	项目最终得分：	

注：每项评分满分为100分；项目最终得分=学生自评25%+小组互评35%+教师评价40%。

拓展阅读

  1956 年中国提出"向科学进军",制定了发展各门尖端科学的十二年科学技术发展远景规划,并根据国外发展电子器件的进程,提出了中国也要研究发展半导体科学,把半导体技术列为国家四大紧急措施之一。从半导体材料开始,自力更生研究半导体器件。

  中国半导体材料从锗(Ge)开始,通过提炼煤灰制备了锗材料。1957 年北京电子管厂通过还原氧化锗,研制出了锗单晶,中国科学院应用物理研究所和二机部十局第十一研究所开发锗晶体管。在锗之后,很快也研究出其他半导体材料。1959 年天津研制了硅(Si)单晶。1962 年又研制了砷化镓(GaAs)单晶,后来也研究开发了其他种化合物半导体。在向科学进军的号召下,中国的知识分子、技术人员在外界封锁的环境下,在从海外回国的一批半导体学者带领下,凭借知识和实验室发展到实验性工厂和生产性工厂,开始建立起自己的半导体行业。这期间苏联曾派过半导体专家来指导,但很快因中苏关系恶化而撤走了。这一发展分立器件的阶段历时十年。

  1965—1980 年中国进入了集成电路(简称 IC)初始发展阶段,在有了硅平面工艺之后,中国半导体界也跟随世界半导体开始研究半导体集成电路,当时称为固体电路。国际上是在 1958 年由美国的德克萨斯仪器公司(TI)和仙兰公司各自分别发明了半导体集成电路。当初研制的是采用 RTL(电阻—晶体管逻辑)形式的最基本的门电路,将单个的分立器件:电阻和晶体管,在同一个硅片上集合而成一个电路,故称为集成电路。中国 IC 初始发展阶段的 15 年间,在开发 IC 方面,尽管国外实行对华封锁,中国还是能够依靠自己的技术力量,相继研制并生产了 DTL、TTL、ECL 各种类型的双极型数字逻辑电路,支持了国内计算机行业,研制成百万次、千万次级的大型电子计算机。但这都是小规模集成电路。

  1982 年 10 月,国务院为了加强全国计算机和大规模集成电路的领导,成立了"电子计算机和大规模集成电路领导小组",制定了中国 IC 发展规划,提出"六五"期间要对半导体工业进行技术改造。

  1982 年,江苏无锡的江南无线电器材厂(742 厂)IC 生产线建成验收投产,这是一条从日本东芝公司全面引进的彩色和黑白电视机集成电路生产线,不但引进了工艺设备和净化厂房及动力设备等"硬件",而且还引进了制造工艺技术"软件"。这是中国第一次从国外引进集成电路技术。第一期 742 厂共投资 2.7 亿元(6600 万美元),建设目标是月产能 10000 片 3 英寸硅片的生产能力,年产 2648 万块 IC 成品,产品为双极型消费类线性电路,包括电视机电路和音响电路。到 1984 年达产,产量达到 3000 万块,成为中国技术先进、规模最大,具有工业化大生产的专业化工厂。

  之后几十年,中国半导体产业的进步是有目共睹的,但是从技术含量方面来讲,和世界先进水平的差距始终没有能够得到弥补。直至 2014 年,政府决定要把集成电路设立为国家战略,成立领导小组和国家级的集成电路产业基金,集成电路发展从此进入新阶段。

思考与练习

一、填空题

1. 集成运算放大器具有_____和_____两个输入端。

2．集成运算放大器的电压传输特性曲线可分为_____和_____两个区。

3．理想运放工作在线性区时具备_____和_____的概念。

4．理想运放的参数具有以下特征：开环差模电压放大倍数 A_{uo}=_____，开环差模输入电阻 r_i=_____，输出电阻 r_o=_____，共模抑制比 K_{CMR}=_____。

5．集成运放由输入级、_____、_____和_____四个部分组成。

二、判断题

1．由于集成运放是直接耦合放大电路，因此只能放大直流信号，不能放大交流信号。（   ）

2．不论工作在线性放大状态还是非线性放大状态，理想运放的反相输入端与同相输入端之间的电位差都为零。（   ）

3．集成运放工作在非线性区时，输出电压值只有两种值。（   ）

4．凡是集成运放电路都可以利用"虚短"和"虚断"的概念求解运算关系。（   ）

5．差分比例电路可以实现减法运算。（   ）

三、计算题

1．同相输入加法电路如图 5-25 所示，求输出电压 u_o。当 $R_1=R_2=R_3=R_F$ 时，u_o 等于多少？

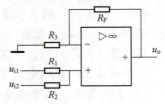

图 5-25　计算题 1 图

2．图 5-26 所示电路是应用集成运算放大器测量电阻的原理电路，设图中集成运放为理想器件。当输出电压为 5V 时，试计算被测电阻 R_x 的阻值。

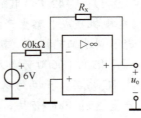

图 5-26　计算题 2 图

项目 6 直流稳压电源的分析与制作

📖【项目描述】

在工业或民用电子产品中，其控制电路通常采用直流电源来供电。对于直流电源的获取，除了直接采用蓄电池、干电池或直流发电机外，目前广泛采用的是直流稳压电源，它可以将电网提供的交流电压转换成为电子电路所需要的稳定的直流电压。本项目以小功率直流稳压电源为研究对象，试分析其工作过程并制作调试电路。

💻【项目目标】

目标类型	目标
知识目标	1. 掌握二极管、稳压管的符号及特性 2. 掌握直流稳压电源电路的基本组成 3. 掌握整流电路、滤波电路的组成、分类及工作原理 4. 掌握硅稳压管稳压电路、串联型稳压电路及集成稳压器电路的构成及原理
能力目标	1. 能够对电路图进行识图 2. 能够根据控制需要，对二极管、稳压管进行识别与选取 3. 能熟练使用万用表、示波器等常用电工仪表对元器件及电路进行检测 4. 能够完成直流稳压电源的安装、调试与检测 5. 能够对直流稳压电源的故障进行分析与检修
素质目标	1. 提高节能降耗的意识，养成良好的用电习惯 2. 培养学生的沟通能力与团队协作精神 3. 培养质量、成本、环保的意识

任务 6.1 整流电路的分析

📝【任务引入】

整流电路是直流稳压电源电路的一部分。它是通过二极管的单向导电作用完成交流电的转变，将交流电变为脉动直流电。

整流电路的结构与工作原理

📚【知识链接】

整流电路按输出波形又可分为半波整流电路、全波整流电路和桥式整流电路等，这里主要介绍单相半波整流电路和单相桥式整流电路。为了简单起见，分析计算整流电路时把二极管当作理想元件来处理，即认为二极管的正向导通电阻为零，而反向电阻为无穷大。

6.1.1 单相半波整流电路

1. 电路组成和工作原理

单相半波整流电路如图 6-1 所示，它是最简单的整流电路，由变压器、整流二极管及负载组成。其中，u_1、u_2 分别为变压器的一次电压和二次电压。电路的工作过程如下。

设变压器二次电压为 $u_2 = \sqrt{2}U_2 \sin\omega t$ V，其中 U_2 为变压器二次电压有效值。

在 $0\sim\pi$ 时间内，即 u_2 为正半周时，变压器二次电压是上端为正、下端为负，二极管 VD 承受正向电压而导通，此时有电流流过负载，并且和二极管上电流相等。忽略二极管上的电压降，负载上输出电压 $u_o=u_2$，输出波形与 u_2 相同。

在 $\pi\sim2\pi$ 时间内，即 u_2 为负半周时，变压器二次绕组的上端为负、下端为正，二极管 VD 承受反向电压，此时二极管截止，负载上无电流流过，输出电压 $u_o=0$，此时 u_2 电压全部加载在二极管 VD 上。

综上所述，在负载电阻 R_L 得到的是单向脉动电压，其波形如图 6-2 所示。

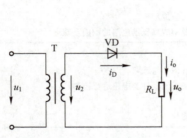

图 6-1　单相半波整流电路

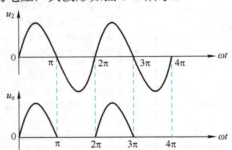

图 6-2　单相半波整流电路波形

2. 负载上的直流电压和电流

单相半波整流电路不断重复上述过程，此电路只有半个周期波形不为零，因此称为半波整流电路。负载 R_L 上得到的整流电压虽然是单方向的，但其大小是变化的，我们常用一个周期的平均值来衡量这种单向脉动电压的大小。单相半波整流电压的平均值为

$$U_o = \frac{1}{2\pi}\int_0^{2\pi} u_o d(\omega t) = \frac{1}{2\pi}\int_0^{\pi} \sqrt{2}U_2 \sin\omega t d(\omega t) = \frac{\sqrt{2}}{\pi}U_2 \approx 0.45U_2$$

流过负载的电流平均值为

$$I_o = \frac{U_o}{R_L} = 0.45\frac{U_2}{R_L}$$

3. 二极管的选用

在半波整流电路中，二极管的电流与负载电流相等，即

$$I_D = I_O$$

所以在选择二极管时，二极管的最大整流电流应大于负载电流。

二极管在电路中承受的最大反向电压为

$$U_{RM} = \sqrt{2}U_2$$

根据上面的两个原则,查阅半导体手册就可以选择到合适的整流二极管。

单相半波整流电路的优点为电路简单,使用元件少;但它的缺点同样明显,半波整流电路只利用了交流电的半个周期,输出直流电压波动较大,电源变压器的利用率低。因此,半波整流电路主要用于输出电压较低、输出电流较小且性能要求不高的场合。

 小提示: 日常使用的电热毯的调温开关的低温档,实际上就是串入一个二极管,使电阻上只得到半波电压,使电流减小,从而降低了发热量。

6.1.2 单相桥式整流电路

为了克服单相半波整流的缺点,常采用全波整流电路,其中最常用的是单相桥式整流电路。

1. 工作原理

单相桥式整流电路如图 6-3 所示,电路中采用了 4 个二极管接成电桥的形式,故称为单相桥式整流电路。图 6-4 所示为单相桥式整流电路的简易画法。

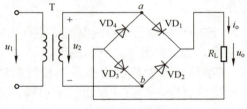

图 6-3 单相桥式整流电路

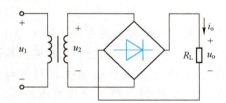

图 6-4 单相桥式整流电路的简易画法

设变压器二次电压为 $u_2 = \sqrt{2}U_2 \sin\omega t$。

当 u_2 处于正半周(极性为上正下负)时,即 a 点电位高于 b 点,二极管 VD_1 和 VD_3 由于加正向电压而导通,VD_2 和 VD_4 截止,电流的通路为 $a \to VD_1 \to R_L \to VD_3 \to b$,在负载 R_L 上得到一个半波电压,如图 6-5 所示。

当 u_2 处于负半周时(极性为下正上负),即 b 点电位高于 a 点电位,二极管 VD_2 和 VD_4 由于加正向电压而导通,VD_1 和 VD_3 截止,电流的通路为 $b \to VD_2 \to R_L \to VD_4 \to a$,同样在负载 R_L 上得到一个半波电压,如图 6-6 所示。

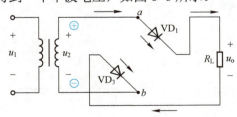

图 6-5 正半周时电流的通路

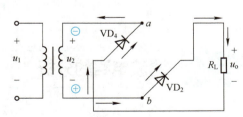

图 6-6 负半周时电流的通路

可见无论 u_2 处于正半周还是负半周,负载 R_L 上都有相同方向的电流流过,因此在负载电阻 R_L 得到的是单向脉动电压和电流,忽略二极管导通时的正向电压降,则单相桥式整流电路的波形如图 6-7 所示。

2. 负载上的直流电压和电流

由图 6-7 可知，桥式整流输出电压波形的面积是半波整流时的 2 倍，所以输出电压的平均值 U_o 就等于半波整流时的 2 倍，即

$$U_o = \frac{1}{\pi} \int_0^\pi \sqrt{2} U_2 \sin \omega t \, d(\omega t) = \frac{2\sqrt{2}}{\pi} U_2 = 0.9 U_2$$

负载电流平均值为

$$I_o = \frac{U_o}{R_L} = 0.9 \frac{U_2}{R_L}$$

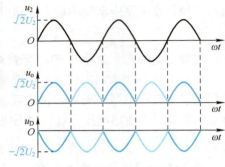

图 6-7　单相桥式整流电路波形图

3. 二极管的选择

从单相桥式整流电路的工作原理可知，4 个二极管两个一组，轮流导电，每个二极管在一个周期中只导通半个周期，因此，每个二极管中流过的平均电流是负载电流的一半，即

$$I_D = \frac{1}{2} I_o = 0.45 \frac{U_2}{R_L}$$

每个二极管承受的最大反向电压为

$$U_{RM} = \sqrt{2} U_2$$

桥式整流与半波整流相比，输出电压平均值高，波动小，输出与半波整流电路有相同直流电压的情况下，二极管承受的反向电压和通过的电流小，因此得到了广泛的应用。

除了采用分立组件组成桥式整流电路外，现在半导体器件厂已将整流二极管封装在一起，制造成单相整流桥和三相整流桥模块，这些模块只有输入交流和输出直流引脚，减少了接线，提高了电路工作的可靠性，使用起来非常方便。单相整流桥模块的实物外形如图 6-8 所示。

图 6-8　单相整流桥模块的外形图

任务 6.2　滤波电路的分析

【任务引入】

无论何种整流电路，它们的输出电压都含有较大的脉动成分。除了在一些特殊的场合可以直接用作放大器的电源外，通常都需要

滤波电路的结构与工作原理

采取一定的措施，一方面尽量降低输出电压中的脉动成分，另一方面又要尽量保留其中的直流成分，使输出电压接近于理想的直流电压，这样的措施就是滤波。

【知识链接】

电容和电感都是基本的滤波元件，利用它们的储能功能，合理地安排在电路中，可以达到降低交流成分、保留直流成分的目的，体现出滤波作用。所以电容和电感是组成滤波电路的主要元件。常用的滤波电路有电容滤波、电感滤波和复式滤波三种。

6.2.1 电容滤波

最简单的电容滤波电路是在整流电路的输出端负载 R_L 两端并联电容器 C，利用电容器的充放电作用，使输出电压趋于平滑。

1. 工作原理

图 6-9 所示为单相桥式整流电容滤波电路。设电容电压初始值为 0，接通电源后 u_2 在正半周时，二极管 VD_1、VD_3 正偏导通，电源经 VD_1、VD_3 向负载供电，同时向电容 C 充电，由于充电回路电阻较小（两个二极管正向导通电阻之和），所以充电很快，直到 C 两端电压等于 u_2（图 6-10 中 t_1 时刻）。此后 u_2 继续减小，$u_C > u_2$，二极管 VD_1、VD_3 正极电位低于负极电位，反偏截止，负载 R_L 与电源之间相当于断开，电容 C 通过负载电阻 R_L 放电，由于 R_L 阻值较大，因而放电较慢，直到 u_2 在正半周结束（t_2 时刻）。

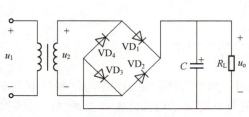

图 6-9 单相桥式整流电容滤波电路

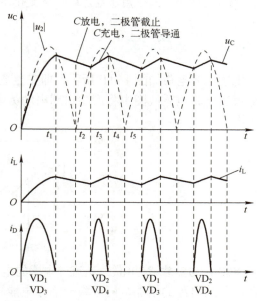

图 6-10 桥式整流电容滤波电路工作波形

负半周开始后，由于 u_C 仍然大于 $|u_2|$，所以二极管 VD_2、VD_4 反偏，仍保持截止状态，不会导通，所以 C 继续放电，电压值逐渐减小，而 $|u_2|$ 将按正弦规律变化，直到两个电压相等（t_3 时刻）。之后，由于 $|u_2| > u_C$，二极管 VD_2、VD_4 正偏导通，电源经 VD_2、VD_4 向负载供电，同时向电容 C 充电，直到 $|u_2| = u_C$（t_4 时刻）。随着 $|u_2|$ 的继续减小，$u_C > |u_2|$，二极管 VD_2、VD_4

反偏截止，电容 C 通过负载 R_L 放电，直到负半周结束（t_5 时刻），开始下一个周期的循环。

2．输出电压和电流

对于电容滤波，一般常用如下经验公式估算其输出电压平均值，即

半波 $\qquad\qquad\qquad U_o = U_2$

桥式 $\qquad\qquad\qquad U_o = 1.2 U_2$

采用电容滤波时，输出电压的脉动程度与电容器的放电时间常数有关，放电时间常数大，脉动程度小。为了获得较平滑的输出电压，选择电容时一般要求为

半波 $\qquad\qquad\qquad \tau = R_L C \geqslant (3 \sim 5) T$

全波 $\qquad\qquad\qquad \tau = R_L C \geqslant (3 \sim 5) \dfrac{T}{2}$ （T 为交流电压的周期）

滤波电容一般选择体积小、容量大的电解电容器，但应该注意，普通电解电容器有正、负极性，使用时正极必须接高电位端，如果接反会造成电解电容器的损坏。

3．二极管的选择

加入滤波电容以后，二极管导通时间缩短，导通角总是小于 π。因为滤波电容是隔直通交，它的平均电流为零，故二极管的平均电流仍为负载电流的一半，但由于二极管的导通时间缩短，故流过二极管的冲击电流较大。在选择二极管时应留有充分的电流余量，通常按平均电流的 2~3 倍选二极管。

 小提示：电容滤波电路结构简单、使用方便、输出电压较高，但负载直流电压受负载电阻的影响比较大，只适用于电流较小且变化不大的场合。家用电子产品一般都采用电容滤波。

6.2.2 电感滤波

电感滤波电路如图 6-11 所示，即在整流电路与负载电阻 R_L 之间串联一个电感器 L。由于在电流变化时电感线圈中将产生自感电动势来阻止电流的变化，使电流脉动趋于平缓，起到滤波作用。

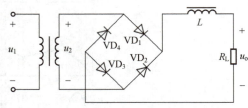

图 6-11　电感滤波电路

电感 L 与负载 R_L 串联。当流过电感的电流增大时，电感线圈产生的自感电动势与电流方向相反，阻止电流的增加，同时将一部分电能转换为磁场能存储于电感之中；当通过电感线圈的电流减小时，电感线圈产生的自感电动势与电流方向相同，阻碍电流的减小，同时释放出电感中存储的能量，以补偿电流的减小，使负载电流变得比较平滑。可见，电感滤波器的电感量越大，自感电动势越大，单向脉动电流流经电感线圈时就越平滑，所以一般采用有铁心的线圈。

 小提示：电感滤波电路输出电压较低，但输出电压波动较小，随负载变化也很小，因而适用于负载电流较大且经常变化的场合。由于电感量大时体积也大，比较笨重，在小型电子设备中很少采用电感滤波方式。

6.2.3 复式滤波

当单独使用电容或电感滤波，效果仍不理想时，可采用复式滤波电路。常见的复式滤波电路如图 6-12 所示，其中图 6-12a 所示为 LC 滤波电路，它是由电感滤波和电容滤波组成的。脉动电压经过双重滤波，交流分量大部分被电感器阻止，即使有小部分通过电感器，再经过电容滤波，这样负载上的交流分量也很小，便可达到滤除交流成分的目的。

图 6-12b 所示为 LCπ 型滤波电路，这种滤波电路是在电容滤波的基础上再加一级 LC 滤波电路构成，因此滤波效果更好，在负载上的电压更平滑。由于 LCπ 型滤波电路输入端接有电容，在通电瞬间因电容器充电会产生较大的充电电流，所以一般取 $C_1 < C_2$，以减小浪涌电流。

由于 LCπ 型滤波电路带有铁心的电感线圈体积大，价格也高，因此，当负载电流较小时，常用小电阻 R 代替电感 L，以减小电路的体积和重量。构成如图 6-12c 所示的 RCπ 型滤波电路，只要适当选择 R 和 C_2 参数，在负载两端可以获得脉动极小的直流电压。在收音机和录音机中的电源滤波电路中，就经常采用 RCπ 型滤波电路。

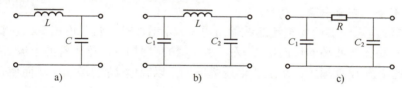

图 6-12 常见复式滤波电路

a) LC 滤波电路 b) LCπ 型滤波电路 c) RCπ 型滤波电路

任务 6.3 稳压电路的分析

【任务引入】

经整流滤波后的电压往往会随交流电源电压的波动和负载的变化而变化。电压的不稳定有时会产生测量和计算的误差，引起控制装置的工作不稳定，甚至根本无法正常工作。因此，在整流滤波电路的后面往往还要加上稳压电路。

稳压电路的结构与工作原理

【知识链接】

所谓稳压电路，就是当电网电压波动或负载发生变化时，能使输出电压稳定的电路。最简单的直流稳压电源是硅稳压管稳压电路。

6.3.1 硅稳压管稳压电路

图 6-13 所示为由硅稳压管组成的简单稳压电路，其中电阻 R 起限流作用，负载 R_L 与硅稳

压管相并联。当硅稳压管击穿时,通过它的电流在很大的范围内变化,而硅稳压管两端的电压却基本不变,起到了稳压的作用。

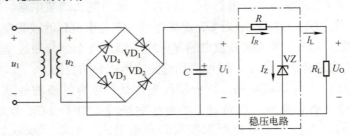

图6-13　硅稳压管稳压电路

引起输出电压不稳的主要原因有交流电源电压的波动和负载电流的变化,下面从这两个方面来分析稳压电路的稳压原理。

根据 KCL 和 KVL 定律有

$$I_R = I_Z + I_L \qquad U_I = U_R + U_O$$

当负载 R_L 不变,交流电网波动时:

如果交流电源电压增加而使整流滤波输出电压 U_I 增加时,负载电压 U_O 也有增加的趋势。输出电压 U_O 就是稳压管两端的反向电压 U_Z,当 U_O 稍有增加时,稳压管的电流 I_Z 就显著增加,因此电阻 R 中的电流 I_R 就增大,R 上的电压降增加,以补偿 U_I 的增加,从而使负载电压 U_O 保持近似不变,即

$$U_I \uparrow \rightarrow U_O \uparrow \rightarrow U_Z \uparrow \rightarrow I_Z \uparrow \rightarrow I_R \uparrow \rightarrow U_R \uparrow \rightarrow U_O \downarrow$$

当电源电压不变,负载 R_L 改变时:

如果负载 R_L 减小时,则引起负载电流 I_L 增加,电阻 R 上的电流 I_R 和两端的电压 U_R 均增加,负载电压 U_O 因而减小,U_O 稍有减小将使 I_Z 下降较多,从而补偿了 I_L 的增加,保持 I_R 基本不变,也保持了 U_O 基本恒定,即

$$R_L \downarrow \rightarrow I_L \uparrow \rightarrow I_R \uparrow \rightarrow U_R \uparrow \rightarrow U_O \downarrow \rightarrow U_Z \downarrow \rightarrow I_Z \downarrow \rightarrow I_R \downarrow \rightarrow U_R \downarrow \rightarrow U_O \uparrow$$

总之,无论是电网电压波动还是负载变动,负载两端电压经稳压管自动调整(与限流电阻 R 配合)都能基本上维持稳定。

小提示:硅稳压管稳压电路虽然电路结构很简单,但受稳压管最大电流限制,稳定性差,且输出电流较小。另外,当负载开路时,输出电流将全部流过稳压管,若此电流超过稳压管的最大稳压电流就会烧坏稳压管。因此,这种电路只能应用在要求不高的小电流稳压电路中。

6.3.2　串联型稳压电路

图 6-14 所示为一个带放大环节的串联型稳压电路。图 6-14b 中 VT_1 为电压调整管;VZ 为稳压二极管,与电阻 R_3 一起为比较放大管 VT_2 的发射极提供基准电压 U_{REF};R_1、RP 和 R_2 组成取样电路,将输出电压 U_O 的一部分送到比较放大管 VT_2 的基极进行比较;比较放大管 VT_2 将取样电压 U 与基准电压 U_{REF} 的差值进行放大后,控制调整管 VT_1 的工作状态,使输出的电压 U_O 保持稳定。

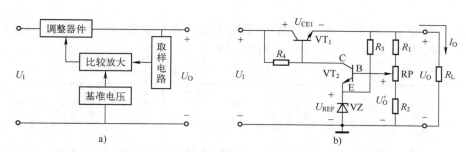

图 6-14 带放大环节的串联型稳压电路
a) 组成框图 b) 电路图

电路的稳压原理如下：

$$U_I\uparrow（或R_L\uparrow）\rightarrow U_O\uparrow \rightarrow U'_O\uparrow \xrightarrow{U_{E2}=U_{REF}} U_{BE2}\uparrow \rightarrow U_{C2}\downarrow$$

$$U_{O稳定} \leftarrow \Delta U_O\downarrow \leftarrow U_O\downarrow \xleftarrow{U_O=U_I-U_{CE1}} U_{BE1}\uparrow \leftarrow U_{B1}\downarrow$$

带放大环节的串联型稳压电路输出电压便于调节，稳定性能较好，输出电流较大，但是调整管必须工作在线性放大状态，调整管上始终有一定的电压降，在输出较大工作电流时，致使调整管的功耗太大。

6.3.3 三端集成稳压器

由分立元件组成的直流稳压电路，需要外接不少元器件，因而体积较大。集成稳压器是将稳压电路制作在一块半导体芯片上的集成电路，它实现了材料、元件和电路的统一，具有接线简单，维护方便、价格低廉等优点，近年来正被广泛采用。

1. 集成稳压器的简介

集成稳压器的种类较多，按其输出电压是否可调可分为输出电压不可调集成稳压器和输出电压可调集成稳压器，按输出电压极性的不同可分为正输出电压集成稳压器和负输出电压集成稳压器。在这里我们只介绍应用比较广泛的 7800、7900 系列三端集成稳压器。

集成稳压器的型号、外形、引脚排列如图 6-15 所示。

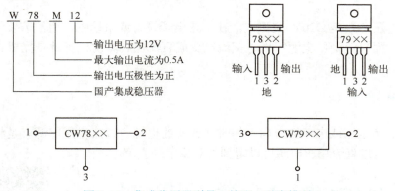

图 6-15 集成稳压器型号、外形、引脚排列

前面的字母通常表示生产的公司，用 W 表示国产，LM 表示美国国家半导体公司生产；78 表示输出电压极性为正，79 表示输出电压极性为负；最大输出电流的大小用字母表示，字母与

最大输出电流的对应关系见表 6-1。最后两个数字表示输出电压值的大小，国产同型号的输出电压有 5V、6V、9V、12V、15V、18V、24V 七种。

表 6-1　7800、7900 系列集成稳压器字母与 I_{OM} 的对应表

字母	L	N	M	无字母	T	H	P
I_{OM}/A	0.1	0.3	0.5	1.5	3	5	10

 小提示：不同公司所生产的三端集成稳压器的引脚排列可能有所不同，在使用时必须注意。

2. 集成稳压器的典型应用电路

三端集成稳压器的典型应用电路如图 6-16 所示。W7800 系列的输入电压 U_I 的正极接其输入端，负极接公共端地；输出电压 U_O 的正极接其输出端，负极接公共端地。W7900 系列的接法与它相反。同时，在其输入端和输出端与公共端之间各并联一个电容 C_1 和 C_2，C_1 用以抵消输入端接线较长时产生的电感效应，防止产生自激振荡；C_2 是为了瞬时增减负载电流时不致引起输出电压有较大的波动，C_1、C_2 焊接时要尽可能靠近集成稳压器的引脚。

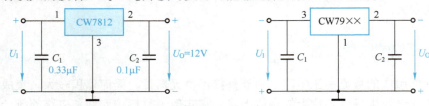

图 6-16　三端集成稳压器典型应用电路

任务 6.4　直流稳压电源的制作与调试

【任务引入】

市电单相电压一般是 220V 交流电，在一些电子设备或系统中，通常需要使用直流电压源进行设备供电，而直流稳压电源可以将交流电变成直流电。本次任务就是完成直流稳压电源的制作与调试。

【知识链接】

直流电源是指电压或电流的方向不随时间改变的电源。直流稳压电源就是将交流电转换为直流电的装置，通过直流稳压电源可以得到相对稳定的直流电。

直流稳压电源的组成

6.4.1　工作任务分析

直流稳压电源一般由交流电源电压器、整流、滤波、稳压电路等几部分组成。图 6-17 所示是直流稳压电源的原理框图，它表示把交流电变换为直流电的过

程。图中各部分的功能如下。

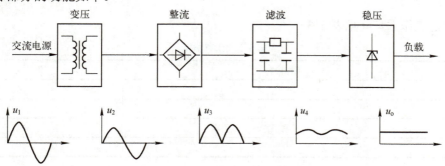

图 6-17　直流稳压电源的原理框图

1）电源变压器：把 220V 电网电压降至所需电压。
2）整流电路：把交流电压转换成单相脉动直流电压。
3）滤波电路：减小整流电压的脉动程度，使输出电压平滑。
4）稳压电路：当电网电压或负载变化时，保持输出电压稳定。

图 6-18 为直流稳压电源的工作原理图。

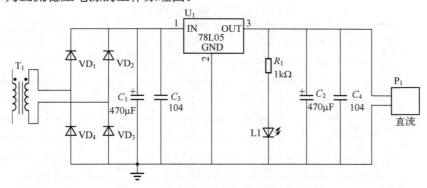

图 6-18　直流稳压电源的工作原理图

6.4.2　工作任务实施

1. 任务分组

学生进行分组，选出组长，做好工作任务分工（见表 6-2）。

表 6-2　学生任务分配表

班级		组号		指导教师	
组长		学号			
组员					
任务分工					

2. 工作计划

（1）制定工作方案（见表6-3）

表6-3 工作方案

步骤	工作内容	负责人

（2）列出仪表、工具、耗材和器材清单

1）准备制作工具及仪器仪表。

电路焊接工具：电烙铁、烙铁架、焊锡、松香。

制作加工工具：剥线钳、平口钳、镊子、剪刀。

测试仪器仪表：万用表、示波器。

2）清点元器件，本任务所用元器件和材料清单见表6-4。

常用元器件的识别与检测

表6-4 电路元器件和材料清单

序号	名称	型号	规格	数量	备注
1	变压器	T_1	220V/9V	1	
2	二极管	VD1～VD4	4007	4	
3	电解电容	C_1、C_2	470μF	2	
4	电容	C_3、C_4	104	2	
5	集成稳压器	U_1	7805	1	
6	电阻	R_1	1kΩ	1	
7	发光二极管	LED_1	5mm	1	
8	插针	P_1	2P	1	

3. 工作决策

1）各组分别陈述设计方案，然后教师对重点内容详细讲解，帮助学生确定方案的可行性。

2）各组对其他组的方案提出自己不同的看法。

3）教师对问题与疑点积极引导，适时点拨，对学习困难学生积极鼓励，并适度助学。

4）教师结合大家完成的情况进行点评，选出最佳方案。

4. 工作实施

（1）元器件的检测与筛查

电子元器件应完整无损，各种型号、规格、标志应清晰、牢固，标志符号不能模糊不清或脱落。

直流稳压电源的制作与调试

1）变压器。用万用表测量变压器是最简单的方法。测量时，将万用表选在 R×1 档或 R×10 档，把表笔分别接在一次绕组（或二次绕组）的两端。若表针指示电阻值为无穷大，则说明绕组断路；若电阻值接近于零，则说明绕组正常；若电阻值为零，则说明绕组短路。然后把一只表笔接一次绕组，另一只表笔接二次绕组，电阻值应为无穷大，否则，说明一次绕组和二次绕组之间存在短路。

2）二极管。用指针式万用表"R×100"或"R×1k"档分别测量二极管的正、反向电阻，根据二极管的单向导电性可知，测得阻值小时与黑表笔相接的那端为正极；反之，为负极。二极管的正、反向阻值相差越大，说明其单向导电性越好。二极管正、反向电阻都很大，说明二极管内部存在开路故障；二极管正、反向阻值都很小，说明二极管内部存在短路故障。注意，一般不能用"R×1"档（内阻小，电流大）和"R×10k"档（电压高）测试，否则有可能会在测试过程中损坏二极管。

3）电容器。

① 质量判定。用万用表 R×1k 档，将表笔接触电容器（1μF 以上的容量）的两引脚，接通瞬间，表头指针应顺时针方向偏转，然后逐渐逆时针恢复，稳定后的读数就是电容器的漏电电阻，阻值越大表示电容器的绝缘性能越好；若在上述的检测过程中，表头指针无摆动，说明电容器开路；若表头指针向右摆动的角度大且不恢复，说明电容器存在严重漏电；若表头指针保持在 0 附近，说明该电容器内部已击穿短路。

② 极性判定。根据电解电容器正接时漏电流小、漏电阻大，反接时漏电流大、漏电阻小的特点可判断其极性。将万用表置于"R×1k"档，先测一下电解电容器的漏电阻值，而后将表笔对调一下，再测一次漏电阻值。两次测试中，漏电阻值小的那次，黑表笔接的是电解电容器的负极，红表笔接的电解电容器的正极。

4）集成稳压器的检测。用万用表测量 78 系列集成稳压器各引脚之间的电阻值。可以根据测量的结果粗略判断出被测集成稳压管的好坏。

78 系列集成稳压器的电阻值用万用表"R×1k"档测得。正测是指黑表笔接稳压器的接地端，红表笔去依次接触另外两引脚；负测指红表笔接地端，黑表笔依次接触另外两引脚，如图 6-19 所示。若测得某两引脚之间的正、反向电阻值均很小或接近 0，则可判断该集成稳压器内部已击穿损坏。若测得某两引脚之间的正、反向电阻值均为无穷大，则说明该集成稳压器已开路损坏。若测得集成稳压器的阻值不稳定，随温度的变化而变化，则说明该集成稳压器的热稳定性能不良。

图 6-19 集成稳压器的检测

（2）电路的焊接与调试

1）电路的焊接。

① 识读三端稳压电源电路原理图和印制电路图。

② 先在印制电路板上找到相对应的元器件的位置。

③ 采用边插装边焊接的方法，按从小到大、由低到高的顺序正确插装焊接好元器件（注意发光二极管和电解电容的正、负极）。

④ 安装变压器，再用电烙铁焊接好变压器（注意此时不要急于把变压器的一次绕组和交流电源相连）。

直流稳压电源电路安装焊接完成图如图 6-20 所示。

2）电路整机测试。

① 通电前认真检查电路，看是否有错接、漏接、焊接不当之处，尤其要注意检查二极管、

晶体管引脚、电解电容是否接反，变压器以及整流电路输入输出、稳压电路输入输出有无短路现象，确认无误后，再接通电源进行测试。

② 通电测试：接通 220V 交流电源，观察电路通电情况，并用万用表分别测量整流部分输出、滤波部分输出及稳压部分输出，如图 6-21 所示，也可用示波器观察其输入输出波形的变化。

图 6-20　直流稳压电源电路安装焊接完成图

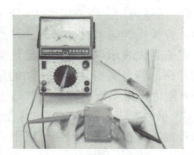

图 6-21　电路整机测试

5. 评价反馈

本项任务的评分标准见表 6-5～表 6-7。

表 6-5　学生自评表

序号	任务	自评情况
1	任务是否按计划时间完成（10 分）	
2	理论知识掌握情况（15 分）	
3	电路设计、焊接、调试情况（20 分）	
4	任务完成情况（15 分）	
5	任务创新情况（20 分）	
6	职业素养情况（10 分）	
7	收获（10 分）	
	自评总分：	

表 6-6　小组互评表

序号	评价项目	小组互评
1	任务元器件、资料准备情况（10 分）	
2	完成速度和质量情况（15 分）	
3	电路设计、焊接质量、功能实现等（25 分）	
4	语言表达能力（15 分）	
5	团队合作情况（15 分）	
6	电工工具使用情况（20 分）	
	互评总分：	

表 6-7 教师评价表

序号	评价项目	教师评价
1	学习准备（5 分）	
2	引导问题（5 分）	
3	规范操作（15 分）	
4	完成质量（15 分）	
5	完成速度（10 分）	
6	6S 管理（15 分）	
7	参与讨论主动性（15 分）	
8	沟通协作（10 分）	
9	展示汇报（10 分）	
	教师评价总分：	
	项目最终得分：	

注：每项评分满分为 100 分；项目最终得分=学生自评 25%+小组互评 35%+教师评价 40%。

拓展阅读

在给手机充电时，有些人习惯将充电器一直插在插座上，以做到随用随取，那大家有没有想过，这个习惯会有哪些影响呢？充电器不充电时，一直插在插座上会耗电吗？

手机充电器就是一个小型的直流稳压电源，它可以将家用的交流电通过变压器降压后，再通过整流电路等过程变换成直流电给手机充电。而变压器的工作原理就是电磁感应，内部有两个平行线圈，其中一次线圈与电源相接，会在电流通过时使变压器中铁心产生交变磁场，然后在二次线圈产生感应电动势。所以，即使没有给手机充电，只要不拔充电器，就会有一个线圈一直在工作，从而消耗电力。

那一天大约消耗多少电呢？

以充电器空载功率为 0.05W 来计算，也就是空载状态下它工作 20000 个小时才消耗一度电。如果仅仅看到自己一个充电器，那肯定是渺小的。假设全国每天一亿个充电器空载工作 24h，那么每天就需要消耗 1.2 万度电。这个数字还是比较惊人的，节约能源，是每个人义不容辞的责任。

充电器不拔，不仅是耗电的浪费行为，更是一种隐患。长时间不拔充电器，充电器就会老化、发热，线圈的绝缘层会因此被融化，可能会引起短路，导致火灾、爆炸、意外触电等事故发生。所以，无论是从节约用电还是从保养电器上讲，电器使用完毕或者充电完毕后，大家要养成随手拔掉充电器或电器插头的好习惯。

思考与练习

一、选择题

1. 为了实现从交流电源到直流稳压电源的转换，一般交流电要依次经历（ ）四个阶段。
   A．变压、整流、滤波、稳压　　　　　　B．滤波、整流、变压、稳压

C. 变压、稳压、整流、滤波　　　　D. 整流、滤波、稳压、变压
2. 整流的目的是（　　）。
　　A. 将交流变为脉动直流　　　　B. 将高频变为低频
　　C. 将正弦波变为方波　　　　　D. 将直流变为交流
3. 在半导体直流电源中，为了减少输出电压的脉动程度，除有整流电路外，还需要增加的环节是（　　）。
　　A. 滤波器　　　B. 振荡器　　　C. 放大器　　　D. 变压器
4. 单相半波整流、电容滤波电路中，滤波电容的接法是（　　）。
　　A. 与负载电阻 R_L 串联　　　　B. 与整流二极管并联
　　C. 与负载电阻 R_L 并联　　　　D. 与整流二极管串联
5. 电容滤波器的滤波原理是根据电路状态改变时，其（　　）。
　　A. 电容的数值不能跃变　　　　B. 电容的端电压不能跃变
　　C. 通过电容的电流不能跃变　　D. 电阻的端电压不能跃变

二、判断题
1. 在直流稳压电源中，整流变压器主要是将交流电源电压变换为符合整流需要的电压。（　　）
2. 滤波电路的作用是将脉动直流中的交流成分滤除，减少整流电压的脉动程度。（　　）
3. 在整流电路中，二极管之所以能整流，是因为它具有反向击穿的性能。（　　）
4. 在某单相桥式整流电路中，变压器二次电压为 U_2，则其整流输出电压 U_O 为 $0.9U_2$。（　　）
5. 中、小功率的电源电路通常采用串联型稳压电源。（　　）

三、计算题
　　一单相桥式整流电路，变压器二次电压有效值为75V，负载电阻为100Ω，试计算该电路的直流输出电压和直流输出电流，并选择整流二极管。

项目 7　多人表决器电路设计与制作

【项目描述】

在我们的日常学习、工作和生活中，在对某一事件是否要进行时，有很多时候是根据多数人的意见和建议，通过投票表决方式来决定的。例如：有事件 L，由 A、B、C 三人投票，多数人同意时，事件 L 就通过，否则就不通过，这就需要一个多人表决器来实现。

【项目目标】

目标类型	目标
知识目标	1. 了解数制及其相互转换 2. 掌握逻辑代数的基本定律、基本公式 3. 掌握逻辑函数的表示方法及化简方法 4. 熟练掌握基本逻辑门的逻辑功能、逻辑符号、输出逻辑函数表达式及应用 5. 掌握组合逻辑电路的分析方法和设计方法
能力目标	1. 具备常用基本逻辑门电路及其芯片的检索与阅读能力 2. 具备常用基本逻辑门电路及其芯片的识别、选取、测试能力 3. 具备低功耗元器件的分析、选取能力 4. 具备基本逻辑门电路的安装、调试与检测能力 5. 具备组合逻辑电路的分析与设计能力 6. 具备初步诊断电子线路故障的能力
素质目标	1. 养成良好的安全用电习惯和节能意识 2. 养成不断优化、精益求精的精神 3. 培养良好的职业素养、沟通能力及团队协作精神

任务 7.1　数字电路的认识

【任务引入】

近年来，随着大规模、超大规模集成电路技术的发展，数字电子技术的应用范围越来越广，数字产品体积越来越小，功能越来越强，且更加可靠。本次任务我们就从数字电子技术的基础知识开始，认识数字电路。

数字电路与数制概述

【知识链接】

在模拟电子电路中，被传递、加工和处理的信号是模拟信号，这类信号在时间上和幅度上都是连续变化的，例如广播电视中传送的各种文字信号、语音信号和图像信号，如图 7-1a 所示。

在数字电子电路中，被传递、加工和处理的信号是数字信号，这类信号在时间上和幅度上都是断续变化的，也就是说，这类信号只是在某些特定时间内出现，例如计算机中传送的数据信号和 IC 卡信号等，如图 7-1b 所示。

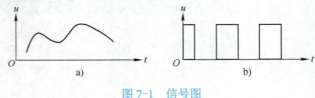

图 7-1　信号图
a）模拟信号　b）数字信号

7.1.1　数字电路的特点与分类

1. 数字电路的主要特点

与模拟电路相比，数字电路具有以下显著的优点：
1）结构简单，便于集成化。电路只有"0"和"1"两个状态，对元件精度要求低。
2）抗干扰能力强，工作可靠性高。
3）处理功能强，不仅能实现数值运算，还可以实现逻辑运算和判断。
4）数字集成电路产品系列全，通用性强，成本低。
5）数字信号更易于存储、加密、压缩、传输和再现。

2. 数字电路的分类

按电路组成的结构可分为分立元件电路和集成电路；按集成度的大小可分为小规模、中规模、大规模和超大规模集成电路；按构成电路的半导体器件可分为双极型电路和单极型电路；按电路有无记忆功能可分为组合逻辑电路和时序逻辑电路。

7.1.2　数制与码制的认识

1. 数制

数制也称进位计数制，是人按照进位的方法对数量进行计数的一种统计规律。在日常生活中，常常用到的是十进制，也就是逢十进一的进位计数制。在数字系统中，常常用到数制是二进制、八进制和十六进制。下面介绍数制的一些基本概念。

1）基数。基数是指一种数制中所用到的数码个数。一般说基数为 R 的数制就是说这种数制称为 R 进制，逢 R 进一，它包括 $0, 1, \cdots, R-1$ 等数码。

2）位权。在一个进位计数制表示的数中，处在不同数位上的数码，代表着不同的数值，某一个数位上的数值是由这一位上的数字乘以这个数位的位权值得到的。不同的数位上有不同的位权值。例如，十进制的百位的位权值是 100，千位的位权值是 1000，百分位的位权值是 0.01。位权值简称为位权。

任何一个数都可以将其数值按位权展开。一个 R 进制的数 N，设其有 n 位整数，m 位小数且各位数字为 $K_{-m}\cdots K_0,K_1\cdots K_{n-1}$，位权为 R^{-m}、$\cdots R^0$、R^1、R^{n-1}。则：

$$(N)_R = K_{n-1}R^{n-1}+\cdots+K_0R^0+K_{-1}R^{-1}+\cdots+K_{-m}R^{-m} \quad (7\text{-}1)$$

(1) 数制

1) 十进制。基数为 10 的数制为十进制，十进制计数制是我们日常生活中最熟悉的进位计数制。在十进制中有 0～9 十个数码，计数规则为"逢十进一"。十进制数 N 可表示为

$$(N)_{10}=K_{n-1}10^{n-1}+\cdots+K_0 10^0+K_{-1}10^{-1}+\cdots+K_{-m}10^{-m} \tag{7-2}$$

2) 二进制。基数为 2 的数制为二进制，在二进制中仅有 0、1 两个数码，计数规则为"逢二进一"。任何一个二进制数 N 可以表示为

$$(N)_2=K_{n-1}2^{n-1}+\cdots+K_0 2^0+K_{-1}2^{-1}+\cdots+K_{-m}2^{-m} \tag{7-3}$$

其中，K_i 为 0 或 1；2 为位权。

二进制计数制是在计算机系统中采用的进位计数制。运算规则简单，便于计算，但书写冗长，不便于记忆和阅读。它每位只有 0 和 1 两种表示，所以在数字系统中实现起来很方便。人们经常用 0 来表示高电位或晶体管的截止，用 1 来表示高电位或晶体管的导通等。

> **小提示**：在数字电路中，一位二进制数只有 0、1 两个状态，可表示两种特定含义；两位二进制数有 00、01、10、11 四种状态，可表示四种特定含义；N 位二进制数有 2^N 个状态，可以表示 2^N 个特定含义。

3) 八进制。基数为 8 的数制为八进制，在八进制中有 0～7 共 8 个数码，计数规则为"逢八进一"。任意一个八进制数 N 可以表示为

$$(N)_8=K_{n-1}8^{n-1}+\cdots+K_0 8^0+K_{-1}8^{-1}+\cdots+K_{-m}8^{-m} \tag{7-4}$$

其中，K_i 为 0～7 中的一个数，8 为位权。

4) 十六进制。基数为 16 的数制为十六进制，在十六进制中，进位规律是逢十六进一，十六进制表示数值的数字比较特殊，共有 16 个，包括 0～9 十个数字和六个符号 A、B、C、D、E、F（分别表示 10～15）。任意一个十六进制数 N 可以表示为

$$(N)_{16}=K_{n-1}16^{n-1}+\cdots+K_0 16^0+K_{-1}16^{-1}+\cdots+K_{-m}16^{-m} \tag{7-5}$$

其中，K_i 为 0～9 以及 A、B、C、D、E、F 中的一个数，16 为位权。

(2) 进制间的转换

由于各进制数应用的场合不同，因此经常需要相互转换。例如在实际操作中，往往需要先将十进制或其他进制的数值转换为二进制的数值后，再进入计算机数字系统处理，再将处理后的二进制数值转换为人们熟悉的十进制或其他进制的数值。下面介绍不同进制间的转换方法。

1) 任意进制数转换为十进制数。将一个任意进制的数转换为十进制数，方法很简单，就是利用式（7-1）将任意进制数展开，得到的就是十进制数。下面举例来说明。

【例 7-1】 $(1011.01)_2=1\times 2^3+0\times 2^2+1\times 2^1+1\times 2^0+1\times 2^{-2}=(11.25)_{10}$

$(536.1)_8=5\times 8^2+3\times 8^1+6\times 8^0+1\times 8^{-1}=(350.125)_{10}$

$(7F.8)_{16}=7\times 16^1+15\times 16^0+8\times 16^{-1}=(127.5)_{10}$

2) 十进制数转换为其他任意进制数。十进制整数转换为 R 进制数的方法是：将该十进制整数除 R 取余，然后逆序排列。具体来说就是，用十进制整数除以 R，得到一个商和余数，然后用商再除以 R，得到一个新商和一个新的余数，再将新商除以 R，这样不断进行下去，直到所得的商为 0 为止。下面举例来说明。

【例7-2】

```
2 | 35          余数
2 | 17  …… 1
2 |  8  …… 1
2 |  4  …… 0        8 | 210          余数
2 |  2  …… 0        8 |  26  …… 2      16 | 160          余数
2 |  1  …… 0        8 |   3  …… 2      16 |  10  …… 0
    0  …… 1             0  …… 3             0  …… A
```

即 $(35)_{10} = (100011)_2$ $(210)_{10} = (322)_8$ $(160)_{10} = (A0)_{16}$

3）二进制数与八进制数之间的转换。因为 $2^3=8$，所以二进制与八进制间的转换方法，是将三位二进制数看作一位八进制数。具体来说，就是以小数点为分界，整数部分从低位到高位分组，每三位代表一位八进制数，最高位不足三个则补 0；小数部分从低位到高位分组，每三位代表一位八进制数，最低位不够三个则补 0。最后对应得到八进制数，下面举例说明。

【例7-3】 将二进制数 $(10101110.0100111)_2$ 转换为八进制数。

解： 根据上述方法，

   010   101   110   .   010   011   100
   ↓   ↓   ↓   ↓   ↓   ↓
   2   5   6   .   2   3   4

所以，$(10101110.0100111)_2 = (256.234)_8$

若将八进制数转换为二进制数，即为上述方法的逆过程，举例说明。

【例7-4】 将八进制数 $(153.521)_8$ 转换为二进制数。

解：   1   5   3   .   5   2   1
    ↓   ↓   ↓   ↓   ↓   ↓
   001   101   011   .   101   010   001

所以，$(153.521)_8 = (1101011.101010001)_2$

4）二进制数与十六进制数之间的转换。因为 $2^4=16$，所以二进制数与十六进制数间的转换方法与二进制数与八进制数之间的转换方法类似，就是将四位二进制数看作一位十六进制数。具体来说，若要把二进制数转换为十六进制数，就以小数点为分界，整数部分从低位到高位分组，每四位代表一位十六进制数，最高位不足四个则补 0；小数部分从低位到高位分组，每四位代表一位十六进制数，最低位不够四个则补 0。最后对应得到十六进制数，下面举例说明。

【例7-5】 将二进制数 $(1110101100.010010111)_2$ 转换为十六进制数。

解： 0011   1010   1100   .   0100   1011   1000
    ↓   ↓   ↓   ↓   ↓   ↓
    3   10   12   .   4   11   8

所以，$(1110101100.010010111)_2 = (3AC.4B8)_{16}$

【例7-6】 将十六进制数 $(5F1.38B)_{16}$ 转换为二进制数。

解： 5   15   1   .   3   8   11
    ↓   ↓   ↓   ↓   ↓   ↓
   0101   1111   0001   .   0011   1000   1011

所以，$(5F1.38B)_{16} = (10111110001.001110001011)_2$

2. 码制

在数字系统中,任何数据和信息都是用代码来表示的。在二进制中只有两个符号 0 和 1,将若干个二进制代码 0 和 1 按二进制规则排列起来表示某种特定含义的代码称为二进制代码,或称二进制码。由于二进制数机器容易实现,所以数字设备常采用二进制。但人们对十进制熟悉,对二进制不习惯,所以需要用二进制数对十进制数编码,即二-十进制码(Binary Code Decimal),也就是 BCD 码。这种码既有二进制数的形式,又有十进制数的特点,便于人们理解和数字系统的处理。

一个十进制数有 0~9 十个不同的数码,因此需要四位二进制数才能表示。但四位二进制数共有 $2^4=16$ 种不同的表示方法,所以要从这 16 种表示中取出 10 种来编码,于是出现了很多种编码方式。一般分为有权码和无权码,有权码是指四位二进制数中每一位都有自己对应的权,而无权码的四位二进制数中每一位则没有固定的权,遵循其他的规则。常用的 BCD 码有 8421 码、2421 码、5421 码等,为有权码。还有余三码、格雷码等,为无权码。下面介绍最常用的 8421 码。

8421 码是一种有权码,是最常见的 BCD 码。它用四位二进制数来表示一位等值的十进制数。且四位二进制数的权由高到低分别为:8、4、2、1,因此在四位二进制数的 16 种组合中,只用到前十种,后面六种用不到,8421 码的编码表见表 7-1。

表 7-1 8421 码编码表

十进制数	0	1	2	3	4	5	6	7	8	9
8421 码	0000	0001	0010	0011	0100	0101	0110	0111	1000	1001

下面举例说明。

【例 7-7】 将十进制数 $(69.27)_{10}$ 转换为 8421 码。

解:将每位十进制数用四位二进制数表示出来。

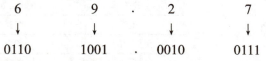

所以,$(69.27)_{10}=(01101001.00100111)_{8421\text{码}}$

小提示:4 位二进制数码有 16 种组合,原则上可任选其中的 10 种作为代码,分别代表十进制中的 0、1、2、3、4、5、6、7、8、9 这十个数符,8421 码只是其中一种,除 8421 码外还有 2421 码和 5421 码等 BCD 码。

任务 7.2 逻辑门电路的认识

【任务引入】

在数字电路中,数字信号的高、低电平可以看成是逻辑关系上的"真"与"假"或二进制数当中的"1"和"0",因此数字电路可以方便地实现逻辑运算。在数字电路中,用以实现基本逻辑运算和复合逻辑运算的单元电路称为门电路，这些电路就像"门"一样，以一定的条件"开"或"关"，所以称为门电路。

【知识链接】

逻辑代数也称为布尔代数，是研究数字逻辑电路的基本工具。逻辑代数的变量只有 0 和 1 两种取值，而且它的取值也已经没有数量上的意义了，而是代表两种不同的状态。用 1 表示高电平，用 0 表示低电平时，称为正逻辑；用 0 表示高电平，用 1 表示低电平时，称为负逻辑。如未特别说明，则一律为正逻辑。

基本的逻辑关系有与逻辑、或逻辑和非逻辑三种。与之对应的逻辑运算为与运算、或运算、非运算。用以实现基本逻辑运算和复合逻辑运算的电子电路称为逻辑门电路。常用的逻辑门电路有与门、或门、非门、与非门、或非门、异或门和同或门等。它们是组成各种数字系统的基本逻辑门电路。

7.2.1 基本逻辑门电路的认识

1. 与逻辑

与逻辑的含义是：只有当决定某一事情的全部条件都成立时，事情才发生，否则不发生。逻辑与运算可用开关电路中两个开关相串联的例子来说明。

基本逻辑门电路

图 7-2 所示，用两个开关 A 和 B 串联来控制一盏电灯 F，只有当两个开关 A 和 B 均闭合时，灯才亮。只要开关 A、B 中任何一个断开或两个开关都断开，灯就不会亮。开关 A、B 所有可能的动作方式见表 7-2，此表称为状态表。

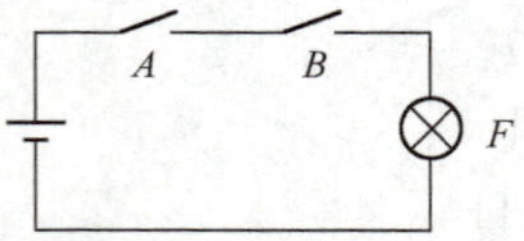

图 7-2 与运算电路

表 7-2 状态表

开关 A	开关 B	灯 F
断开	断开	灭
断开	闭合	灭
闭合	断开	灭
闭合	闭合	亮

如果设定逻辑变量 A、B 和 F 的状态，开关闭合为逻辑 1、开关断开为逻辑 0；灯亮为逻辑 1，灯灭为逻辑 0，则可以把 A、B 作为输入变量，F 作为输出变量，并用表 7-3 列出输入变量 A 和 B 的各种取值组合和输出变量 F 的一一对应关系，这种用表格形式列出的逻辑关系，称作真值表。

"与"运算的逻辑表达式为

$$F = A \cdot B$$

式中，乘号"·"表示与运算，在不至于引起混淆的前提下，乘号"·"经常被省略。该式可读作：F 等于 A 乘 B，也可读作：F 等于 A 与 B。

与逻辑的概念可以推广到多个变量的情况，规律

表 7-3 "与"运算真值表

A	B	$F = A \cdot B$
0	0	0
0	1	0
1	0	0
1	1	1

是不变的，即：只有条件全部为 1 时，结果才为 1，只要有一个条件为 0，结果就为 0。简单地记为：有 0 出 0，全 1 出 1。

$$0 \cdot 0 = 0$$
$$0 \cdot 1 = 1 \cdot 0 = 0$$
$$1 \cdot 1 = 1$$

由此可推出其一般形式为

$$A \cdot 0 = 0$$
$$A \cdot 1 = A$$
$$A \cdot A = A$$

实现"与"逻辑运算功能的电路称为"与门"。每个与门有两个或两个以上的输入端和一个输出端，图 7-3 是两输入端与门的逻辑符号。在实际应用中，制造工艺限制了与门电路的输入变量数目，所以实际与门电路的输入个数是有限的。其他门电路中同样如此。

图 7-3　与门逻辑符号

2. 或逻辑

逻辑或的含义是：只要当决定某一事情的全部条件中，有一个或一个以上成立时，事情就发生，只有当全部条件都不成立时，事情才不发生。逻辑或运算可用开关电路中两个开关相并联的例子来说明。

图 7-4 所示，用两个开关 A 和 B 并联来控制一盏电灯 F，可见，只要开关 A 和 B 中有闭合的，灯就亮。只有开关 A 和 B 都断开，灯才灭。设定电灯亮为 1，灭为 0，开关闭合为 1，断开为 0。直接列出"或"运算的真值表见表 7-4。

表 7-4　"或"运算真值表

A	B	F = A + B
0	0	0
0	1	1
1	0	1
1	1	1

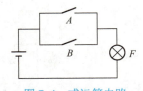

图 7-4　或运算电路

"或"运算的逻辑表达式为

$$F = A + B$$

式中，加号"+"表示"或"运算。该式可读作：F 等于 A 或 B。

或逻辑的概念同样可以推广到多个变量的情况，规律是不变的，即：只有条件全部为 0 时，结果才为 0，只要有一个条件为 1，结果就为 1。简单地记为：有 1 出 1，全 0 出 0。

$$0 + 0 = 0$$
$$0 + 1 = 1 + 0 = 1$$
$$1 + 1 = 1$$

由此可推出其一般形式为

$$A+0=A$$
$$A+1=1$$
$$A+A=A$$

实现"或"逻辑运算功能的电路称为"或门"。每个或门有两个或两个以上的输入端和一个输出端,图 7-5 是两输入端或门的逻辑符号。

图 7-5　或门逻辑符号

3. 非逻辑

非逻辑的含义是:当某一条件具备了,事情不会发生;而当条件不具备时,事情反而会发生,这种因果关系称为非逻辑。逻辑"非"运算也可用开关电路来说明。

图 7-6 所示,当开关 A 闭合时,电灯 F 被短路;当开关 A 断开时,电灯 F 接通。可见电灯 F 的逻辑状态与开关 A 总是相反的。设电灯接通为 1,短路为 0,开关闭合为 1,断开为 0,则其真值表见表 7-5。

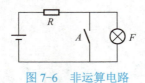

图 7-6　非运算电路

表 7-5　"非"运算真值表

A	$F=\overline{A}$
0	1
1	0

"非"运算的逻辑表达式为

$$F=\overline{A}$$

式中,字母上方的横线"—"表示"非"运算。该式可读作:F 等于 A 非。

非运算的规律是:有 0 出 1,有 1 出 0。

$$\overline{0}=0$$
$$\overline{1}=0$$

由此可推出其一般形式为

$$\overline{\overline{A}}=A$$
$$A+\overline{A}=1$$
$$A\cdot\overline{A}=0$$

实现"非"逻辑运算功能的电路称为"非门"。非门也叫反相器。每个非门有一个输入端和一个输出端。图 7-7 是非门的逻辑符号。

图 7-7　非门的逻辑符号

7.2.2　常用复合逻辑门电路的认识

除了这三种基本的逻辑门以外,还可以将它们构成功能更复杂的逻辑门,常见的有与非门、或非门、与或非门、异或门、同或门等。下面逐一介绍这些复合门电路的逻辑关系、电路符号及相关特性。

1. 与非逻辑

"与"运算后再进行"非"运算的复合运算称为"与非"运算,与非运算的逻辑关系表达式为

$$F=\overline{A\cdot B}$$

与非逻辑的真值表见表 7-6。与非逻辑的运算规则为：有 0 出 1，全 1 出 0。实现"与非"运算的逻辑电路称为与非门。与非门是一种通用逻辑门，一个与非门有两个或两个以上的输入端和一个输出端，两输入端与非门的逻辑符号如图 7-8 所示。

图 7-8　与非门逻辑符号

表 7-6　"与非"门真值表

A	B	$F = \overline{A \cdot B}$
0	0	1
0	1	1
1	0	1
1	1	0

2. 或非逻辑

"或"运算后再进行"非"运算的复合运算称为"或非"运算，或非逻辑的逻辑关系表达式为

$$F = \overline{A + B}$$

或非逻辑的真值表见表 7-7。或非逻辑的运算规则为：有 1 出 0，全 0 出 1。实现"或非"运算的逻辑电路称为或非门。或非门也是一种通用逻辑门，一个或非门有两个或两个以上的输入端和一个输出端，两输入端或非门的逻辑符号如图 7-9 所示。

图 7-9　或非门的逻辑符号

表 7-7　"或非"门真值表

A	B	$F = \overline{A + B}$
0	0	1
0	1	0
1	0	0
1	1	0

3. 异或逻辑

对于二输入变量的"异或"逻辑，当两个输入端取值不同时，输出为"1"；当两个输入端取值相同时，输出端为"0"，符号"⊕"读作异或。

相应的逻辑表达式为

$$F = A \oplus B = \overline{A}B + A\overline{B}$$

异或逻辑的真值表见表 7-8。异或逻辑的运算规则为：相同出 0，不同出 1。实现"异或"逻辑运算的逻辑电路称为异或门。图 7-10 所示为二输入异或门的逻辑符号。

图 7-10　异或门逻辑符号

表 7-8　二输入"异或"门真值表

A	B	$F = A \oplus B$
0	0	0
0	1	1
1	0	1
1	1	0

4. 同或逻辑

对于二输入变量的"同或"逻辑，当两个输入端取值不同时，输出为"0"；当两个输入端取值相同时，输出端为"1"。同或逻辑即为"异或"运算之后再进行"非"运算，符号"⊙"读作同或。

二变量同或运算的逻辑表达式为

$$F = A \odot B = \overline{A \oplus B} = \overline{A}\,\overline{B} + AB$$

同或逻辑的真值表见表 7-9。同或逻辑的运算规则为：相同出 1，不同出 0。实现"同或"运算的电路称为同或门。同或门的逻辑符号如图 7-11 所示。

图 7-11　同或门逻辑符号

表 7-9　二变量"同或"门真值表

A	B	$F = A \odot B$
0	0	1
0	1	0
1	0	0
1	1	1

小提示：实际的逻辑问题往往要比与、或、非逻辑复杂，不过它们都可以用与、或、非逻辑的组合来实现。

任务 7.3　逻辑函数表示方法的认知

【任务引入】

逻辑代数中，用以描述逻辑关系的函数称为逻辑函数。前面讨论的与、或、非、与非、或非、异或都是逻辑函数。逻辑函数是从生活和生产实践中抽象出来的，但是只有那些能明确地用"是"或"否"做出回答的事物，才能定义为逻辑函数。

【知识链接】

逻辑函数的表示方法通常有三种：真值表、逻辑表达式、逻辑图。它们各有特点，又可以相互转换。

7.3.1　逻辑函数的表示方法及相互转换

1. 逻辑函数的表示方法

（1）真值表

真值表是将输入逻辑变量的所有可能取值与相应的输出变量函数值排列在一起而组成的表格。真值表列写方法：每个输入变量有 0 和 1 两种取值，因此，当有 n 个输入变量时，就有 2^n 个不同的取值组合，将这 2^n 种不同的取值按顺序（一般按二进制递增规律）排列起来，同时在相应位置上填入函数的值，便可得到逻辑函数的真值表。真值表具有唯一性，其优点是：直观明了，便于将实际逻辑问题抽象成数学表达式。缺点是：难以用公式和定理进行运算和变换；量较多时，列函数真值表较烦琐。

（2）逻辑函数式

用与、或、非等基本逻辑运算表示逻辑函数输入与输出之间逻辑关系的表达式称为逻辑函数式。逻辑函数表达形式不是唯一的。其优点是：书写简洁方便，易用公式和定理进行运算、变换。缺点是：逻辑函数较复杂时，难以直接从变量取值看出函数的值。

(3) 逻辑图

用基本逻辑门和复合逻辑门符号组成的能完成某一逻辑功能的电路图称为逻辑图。同一种逻辑功能可用不同的逻辑电路图表示，因此逻辑图不具有唯一性。其优点是：最接近实际电路。

2. 逻辑函数各种表示形式的相互转换

(1) 由真值表写逻辑函数式

由真值表写逻辑函数式的方法是：将表中函数值为 1 的所有组合找出，在每一组合中，输入变量取值为"0"写成反变量，为"1"的写成原变量，这样一个组合就得到一个"与"项，再把这些"与"项写成"或"（逻辑加）的形式即得函数式。

(2) 由逻辑函数式列真值表

由逻辑函数式列真值表的方法是：首先将函数中变量各种可能取值（真值）全部列写出来，再将每一真值组合代入函数式，计算出函数值，并将输入变量与函数值一一对应地列成表格，即得函数的真值表。

(3) 由逻辑图写出逻辑函数式

由逻辑图写出逻辑函数式的方法是：从输入端着手，逐级写出各级输出端的函数式，最后得到该逻辑图所表达的逻辑函数。

(4) 由逻辑函数式画出逻辑图

由逻辑函数式画出逻辑图的方法是：将表达式中的"与""或"和"非"等基本逻辑运算用相应的逻辑符号表示，并将它们按运算的先后顺序连接起来。

【例 7-8】 已知逻辑函数真值表（表 7-10），试写出它的逻辑函数式，并画出逻辑图。

解： 将真值表中输出 $Y=1$ 所对应的输入变量写成与项，然后进行逻辑或，便可得到逻辑函数表达式为 $Y = \overline{A}\,\overline{B}\,\overline{C} + ABC$。

根据逻辑函数式，可以画出逻辑图，如图 7-12 所示。

表 7-10 例 7-8 真值表

A	B	C	Y
0	0	0	1
0	0	1	0
0	1	0	0
0	1	1	0
1	0	0	0
1	0	1	0
1	1	0	0
1	1	1	1

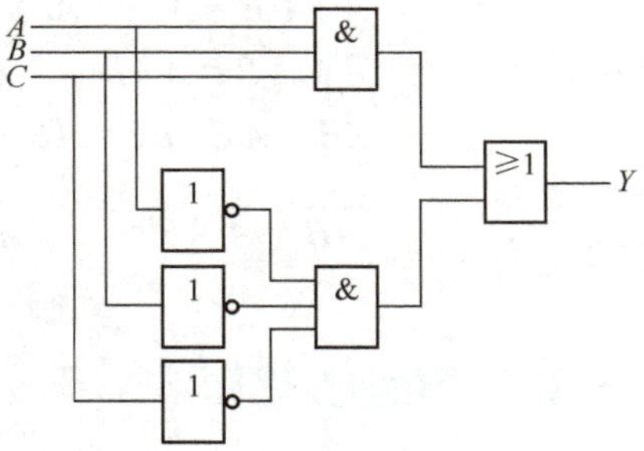

图 7-12 例 7-8 逻辑图

【例 7-9】 已知逻辑图如图 7-13 所示，列出输出 Y 的逻辑函数式和真值表。

解： 从输入到输出，用逐级推导的方法，可以写出逻辑函数式为：$Y = AB + AC + BC$，由表达式经过计算，可以列出真值表见表 7-11。

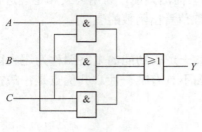

图 7-13 例 7-9 逻辑图

表 7-11 例 7-9 真值表

A	B	C	Y
0	0	0	1
0	0	1	0
0	1	0	0
0	1	1	0
1	0	0	0
1	0	1	0
1	1	0	0
1	1	1	1

 小提示：逻辑运算中的 0 和 1 代表一种逻辑状态，无数量含义。

7.3.2 逻辑代数的基本公式及规则

逻辑代数的基本公式是一些不需要证明的、可以直接使用的恒等式。它们是逻辑代数的基础，利用这些基本公式可以化简逻辑函数式，还可以用来证明一些基本定律。

1. 逻辑代数的基本公式

名称	与运算	或运算	非运算
逻辑常量	$0 \cdot 0 = 0$ $0 \cdot 1 = 0$ $1 \cdot 0 = 0$ $1 \cdot 1 = 1$	$0 + 0 = 0$ $0 + 1 = 1$ $1 + 0 = 1$ $1 + 1 = 1$	$\bar{0} = 1$ $\bar{1} = 0$
逻辑变量	$A \cdot 0 = 0$ $A \cdot 1 = A$ $A \cdot A = A$ $A \cdot \bar{A} = 0$	$A + 0 = A$ $A + 1 = 1$ $A + A = A$ $A + \bar{A} = 1$	$\bar{\bar{A}} = A$

2. 逻辑代数的基本定律

交换律　　　　$A \cdot B = B \cdot A$;　　$A + B = B + A$

结合律　　　　$A(B \cdot C) = (A \cdot B)C$;　　$A + (B + C) = (A + B) + C$

分配律　　　　$A(B + C) = A \cdot B + A \cdot C$;　　$A + B \cdot C = (A+B)(A+C)$

　　　　　　　$A + A \cdot B = A$;　　$A(A + B) = A$

吸收律　　　　$A + \bar{A}B = A + B$;　　$A(\bar{A} + B) = A \cdot B$

　　　　　　　$AB + \bar{A}C + BC = AB + \bar{A}C$;　　$(A+B)(\bar{A}+C)(B+C) = (A+B)(\bar{A}+C)$

反演律　　　　$\overline{AB} = \bar{A} + \bar{B}$;　　　$\overline{A + B} = \bar{A}\bar{B}$
（摩根定律）

7.3.3 逻辑函数化简

在进行逻辑运算时，常会遇到这样的情况，同一个逻辑函数可以写成不同的表达形式，它们的繁简程度大不相同，一般来说，逻辑函数式越简单，它所体现的逻辑关系就越清晰，用数字电路器件实现起来就越容易，这样既可以节省元器件、优化生产工艺、降低成本，同时又提高了电路工作的可靠性。因此，在分析和设计数字电路时，常常需要对得到的逻辑函数式进行化简。下面介绍两种常用的逻辑函数化简方法。

1. 公式法化简

利用逻辑代数中的基本公式，对给出的逻辑函数式进行化简。

特点：无固定的步骤，有时无法确定得到的结果是否为最简。

（1）合并法

运用基本公式 $A+\overline{A}=1$，将两项合并为一项，同时消去一个变量。

例如：$Y = ABC + \overline{A}BC + \overline{BC} = BC(A+\overline{A}) + \overline{BC} = BC + \overline{BC} = 1$

$Y = AB\overline{C} + \overline{A}B + AB\overline{C} = B(AC+\overline{A}+A\overline{C}) = B$

（2）吸收法

运用吸收律 $A+AB=A$ 及 $AB+\overline{A}C+BC=AB+\overline{A}C$，消去多余的与项。

例如：$Y = A\overline{B} + A\overline{B}CD(E+F) = A\overline{B}$

$Y = A\overline{B}D + \overline{A}\overline{B}C + CD = A\overline{B}D + \overline{\overline{A}\overline{B}C}$

（3）消去法

运用吸收律 $A+\overline{A}B = A+B$，消去多余因子。

例如：$F= AB + \overline{A}C + \overline{B}C = AB + (\overline{A}+\overline{B})C = AB + \overline{AB}C = AB + C$

（4）配项法

在不能直接运用公式、定律化简时，可以通过 $A+\overline{A}=1$ 进行配项，将某个与项变为两项，再和其他项合并，以进一步简化。

例如：

$$Y = \overline{A}\overline{B} + \overline{B}\overline{C} + BC + AB = \overline{A}\overline{B}(C+\overline{C}) + \overline{B}\overline{C} + BC(A+\overline{A}) + AB$$
$$= \overline{A}\overline{B}C + \overline{A}\overline{B}\overline{C} + \overline{B}\overline{C} + ABC + \overline{A}BC + AB$$
$$= AB + \overline{B}\overline{C} + \overline{A}C(B+\overline{B}) = AB + \overline{B}\overline{C} + \overline{A}C$$

2. 卡诺图化简

卡诺图化简又称为最小项方格图法，是一种借助图形，根据固定的规则对逻辑函数式进行化简的方法。

特点：直观简便，规则固定、易掌握，容易得到最简结果。

（1）最小项

1）最小项的定义。

如果一个具有 n 个变量的逻辑函数的"与项"包含全部 n 个变量，每个变量以原变量或反变量的形式出现，且仅出现一次，则这种"与项"被称为最小项。

对两个变量 A、B 来说，可以构成 4 个最小项：$\overline{AB}$、$\overline{A}B$、$A\overline{B}$、AB；对 3 个变量 A、B、C 来说，可构成 8 个最小项：$\overline{A}\overline{B}\overline{C}$、$\overline{A}\overline{B}C$、$\overline{A}B\overline{C}$、$\overline{A}BC$、$A\overline{B}\overline{C}$、$A\overline{B}C$、$AB\overline{C}$ 和 ABC；同理，对 n 个变量来说，可以构成 2^n 个最小项。

2）最小项的编号。

最小项通常用符号 m_i 表示，i 是最小项的编号，是一个十进制数。确定 i 的方法是：首先将最小项中的变量按顺序 A, B, C, D, …排列好，然后将最小项中的原变量用 1 表示，反变量用 0 表示，这时最小项表示的二进制数对应的十进制数就是该最小项的编号。例如，对三变量的最小项来说，ABC 的编号是 7，符号用 m_7 表示，$A\overline{B}C$ 的编号是 5 符号用 m_5 表示。表 7-12 为三变量最小项对应表。

表 7-12 三变量全部最小项的真值表

A B C	m_0	m_1	m_2	m_3	m_4	m_5	m_6	m_7
0 0 0	1	0	0	0	0	0	0	0
0 0 1	0	1	0	0	0	0	0	0
0 1 0	0	0	1	0	0	0	0	0
0 1 1	0	0	0	1	0	0	0	0
1 0 0	0	0	0	0	1	0	0	0
1 0 1	0	0	0	0	0	1	0	0
1 1 0	0	0	0	0	0	0	1	0
1 1 1	0	0	0	0	0	0	0	1

3) 最小项表达式。

如果一个逻辑函数式是由最小项构成的与或式,则这种表达式称为逻辑函数的最小项表达式,也叫标准与或式。例如: $F = \overline{ABCD} + AB\overline{CD} + ABCD$ 是一个四变量的最小项表达式。对一个最小项表达式可以采用简写的方式,例如

$$F(A,B,C) = \overline{AB}C + A\overline{B}C + ABC = m_2 + m_5 + m_7 = \sum m(2,5,7)$$

要写出一个逻辑函数的最小项表达式,可以有多种方法,但最简单的方法是先给出逻辑函数的真值表,将真值表中能使逻辑函数取值为 1 的各个最小项相或就可以了。

(2) 卡诺图的绘制方法

对于一个 n 变量的逻辑函数,它的卡诺图是由 2^n 个小格子组成的图形,每个小格子代表函数的一个最小项。卡诺图几何对称线为卡诺图的轴线,相邻或关于轴对称小方格代表的最小项只有一个变量不同,且变量互补,其余变量均相同,称为逻辑相邻项。图 7-14 所示分别为二、三、四变量卡诺图。

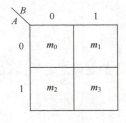
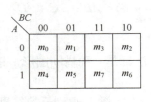

图 7-14 二、三、四变量卡诺图

由图 7-14 所示可见,为了相邻的最小项具有逻辑相邻性,变量的取值不能按 00→01→10→11 的顺序排列,而要按 00→01→11→10 的循环码顺序排列。这样才能保证任何几何位置相邻的最小项是逻辑相邻项。

(3) 用卡诺图表示逻辑函数

由逻辑代数的基本公式可知,任何一个逻辑函数都能用若干个最小项的逻辑或运算来表示,而卡诺图中的每个小方格都代表一个最小项,因此,可以把一个逻辑函数表示在卡诺图上。具体的步骤如下:

1) 将逻辑函数转换为最小项之间逻辑或运算的形式。

2) 针对输入变量的个数,画出相应卡诺图(方格数为 2^n 个,方格外标注变量取值)。

3) 在卡诺图上,将逻辑函数中包含的最小项对应的方格中填入 1,没有包含的最小项对应

的方格内填 0 或不填，就可以得到逻辑函数卡诺图。

【例 7-10】 已知函数 $F(A,B,C,D)=\sum m(1,4,6,8,9,14)$，用卡诺图表示该逻辑函数。

解： 函数以最小项标准表达式形式给出，只要将与最小项下标相同编号的小格子里填 1，其余填 0 即可，如图 7-15 所示。

【例 7-11】 已知函数 $F(A,B,C)=AB+\overline{B}C+AC$，用卡诺图表示该逻辑函数。

解： 因为给出的函数不是最小项标准形式，可以列出函数的真值表，再根据真值表完成卡诺图；或者将函数化成标准形式，再利用标准形式与卡诺图的关系完成卡诺图。但是这两种方法尤其是对变量较多的函数，比较麻烦。所以通常采用的方法是：将 $AB=1$，$\overline{B}C=1$，$AC=1$ 所对应的小格子都填 1，其余填 0 即可，如图 7-16 所示。

AB \ CD	00	01	11	10
00	0	1	0	0
01	1	0	0	1
11	0	0	0	1
10	1	1	0	0

图 7-15　例 7-10 的卡诺图

A \ BC	00	01	11	10
0	0	1	1	0
1	0	1	1	1

图 7-16　例 7-11 的卡诺图

（4）用卡诺图进行化简

卡诺图中逻辑相邻的小格子所代表的项之间有且只有一个变量不同。这是用卡诺图化简逻辑函数的基础。将相邻的两个小格子所代表的最小项相加，便可以消去那个不相同的项。以下面表达式为例，用公式法化简该卡诺图代表的逻辑函数为

$$\begin{aligned}F(A,B,C)&=\sum m(1,3)\\&=\overline{A}\,\overline{B}C+\overline{A}BC\\&=\overline{A}C(B+\overline{B})\\&=\overline{A}C\end{aligned}$$

而用卡诺图化简的方法是（见图 7-17）：将图中相邻的两个 1 项圈起来，代表将这两个 1 项相加。可见在这两项中，A 都为反变量，C 都为原变量，只有 B 不同，所以圈起来后，B 的原变量和反变量消去了，化简的结果为

$$F(A,B,C)=\overline{A}C$$

A \ BC	00	01	11	10
0	0	1	1	0
1	0	0	0	0

图 7-17　卡诺图化简

由此可见，卡诺图化简的过程可以概括为“画圈”→“消变量”。为了得到正确的化简结果，并将逻辑函数式化为最简，“画圈”有以下原则：

① 在卡诺图中，每个圈圈住的 1 项个数必须是 2^n 个，（其中，n=0，1，2，…）。

② 圈包围的最小项必须是逻辑相邻的。

③ 卡诺图中出现的每一个 1 项都必须被圈过至少一次。

④ 1 项可以重复圈，但每个圈内至少要有一个 1 项是独有的，否则该圈是多余的。

⑤ 为了将函数化到最简，要求卡诺图中所画的圈越大越好、数量越少越好。

根据上面的化简规则，来看几个例题。

【例 7-12】 用卡诺图化简逻辑函数 $F = \overline{A}\,\overline{B}\,\overline{C} + \overline{A}\,\overline{B}C + \overline{A}B\overline{C} + \overline{A}BC + AB\overline{C} = \sum m(0,1,2,3,6)$。

首先将逻辑函数用卡诺图表示，然后根据画圈原则进行画圈，如图 7-18 所示。

圈内合并后，该卡诺图化简的结果为

$$Y = \overline{A} + B\overline{C}$$

【例 7-13】 用卡诺图化简逻辑函数 $F(A,B,C,D) = \sum m(1,5,6,7,11,12,13,15)$。

解：将逻辑函数用卡诺图表示后，发现有四个相邻的 1 项，没有孤立的 1 项。若首先将四个相邻的 1 项圈起来，再将其他 1 项与相邻项圈起来，就是如图 7-19a 所示的情形。

可见，四个 1 项的大圈里所有的项都被圈过了两次，所以中间的大圈是多余的冗余项，应该去掉，如图 7-19b 所示。

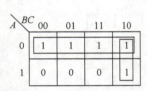

图 7-18　例 7-12 的卡诺图

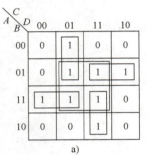
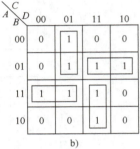

图 7-19　例 7-13 卡诺图

a) 例 7-13 卡诺图的错误圈法　b) 例 7-13 卡诺图的正确圈法

该卡诺图化简结果为

$$F(A,B,C,D) = \overline{A}\,\overline{C}D + \overline{A}BC + AB\overline{C} + ACD$$

所以，在圈卡诺图时，最好先找出孤立的 1 项圈住，然后找出只有一种圈法的项将其圈住，再将剩余的项以尽可能大圈的方式圈住。不论以任何方法圈完卡诺图后，都要认真检查一下，看有没有多余的圈和未被圈过的 1 项。

任务 7.4　组合逻辑电路的分析与设计

【任务引入】

数字电路根据逻辑功能的不同可分为组合逻辑电路（简称组合电路）和时序逻辑电路（简称时序电路）两大类。组合逻辑电路是数字电路中最简单的一类逻辑电路，其特点是功能上无记忆，结构上无反馈。

【知识链接】

组合逻辑电路是电路任一时刻的输出状态只决定于该时刻各输入状态的组合，而与电路原来的状态无关。

7.4.1 组合逻辑电路的特点

组合逻辑电路是由门电路组合而成的,可以有一个或多个输入端,也可以有一个或多个输出端。组合逻辑电路的示意图如图 7-20 所示。

图 7-20 组合逻辑电路的示意图

7.4.2 组合逻辑电路的分析

所谓组合逻辑电路的分析,就是根据给定的逻辑电路图,确定其逻辑功能。分析组合逻辑电路的目的是确定已知电路的逻辑功能或者检查电路设计是否合理。

组合逻辑电路通常采用的分析步骤如下:
1)根据给定逻辑电路图,写出逻辑函数表达式。
2)化简逻辑函数表达式。
3)根据最简逻辑表达式列真值表。
4)观察真值表中输出与输入的关系,描述电路逻辑功能。

【例 7-14】 组合电路如图 7-21 所示,分析该电路的逻辑功能。

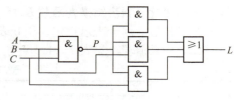

图 7-21 例 7-14 电路图

解:(1)由逻辑图逐级写出逻辑表达式。为了写表达式方便,借助中间变量 P,即

$$P = \overline{ABC}$$

$$L = AP + BP + CP$$
$$= A\overline{ABC} + B\overline{ABC} + C\overline{ABC}$$

(2)化简与变换。因为下一步要列真值表,所以要通过化简与变换,使表达式有利于列真值表,一般应变换成与或式或最小项表达式,即

$$L = \overline{ABC}(A+B+C) = \overline{\overline{ABC} + \overline{A+B+C}} = \overline{\overline{ABC} + \overline{A}\,\overline{B}\,\overline{C}}$$

(3)由表达式列出真值表,见表 7-13。经过化简与变换的表达式为两个最小项之和的非,所以很容易列出真值表。

表 7-13 真值表

A	B	C	L	A	B	C	L
0	0	0	0	1	0	0	1
0	0	1	1	1	0	1	1
0	1	0	1	1	1	0	1
0	1	1	1	1	1	1	0

(4)分析逻辑功能。由真值表可知,当 A、B、C 三个变量不一致时,电路输出为"1",所以这个电路称为"不一致电路"。

上例中输出变量只有一个,对于多输出变量的组合逻辑电路,分析方法完全相同。

7.4.3 组合逻辑电路的设计

与分析过程相反,组合逻辑电路的设计是根据给定的实际逻辑问题,求出实现其逻辑功能的最简逻辑电路。

组合逻辑电路的设计步骤如下：

1）分析设计要求，设置输入变量和输出变量并逻辑赋值。

2）列真值表，根据上述分析和赋值情况，将输入变量的所有取值组合和与之相对应的输出函数值列表，即得真值表。

3）写出逻辑表达式并化简。

4）画逻辑电路图。

组合逻辑电路的设计一般应以电路简单、所用器件最少为目标，并尽量减少所用集成器件的种类，因此在设计过程中要用到前面介绍的公式法和卡诺图法来化简或转换逻辑函数。

【例 7-15】 设计一个三人表决电路，结果按"少数服从多数"的原则决定。

解：(1) 分析设计要求，设输入、输出变量并逻辑赋值。

输入变量：三人的意见为变量 A、B、C。

输出变量：表决结果为函数 L。

逻辑赋值：用 1 表示肯定，用 0 表示否定。

(2) 列真值表，见表 7-14。

表 7-14 例 7-15 逻辑真值表

A	B	C	L	A	B	C	L
0	0	0	0	1	0	0	0
0	0	1	0	1	0	1	1
0	1	0	0	1	1	0	1
0	1	1	1	1	1	1	1

(3) 由真值表写出逻辑函数表达式，即

$$L = \overline{A}BC + A\overline{B}C + AB\overline{C} + ABC$$

用卡诺图进行化简，得最简与-或表达式为

$$L = AB + BC + AC$$

(4) 画出逻辑图如图 7-22 所示。

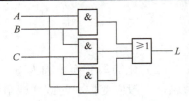

图 7-22 例 7-15 逻辑图

如果要求用与非门实现该逻辑电路，就应将表达式转换成与非-与非表达式，即

$$L = AB + BC + AC = \overline{\overline{AB} \cdot \overline{BC} \cdot \overline{AC}}$$

画出逻辑图如图 7-23 所示。

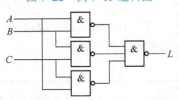

图 7-23 例 7-15 用与非门实现的逻辑图

任务 7.5 多人表决器电路的设计与制作

【任务引入】

表决器，是投票系统中的客户端，是一种代表投票或举手表决的表决装置。表决时，有关人员只要按动各自表决器上"赞成""反对""弃权"的某一按钮，荧光屏上即显示出表决结果。本次任务是设计并制作一个三人表决器。

【知识链接】

三人表决器是按照少数服从多数的原则，二人或二人以上同意即可通过，用门电路完成控制任务。

7.5.1 工作任务分析

实现三人表决器电路设计与制作，首先要搭建组合逻辑电路实现输入与输出的逻辑对应关系，通过逻辑关系的三种表示方式（真值表、表达式、逻辑电路图）之间相互转换及化简，得到任务所需要的电路图，最后按照一定的工艺要求完成三人表决器的电路焊接和调试。

前面例 7-15 已经分析了表决器电路逻辑关系并设计了输入输出间的逻辑关系图，这里采用与非门来实现，通过逻辑关系图绘制三人表决器的电路原理图如图 7-24 所示。

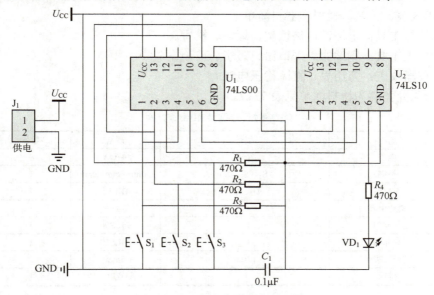

图 7-24 三人表决器电路原理图

7.5.2 工作任务实施

1. 任务分组

学生进行分组，选出组长，做好工作任务分工（见表 7-15）。

表 7-15 学生任务分配表

班级		组号		指导教师	
组长		学号			
组员					
任务分工					

2. 工作计划

（1）制定工作方案（见表 7-16）

表 7-16　工作方案

步骤	工作内容	负责人

（2）列出仪表、工具、耗材和器材清单

1）电路焊接工具：电烙铁、烙铁架、焊锡、松香。
2）制作加工工具：剥线钳、平口钳、镊子、剪刀。
3）测试仪器仪表：万用表、直流稳压电源。

本任务所用元器件和材料清单见表 7-17。

表 7-17　元器件和材料清单

序号	名称	型号	规格	数量	备注
1	电阻	R_1-R_4	470Ω	4	
2	按键	S_1、S_2、S_3	5mm×5mm×6mm	3	
3	IC座	U_1、U_2	DIP14	2	
4	瓷片电容	C_1	0.1μF	1	
5	与非门	U_1	74LS00	1	
6	与非门	U_2	74LS10	1	
7	发光二极管	LED_1	5mm	1	
8	排针	J_1	2P	1	

3. 工作决策

1）各组分别陈述设计方案，然后教师对重点内容详细讲解，帮助学生确定方案的可行性。
2）各组对其他组的方案提出自己不同的看法。
3）教师对问题与疑点积极引导，适时点拨，对学习困难学生积极鼓励，并适度助学。
4）教师结合学生完成的情况进行点评，选出最佳方案。

4. 工作实施

（1）元器件识别与检测

1）逻辑电平开关。采用 5mm×5mm×6mm 微动按键开关，引脚图如图 7-25 所示，可用万用表电阻档 R×1 测量开关是否良好。开关接通时阻值应接近 0Ω，断开时应为∞。

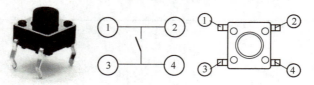

图 7-25　微动按键开关实物、引脚图

2）逻辑门电路。74LS00 芯片是常用的具有四组 2 输入端的与非门集成电路。74LS10 芯片是常用的具有三组 3 输入端的与非门集成电路，它们的作用都是实现与非逻辑，两者的外观相同,双列直插式封装外形图如图 7-26a 所示,其引脚排列分别如图 7-26b、c 所示。

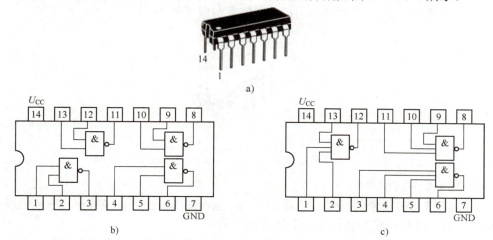

图 7-26 逻辑门电路

a) 双列直插式封装外形图　b) 74LS00 引脚排列　c) 74LS10 引脚排列

逻辑门电路的功能测试在数字实验箱上完成,将芯片的输入端接实验箱上的逻辑开关,输出接发光二极管,注意集成门电路的电源和地必须正确连接。通过改变实验箱上的逻辑开关改变输入的状态,观察输出端发光二极管的结果,来判断逻辑门电路是否完好。

(2) 电阻、发光二极管的检测

电阻、发光二极管和电解电容的识别与检测方法前面已经介绍过,此处不再介绍。

(3) 元件安装

按照由小到大,由低到高的顺序安装元器件。

1) 按工艺要求对元器件的引脚进行成型加工。

2) 安装焊接 3 个开关及 4 个电阻,注意电阻引脚整形,贴板安装,方向排列一致。

3) 将集成插座按要求焊接在印制电路板上,集成芯片的位置不能错,芯片上缺口标志与印制电路板上标志对应。注意焊接的时间不能太长,防止集成插座的塑料变形而损坏。安装焊接时集成块先不装,只安装焊接集成插座,检查电路连接无误后进行调试时再装上集成块。

4) 安装焊接电容 C_1 和发光二极管 LED,注意 LED 极性不能接反。

5) 最后焊接电源插座,制作后的实物如图 7-27 所示。

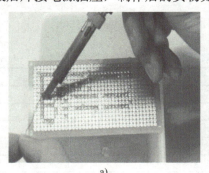

图 7-27 多人表决器

a) 焊接过程图　b) 多人表决器实物图

小提示：集成块引脚的识别方法是：如图 7-28 所示，将集成块正对准使用者，以凹口左边有一小标志点"·"为起始脚 1，逆时针方向向前数 1，2，3，…，n 引脚。

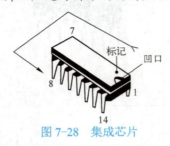

图 7-28 集成芯片

（4）电路调试与功能测试

1）对照电路图和实际线路检查连线是否正确，包括错接、少接、多接等。连接无误后安装上集成块，注意集成块的半圆切口方向不能装反。

2）用万用表电阻档检查焊接和接插是否良好，检查有无短路、漏焊、虚焊等；发光二极管和集成电路极性是否正确；电源端对地是否存在短路。图 7-29 所示为用万用表进行的直观检查，若电路经过上述检查确认无误后，可接通电源进行功能测试。

 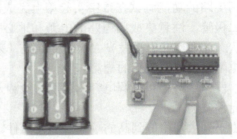

图 7-29 电路检测与调试

3）接通稳压电源设备的电源开关，调节稳压电源输出电压为三节电池 4.5V。注意：输出电压不能大于 5V，否则容易损坏集成块。按下输入端 S_1、S_2、S_3 按钮进行不同的组合，观察发光二极管的亮灭，验证电路的逻辑功能。如果输出结果与输入中多数一致，则表明电路功能正确，否则，电路可能有故障，需要检查线路连接有无错误；焊接是否良好，有无虚焊；集成块引脚是否正确插入集成插座中。

5. 评价反馈

本项任务的评分标准见表 7-18～表 7-20。

表 7-18 学生自评表

序号	任务	自评情况
1	任务是否按计划时间完成（10 分）	
2	理论知识掌握情况（15 分）	
3	电路设计、焊接、调试情况（20 分）	
4	任务完成情况（15 分）	
5	任务创新情况（20 分）	
6	职业素养情况（10 分）	
7	收获（10 分）	
	自评总分：	

表 7-19 小组互评表

序号	评价项目	小组互评
1	任务元器件、资料准备情况（10 分）	
2	完成速度和质量情况（15 分）	
3	电路设计、焊接质量、功能实现等（25 分）	
4	语言表达能力（15 分）	
5	团队合作情况（15 分）	
6	电工工具使用情况（20 分）	
	互评总分：	

表 7-20 教师评价表

序号	评价项目	教师评价
1	学习准备（5 分）	
2	引导问题（5 分）	
3	规范操作（15 分）	
4	完成质量（15 分）	
5	完成速度（10 分）	
6	6S 管理（15 分）	
7	参与讨论主动性（15 分）	
8	沟通协作（10 分）	
9	展示汇报（10 分）	
	教师评价总分：	
	项目最终得分：	

注：每项评分满分为 100 分；项目最终得分=学生自评 25%+小组互评 35%+教师评价 40%。

拓展阅读

中国的传统文化中已经有进制的使用，比如：二进制与中国古代的阴阳两极理论相似，八进制与中国的八卦图息息相关，秦朝时期就使用十六进制的杆秤，如图 7-30 所示。

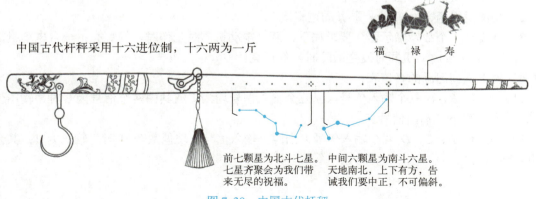

图 7-30 中国古代杆秤

根据前面的学习，我们知道 16 进制的基数是 16，使用从 0 到 9 和 A、B、C、D、E、F

共 16 个符号，表示所有的 16 进制数。16 进制计数有非常久远的历史，在我国有一个词语叫半斤八两，是表示两者差不多的意思，这个词语来源于中国秦朝时期的杆秤，秦朝的杆秤是十六两等于一斤，所以秦朝时期的重要单位"斤"和"两"的计算是使用 16 进制，那时十六两秤又叫作十六金星秤，是由北斗七星、南斗六星和福禄寿三星组成的十六两的秤星。前七颗星为北斗七星，告诫人们做买卖不能贪图钱财、不分是非。中间六颗星为天南地北、上下有方，告诫人类称东西要中正，不可偏斜。最后三个星代表福禄寿，少一两减寿，少二两少禄，少三两则损福，反之则添寿加禄增福。秤虽小却可以称人心、称人的道德品质。中国历史上第一位大统一王朝的皇帝用商品流通中使用的杆秤教育子民要遵纪守法，公平公正。到今天，我们的重要单位斤和两的计算，已经不再使用十六进制了，我们要学习十六进制的原因，更多的是因为在计算机及数字电路中的应用。

思考与练习

一、填空题

1. 数字信号通常是用_____的形式给出的。
2. 逻辑函数的表示方法通常有：_____、_____、_____、_____四种。
3. 完成下列的数制转换。

$(74)_{10}$=( )$_2$=( )$_{16}$=( )$_8$

$(11010)_2$=( )$_{16}$=( )$_{10}$=( )$_8$

$(3FF)_{16}$=( )$_2$=( )$_8$=( )$_{10}$

二、计算题

1. 用公式法化简下列逻辑函数：

（1）$Y = A\bar{B} + B + \bar{A}B$

（2）$Y = \overline{ABC} + A + \bar{B} + \bar{C}$

（3）$Y = \overline{A + B + C} + \overline{A\bar{B}C}$

（4）$Y = A\bar{B}CD + ABD + A\bar{C}D$

2. 画出逻辑函数 $Y = AB + \bar{A} \cdot \bar{B}$ 的逻辑图。

3. 试设计一个故障指示器，要求如下：两台电动机同时工作时，绿灯亮；一台电动机故障时，黄灯亮；两台电动机同时发生故障时，红灯亮。

4. 列出下列问题的真值表：

（1）有 A、B、C 三个输入信号，当三个输入信号均为 1 或其中两个信号为 0 时，输出信号 F=1；其余情况下，输出信号 F=0。

（2）有 A、B、C、D 四个输入信号，当四个输入信号出现偶数个 0 时，输出为 1；其余情况下，输出为 0。

项目 8　数字钟的制作与调试

【项目描述】

数字钟是一种用数字电路技术实现时、分、秒计时的钟表,以其显示的直观性、走时准确稳定而受到人们的欢迎,广泛应用于家庭、车站、码头、剧场等场合,给人们的生活、学习、工作、娱乐带来了极大的方便。数字钟的设计方法有许多种,例如可用中小规模集成电路组成数字钟,也可以利用专用的数字钟芯片配以显示电路及其所需要的外围电路组成数字钟,还可以利用单片机来实现数字钟等。本项目是使用中小规模集成电路制作数字钟。

【项目目标】

目标类型	目标
知识目标	1. 熟悉数字钟电路的组成与布局 2. 掌握基本逻辑门电路、数字集成电路功能等知识点 3. 掌握数字集成电路级联、分频等知识点 4. 掌握定时器、分频器、译码显示电路、校时电路、组合逻辑电路的原理 5. 掌握数字钟电路安装的步骤、需要的工具、材料、安装工艺及相关注意安全事项
能力目标	1. 熟悉电子元器件的类别、性能、用途 2. 会分析定时器、分频器、译码显示电路、校时电路、组合逻辑电路 3. 能识读数字钟电路图或根据需要数字功能电路图 4. 绘制数字钟电路的原理图和印制板布线图 5. 能对数字钟电路所需元器件进行合理选择 6. 能对数字电路进行安装与调试
素质目标	1. 养成安全用电、节约用电的习惯 2. 培养综合分析问题的工程素养 3. 培养团结协作意识

任务 8.1　时序逻辑电路的分析与设计

【任务引入】

在数字系统中,常常需要存储各种数字信息,也就是有记忆功能的电路,我们称为时序逻辑电路。这种电路的特点是门电路的输出状态不仅取决于当时的输入信号,还与电路原来的状态有关。

【知识链接】

触发器能够记忆、存储一位二进制数字信号,是构成时序逻辑电路的基本单元,具有"一触即发"的功能,在输入信号的作用下,它能够从一种稳态(0 或 1)转变到另一种稳态(1 或 0)。触发器的特点是有记忆功能的逻辑部件,输出状态不只与现时的输入状态有关,还与原来的输出状态有关。

常见的触发器按功能分,有 RS 触发器、D 触发器、JK 触发器及 T 触发器等;按触发方式划分,有电平触发方式、主从触发方式和边沿触发方式。

8.1.1 时钟 RS 触发器的分析

1. 基本 RS 触发器

基本 RS 触发器的逻辑图如图 8-1a 所示,是由两个与非门交叉连接而成的。图 8-1b 为它的逻辑符号。$\overline{S}_D$ 称为直接置位(或置 1)端,$\overline{R}_D$ 称为直接复位(或置 0)端,而图中输入端引线上靠近方框的小圆圈表示触发器的触发方式为电平触发,低电平 0(或负脉冲)有效。Q 和 $\overline{Q}$ 是基本 RS 触发器的两个互补输出端,它们的逻辑状态在正常条件下能保持相反。

时钟 RS 触发器

(1)电路特点

从基本 RS 触发器的逻辑图可得,基本 RS 触发器具有两个稳定状态:一个状态是 $Q=1$,$\overline{Q}=0$,称为触发器的 1 态(或置位状态);另一个状态是 $Q=0$,$\overline{Q}=1$,称为触发器的 0 态(或复位状态)。

(2)逻辑功能

由于有两个信号输入端,所以输入信号有四种不同的组合,下面分四种情况来分析基本 RS 触发器的逻辑功能。

① $\overline{S}_D=1$,$\overline{R}_D=1$,触发器的状态将保持不变。因此触发器具有两个稳定状态,因而能用于记忆和存储 0、1 两个信息(或数据)。

② $\overline{S}_D=1$,$\overline{R}_D=0$,触发器的状态将直接置 0(或复位),故 $\overline{R}_D$ 称直接复位(或置 0)端。

③ $\overline{S}_D=0$,$\overline{R}_D=1$,触发器的状态将直接置 1,故 $\overline{S}_D$ 称直接置位(或置 1)端。

④ $\overline{S}_D=0$,$\overline{R}_D=0$,$Q=\overline{Q}=1$,互相矛盾,而且当负脉冲同时由 0 变 1 后,触发器的状态将不能确定,所以这种情况在使用时应予禁止。通过其逻辑功能分析可以看出,基本 RS 触发器不但可直接置位($\overline{S}_D=1$、$\overline{R}_D=1$)和直接复位($\overline{S}_D=1$、$\overline{R}_D=0$);而且还具有存储和记忆 0、1 两个信息(或数据)的功能。基本 RS 触发器的真值(或功能)表见表 8-1。

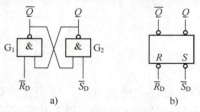

图 8-1 基本 RS 触发器的逻辑图和逻辑符号
a) 逻辑图 b) 逻辑符号

表 8-1 基本 RS 触发器的真值表

$\overline{S}_D$	$\overline{R}_D$	Q	$\overline{Q}$
0	0	不定	不定
0	1	1	0
1	0	0	1
1	1	不变	不变

2. 同步 RS 触发器

同步 RS 触发器的触发方式是逻辑电平直接触发,即由输入信号可以直接控制。在实际工作中,有时需要触发器按统一的节拍进行状态更新。同步触发器便是具有时钟脉冲 CP 控制的触发器。该触发器状态的改变与时钟脉冲同步。CP 是控制时序电路工作节奏的固定频率的脉冲信号。

图 8-2 所示为同步 RS 触发器的逻辑图和逻辑符号。

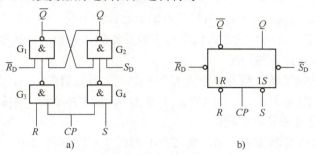

图 8-2　同步 RS 触发器的逻辑图和逻辑符号

a) 逻辑图　b) 逻辑符号

同步 RS 触发器的工作情况有以下两种：

1）在 $CP=0$ 期间，G_3 和 G_4 被封锁，触发器状态不变。

2）在 $CP=1$ 期间，G_1 和 G_2 门启动，R、S 信号通过。

8.1.2　时钟 JK 触发器的分析

1. JK 触发器电路特点

为了克服空翻现象，我们介绍另一种触发器，它不但可以计数，而且能克服空翻现象和其他许多优点，它就是主从型 JK 触发器。JK 触发器是在 RS 触发器基础上改进而来，在使用中没有约束条件。其逻辑图和逻辑符号如图 8-3 所示，其中，CP 为时钟信号输入端，CP 端的 ">" 符号表示触发器是边沿触发器，靠近方框处的 "∘" 表明该触发器是下降沿触发。J、K 为输入信号，Q、$\overline{Q}$ 为输出信号。

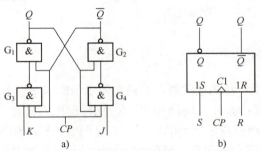

图 8-3　主从型 JK 触发器的逻辑图和逻辑符号

a) 逻辑图　b) 逻辑符号

JK 触发器的真值表见表 8-2，显然，JK 触发器在 CP 控制下，根据其输入信号的不同情况，具有置 1、置 0、保持和翻转四种功能，使用起来极为灵活。

2. JK 触发器逻辑功能

1）$J=K=0$，触发器也将保持原态不变。设触发器原态为 0，即 $Q=0$，$\overline{Q}=1$。当 $CP=1$ 时，此时主触发器的 $S=R=0$，所以主触发器的状态保持不变。当 CP 从 1 变为 0，即 $CP=0$ 时，由于主触发器 $Q=0$，$\overline{Q}=1$，即从触发器的 $S=0$，$R=1$，所以从触发器的状态也保持不变，即触发器保持原态。同理，若触发器原态为 1，触发器也将保持原态不变。

2) $J=K=1$,设触发器原态为 0,即 $Q=0$,$\bar{Q}=1$。当 $CP=1$ 时,此时主触发器的 $S=1$,$R=0$,所以主触发器的状态翻转为 1,从触发器的状态保持不变。当 CP 从 1 变为 0,即 $CP=0$ 时,主触发器保持不变,而从触发器的状态与主触发器的状态相同,也就是触发器的状态翻转为 1,因此,触发器具有计数的功能。

3) $J=1$,$K=0$,设触发器原态为 0。当 $CP=1$ 时,主触发器的 $S=1$,$R=0$,从触发器的状态保持不变,所以它的状态翻转为 1。当 CP 从 1 变为 0,即 $CP=0$ 时,主触发器保持不变,而从触发器的状态与主触发器的状态相同。

4) $J=0$,$K=1$,设触发器原态为 0。当 $CP=1$ 时,主触发器的 $S=0$,$R=0$,从触发器的状态保持不变,所以它的状态保持不变。当 CP 从 1 变为 0,即 $CP=0$ 时,主触发器保持不变,而从触发器的状态与主触发器的状态相同,也就是触发器的状态不变。

表 8-2 JK 触发器的真值表

J	K	Q^{n+1}	说明
0	0	Q^n	保持
0	1	0	置 0
1	0	1	置 1
1	1	$\bar{Q^n}$	翻转

从上述分析可知,主触发器本身是一个同步 RS 触发器,所以在 $CP=1$ 的全部时间里输入信号都将对主触发器起控制作用,但由于 Q、$\bar{Q}$ 端接回到了输入门上,所以,在 $CP=1$ 期间,主触发器只翻转一次,一旦翻转了就不会翻回来。这时,主从型触发器把输入信号暂存在主触发器之中,为从触发器的翻转或不变做准备;当 CP 下跳为 0 时,存储的信号起作用,使触发器翻转或不变。

 小提示:常用的 JK 触发器多为集成 JK 触发器,典型的集成芯片有 74LS112(CP 下降沿触发)和 CD4027(CP 上升沿触发)。

8.1.3 时钟 D 触发器的分析

D 触发器也是一种应用广泛的触发器。它是在同步 RS 触发器上稍加修改,将 R 输入端接至 G_1 门的输出端,并将 S 改为 D,如图 8-4 所示,这样便成为只有一个输入端的 D 触发器。

D 触发器不仅可以对触发器进行定时控制,而且在时钟脉冲作用期间($CP=1$),将输入信号 D 转换成一对互补信号送至输出端,使触发器输出信号只有两种组合,从而消除了状态不确定的现象,解决了对输入的约束问题,其真值表见表 8-3。

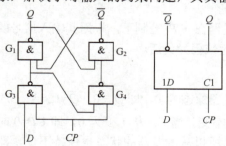

表 8-3 D 触发器的真值表

D	Q^{n+1}	说明
0	0	置 0
1	1	置 1

图 8-4 D 触发器电路图及逻辑符号

任务 8.2　振荡器的分析与设计

【任务引入】

振荡器是用来产生重复电子信号（通常是正弦波或方波）的电子元件，由其构成的电路叫振荡电路。它是能将直流电转换为具有一定频率交流电信号输出的电子电路或装置，广泛用于电子工业、医疗、科学研究等方面。

【知识链接】

555 定时器的电路是一种模拟电路和数字电路相结合的集成电路。只要外界少量的阻容元件，就可以组成施密特触发器、单稳态触发器等电路，可进行脉冲的整形、扩展、调制等，因而在信号的产生与变换、自动检测及控制、定时和报警以及家用电器、电子玩具等领域得到极为广泛的应用。

8.2.1　555 定时器组成的振荡器

1. 555 定时器的电路结构

555 定时器的电路原理图和引脚排列图如图 8-5 所示。由该电路原理图可以看出，555 定时器是由 3 个 5kΩ 电阻组成的电阻分压电路、2 个电压比较器 C_1 和 C_2、1 个基本 RS 触发器、放电晶体管 VT 和输出缓冲门 G_3 组成。编号 555 的来历是该集成电路的基准电压由 3 个 5kΩ 电阻分压产生。

555 定时器组成的振荡器

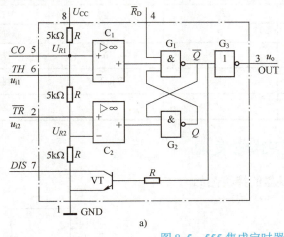
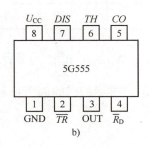

图 8-5　555 集成定时器
a) 电路原理图　b) 引脚排列图

（1）分压电路

分压电路是由 3 个 5kΩ 电阻串联而成的，将电源电压 U_{CC} 分为三等份，作用是为比较器提供两个参考电压 U_{R1}、U_{R2}，若电压控制端 CO 悬空或通过电容接地，则

$$U_{R1} = \frac{2U_{CC}}{3}, \quad U_{R2} = \frac{U_{CC}}{3}$$

若电压控制端外接固定电压 U_{CO}，则

$$U_{R1} = U_{CO}, \quad U_{R2} = \frac{U_{CO}}{2}$$

（2）比较器

比较器由两个结构相同的集成运放 C_1 和 C_2 构成的。C_1 用来比较参考电压 U_{R1} 和高电平触发端电压 u_{i1}：当 $u_{i1} > U_{R1}$ 时，集成运放 C_1 输出。

基本 RS 触发器的输入信号是比较器的输出 u_{C1} 和 u_{C2}，基本 RS 触发器的 Q 端为定时器的输出端，用 u_o 表示，u_o 的高电平为电源电压的 90%。放电晶体管 VT 的导通和截止由基本 RS 触发器的 $\bar{Q}$ 端控制，VT 的集电极用 DIS 表示，VT 的发射极接地。$\bar{R}_D$ 端是置 0 端，U_{CC} 为电源电压（5～18V）。TH（高触发端）是比较器 C_1 的输入端，输入电压 u_{i1}；$\overline{TR}$（低触发端）是比较器 C_2 的输入端，输入电压 u_{i2}。

2. 555 定时器的工作原理

（1）当 $\bar{R}_D = 0$ 时，基本 RS 触发器置 0，$Q = 0$，$\bar{Q} = 1$，$u_o = 0$，放电晶体管 VT 导通。

（2）当 $u_{i1} > U_{R1}$，$u_{i2} > U_{R2}$ 时，$u_{C1} = 0$，$u_{C2} = 1$，故基本 RS 触发器置 0，$Q = 0$，$\bar{Q} = 1$，$u_o = 0$，放电晶体管 VT 导通。

（3）当 $u_{i1} < U_{R1}$，$u_{i2} < U_{R2}$ 时，$u_{C1} = 1$，$u_{C2} = 0$，故基本 RS 触发器置 1，$Q = 1$，$\bar{Q} = 0$，$u_o = 1$，放电晶体管 VT 截止。

（4）当 $u_{i1} < U_{R1}$，$u_{i2} > U_{R2}$ 时，$u_{C1} = 1$，$u_{C2} = 1$，故基本 RS 触发器保持原状态不变，u_o 和放电晶体管 VT 的状态也保持不变。555 定时器的逻辑功能表见表 8-4。

表 8-4 555 定时器的逻辑功能表

输入			输出	
u_{i1}	u_{i2}	$\bar{R}_D$	Q	VT 的状态
×	×	0	0	导通状态
$> \frac{2}{3}U_{CC}$	$> \frac{1}{3}U_{CC}$	1	0	导通状态
$< \frac{2}{3}U_{CC}$	$> \frac{2}{3}U_{CC}$	1	保持不变	保持不变
$< \frac{2}{3}U_{CC}$	$< \frac{1}{3}U_{CC}$	1	1	保持不变

8.2.2 555 定时器构成的施密特触发器

用 555 定时器构成的施密特触发器的接线图如图 8-6 所示。

1. 电路结构

触发信号 u_i 加在输入端（TH 端和 $\overline{TR}$ 端连接在一起，作为信号输入端），u_o 为输出端，此时施密特触发器为一个反相输出的施密特触发器。电压控制端 CO 不需要外接控制电压，为了防止干扰，提高

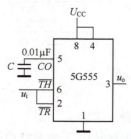

图 8-6 555 定时器构成施密特触发器的接线图

参考电压的稳定性，一般通过 $0.01\mu F$ 的电容接地，直接复位端 $\overline{R}_D$ 应为 1，可直接接电源 U_{CC}。

2. 工作原理

u_i 从 0 开始逐渐升高，当 $U_i < \frac{1}{3}U_{CC}$ 时，$Q=1$，$u_o=1$。当触发信号 u_i 升高到 $\frac{1}{3}U_{CC} < U_i < \frac{2}{3}U_{CC}$ 时，Q 的状态保持不变，即 $Q=1$，$u_o=1$。当触发信号 u_i 升高到 $U_i > \frac{2}{3}U_{CC}$ 时，Q 的状态翻转，即 $Q=0$，$u_o=0$。从上述分析可得电路的上阈值电压为 $U_{T+} = \frac{2}{3}U_{CC}$。现在 u_i 从高于 $\frac{2}{3}U_{CC}$ 处开始逐渐下降，当 $\frac{1}{3}U_{CC} < U_i < \frac{2}{3}U_{CC}$ 时，Q 的状态保持不变，即 $Q=0$，$u_o=0$。当触发信号 $U_i < \frac{1}{3}U_{CC}$ 时，Q 的状态翻转，即 $Q=1$，$u_o=1$。

从上述分析可得电路的下阈值电压为 $U_{T-} = \frac{1}{3}U_{CC}$。

从上述分析可知，施密特触发器是靠外加电压信号去控制电路状态的翻转。所以，在施密特触发器中，外加信号的高电平必须大于 $\frac{2U_{CC}}{3}$，低电平必须小于 $\frac{U_{CC}}{3}$，否则电路不能翻转。

3. 回差电压

所谓回差电压，就是上阈值电压 U_{T+} 与下阈值电压 U_{T-} 之差，又叫作滞后电压，用 ΔU_T 表示。从上述分析可得，施密特触发器电路的回差电压 ΔU_T 为

$$\Delta U_T = U_{T+} - U_{T-} = \frac{2}{3}U_{CC} - \frac{1}{3}U_{CC} = \frac{1}{3}U_{CC}$$

若施密特触发器的电压控制端 CO 接固定电压 U_{CO} 时，$U_{T+} = U_{CO}$，$U_{T-} = \frac{1}{2}U_{CO}$，此时施密特触发器电路的回差电压 ΔU_T 则为

$$\Delta U_T = U_{T+} - U_{T-} = U_{CO} - \frac{1}{2}U_{CO} = \frac{1}{2}U_{CO}$$

根据上述分析，我们可得施密特触发器的工作波形图和传输特性曲线如图 8-7 所示。

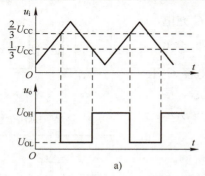 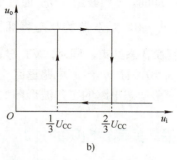

图 8-7 施密特触发器的工作波形图和传输特性曲线

8.2.3 555 定时器构成的单稳态触发器

单稳态触发器是只有一个稳定状态的触发器，在未加触发信号之前，触发器已处于稳定状态，加触发信号之后，触发器翻转，但新的状态只能暂时保持（称为暂稳状态），经过一定时间

后自动翻转到原来的稳定状态。

1. 电路结构

用 5G555 定时器集成定时器构成单稳态触发器电路，如图 8-8 所示，图中 R 和 C 是定时元件，触发信号 u_i 自 $\overline{TR}$ 端输入。

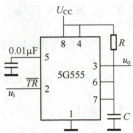

图 8-8 单稳态触发器电路

2. 工作原理

1）当触发信号 u_i 为 1 时，即 $U_i > \dfrac{1}{3}U_{CC}$，比较器 C_2 输出 $u_{C2}=1$。设原态 $Q=0$，则 VT 导通，电容 C 迅速放电，直到 $u_C \approx 0$，所以比较器 C_1 的输出 $u_{C1}=1$，触发器的状态保持不变，即 $Q=0$。设原态 $Q=1$，则 VT 截止，U_{CC} 通过 R 给 C 充电，当 $U_i > \dfrac{2}{3}U_{CC}$，$u_{C1}=0$，触发器的状态将翻转，即 $Q=0$，此时 VT 导通，电容 C 迅速放电，直到 $u_C \approx 0$，$u_{C1}=1$，且 $Q=0$。所以，当触发信号 u_i 尚未输入时，$Q=0$，u_o 和 u_C 也都为 0，即单稳态电路的稳定状态。

2）当触发信号 u_i 由 1 变为 0 瞬间，此时 $U_i < \dfrac{1}{3}U_{CC}$，$u_{C2}=0$；同时，由于电容 C 两端的电压不能突变，$u_C \approx 0$，则 $u_{C1}=1$，所以 Q 由 0 变为 1，u_o 也由 0 变为 1，即电路进入暂稳状态。

3）在 $Q=1$ 期间，VT 截止，U_{CC} 通过 R 给 C 充电，当 $U_i > \dfrac{2}{3}U_{CC}$，$u_{C1}=0$，触发器的状态将翻转，即 $Q=0$，$u_o=0$，电路的暂稳状态结束，同时，VT 导通，电容 C 迅速放电，直到 $u_C \approx 0$，且 $u_{C1}=1$，电路返回稳定状态。根据上述分析，可得单稳态电路的工作波形图如图 8-9 所示。

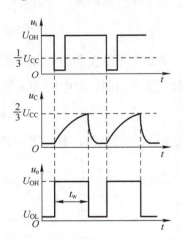

图 8-9 555 构成单稳态电路的工作波形图

8.2.4 晶体振荡器电路的分析与设计

晶体振荡器是构成数字钟的核心，它保证了时钟的走时准确及稳定。一般输出为方波的数字式晶体振荡器电路通常有两类，一类是用 TTL 门电路构成的；另一类是通过 CMOS 非门构成的，如图 8-10 所示，从图上可以看出其结构非常简单。该电路广泛使用于各种需要频率稳定及准确的数字电路，如数字钟、电子计算机、数字通信电路等。

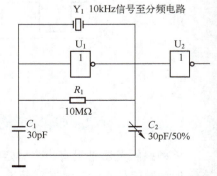

图 8-10 石英晶体振荡器原理图

在电路中，CMOS 非门 U_1 与晶体、电容和电阻构成晶体振荡器电路；U_2 实现整形缓冲功能，将振荡器输出的近似于正弦波的波形转换为较理想的方波；与石英晶体串联的微调电容 C_2 可以对振荡器频率做微量调节，从而在输出端得到较稳定的脉冲信号。电路中输出反馈电阻 R_1 为非门提供偏置，使电路工作于放大区域，即非门的功能近似于一个高增益的反相放大器。

电容 C_1、C_2 与晶体构成一个谐振电路，完成对振荡频率的控制功能，同时提供了一个 180° 相移，从而和非门构成一个正反馈网络，实现了振荡器的功能。由于晶体具有较高的频率稳定性及准确性，从而保证了输出频率的稳定和准确。

> **小提示**：元器件中晶体 XTAL 的频率为 32768Hz。由于石英晶体具有 $10^{-7} \sim 10^{-5}$ 的稳定度，使得数字钟准确度大为提高。从有关手册中，可查得 $C_1=30\text{pF}$，C_2 可取与 C_1 相同的电容值。当要求频率准确度和稳定度更高时，可将 C_2 改为微调电容或者加入校正电容并采取温度补偿措施。由于 CMOS 电路的输入阻抗极高，因此反馈电阻 R_1 可选为 $10\text{M}\Omega$。较高的反馈电阻有利于提高振荡频率的稳定性。

任务 8.3　分频器与计数器的分析与设计

【任务引入】

在数字钟电路中，由于石英晶体振荡器等产生的信号频率很高，如要产生标准秒脉冲信号，得到秒脉冲，需要分频电路。

【知识链接】

分频是把一个交流信号按照特定的比例降频，如二分频就是把频率降到原来的 1/2、三分频就是把频率降到原来的 1/3，计数则是在一段时间内对某个交流信号的脉冲数进行计数。对计数器的计数输出端进行"与"，可以实现各种比例的分频，因此计数器也是最常用的一种分频器。

8.3.1　分频器的分析与设计

分频器的功能是产生标准秒脉冲信号。目前多数石英数字钟的振荡频率为 $2^{15}\text{Hz}= 32768\text{Hz}$，用 15 位二进制计数器进行分频后可得到 1Hz 的秒脉冲信号，也可采用单片 CMOS 集成电路来实现。

555 定时器组成的秒脉冲发生器

二分频信号由计数器的最低位输出，其工作波形如图 8-11 所示。由计数器工作原理可知，每来一个计数脉冲该位加 1，即状态翻转。计数脉冲在上升沿有效，下降沿无效。由波形图 8-11 可见，从 CP 端输入 2 个时钟脉冲，则在 OUT_1 端只输出 1 个脉冲，实现了二分频，即 $f_{o1}=\frac{1}{2}f_i$。

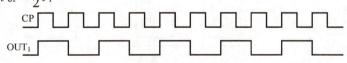

图 8-11　二分频器输入、输出波形

N 为 2～4 分频的电路，常用双 D 触发器或双 JK 触发器器件来构成，如图 8-12 所示。分

频比 $N>4$ 的电路，则常采用计数器来实现，一般无须再用单个触发器来组合。

图 8-12 用 D 触发器和 JK 触发器来组成分频电路，输出占空比均为 50%。用 JK 触发器构成分频电路容易实现并行式同步工作，因而适合于频率较高的应用场合。而触发器中的 R、$S(P)$ 等引脚如果不使用，则必须按其功能要求连接到非有效电平的电源或地线上。

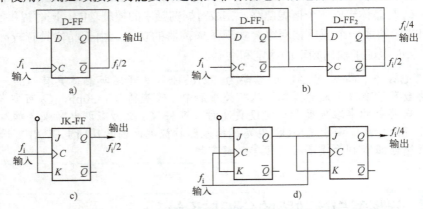

图 8-12　D 触发器和双 JK 触发器构成的分频器
a) 用 D 触发器构成的 2 分频器　b) 用双 D 触发器构成的 4 分频器
c) 用 JK 触发器构成的 2 分频器　d) 用双 JK 触发器构成的 4 分频器

图 8-13 是三分频电路，用 JK 触发器实现三分频很方便，不需要附加任何逻辑电路就能实现同步计数分频。但用 D 触发器实现三分频时，必须附加译码反馈电路。图 8-13b 所示的译码复位电路，强制计数状态返回到初始全零状态，就是用或非门电路把 $Q_2Q_1=$ "11B" 的状态译码产生高电平复位脉冲，强迫触发器 D-FF$_1$ 和触发器 D-FF$_2$ 同时瞬间（在下一时钟输入 f_i 的脉冲到来之前）复零，于是 $Q_2Q_1=$ "11B" 状态仅瞬间作为"毛刺"存在而不影响分频的周期，这种"毛刺"仅在 Q_1 中存在，实用中可能会造成错误，应当附加时钟同步电路或阻容低通滤波电路来滤除，或者仅使用 Q_2 作为输出。D 触发器的三分频，还可以用与门对 Q_2、Q_1 译码来实现复位清零。

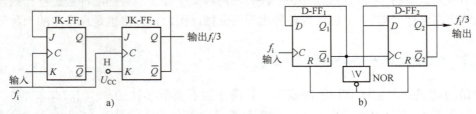

图 8-13　用 D 触发器和 JK 触发器构成的三分频器
a) 用 JK 触发器构成的三分频器　b) 用 D 触发器构成的三分频器

因此通过 15 级二分频电路，可以将由晶体振荡器产生的 32768Hz 的信号，分频输出 1Hz 的秒信号，如图 8-14 所示。

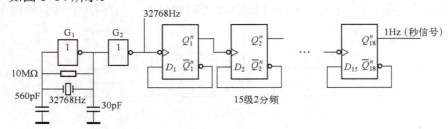

图 8-14　晶体振荡器秒信号产生电路

CD4060 由一振荡器和 14 级二进制串行计数器位组成，可以形成 14 级二分频电路，并且 CD4060 的时钟输入端有两个串接的非门，因此可以直接实现振荡和分频的功能。振荡器的结构可以是 CR 或晶振电路，CR 为高电平时，计数器清零且振荡器使用无效。所有的计数器位均为主从触发器。在 CP_1（和 CP_0）的下降沿计数器以二进制进行计数。CD4060 的引脚排列如图 8-15 所示，其逻辑功能见表 8-5。

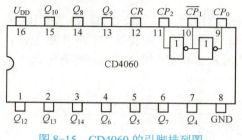

图 8-15　CD4060 的引脚排列图

表 8-5　CD4060 逻辑功能表

输入		功能
$\overline{CP_1}$	CR	
×	1	清除
↓	0	计数
↑	0	保持

CD4013 是一个双 D 触发器，由此可知用 CD4060 中的两个非门加外部元件可构成晶体振荡器，采用 32768Hz 晶体振荡器产生 32768Hz 信号可以从 G_2 输出，送出 32768Hz 信号经过 CD4060 内部 14 级分频后从 Q_{14} 送出 2Hz 信号，其 2Hz 信号再送给由 CD4013 双 D 触发器中的一个触发器组成 T' 触发器二分频，从而得到 1Hz 的秒信号。

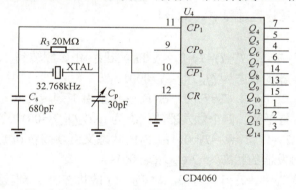

图 8-16　用 CD4060 实现的振荡和分频功能

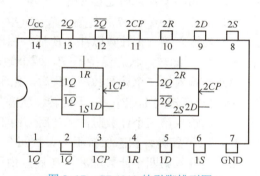

图 8-17　CD4013 的引脚排列图

8.3.2　计数器的分析与设计

计数器是用来累计和寄存输入脉冲个数的时序逻辑器件。它是数字系统中用途最广泛的基本器件之一，几乎在各种数字系统中都有计数器。它不仅可以计数，还可以对某个频率的时钟脉冲进行分频，以及构成实践分配器或时序发生器，从而实现对数字系统进行定时、程序控制的操作，此外还能用它来执行数字运算。

计数的种类很多，它可按下列方法来分类。根据计数器的工作方式来分类，可分为同步和异步两大类。同步计数器的所有触发器共用一个时钟脉冲，此时钟脉冲也是被计数的输入脉冲，它的各级触发器的状态更新是同时发生的。而异步计数器只有部分触发器的触发信号是计数脉冲，另一部分触发器的触发信号是其他触发器的输出信号，所以它的各级触发器的状态更新不是同时发生的。

根据计数器的进位制数来分类，可分为二进制、非二进制等。根据计数器的逻辑功能来分类，可分为加法计数器，减法计数器和可逆计数器等。加法计数器的状态变化与数的依次累加相对应，减法计数器的状态变化与数的依次递减相对应，可逆计数器不但能实现加法计数，而且能实现减法计数，它是由控制信号实现相应状态的累加或递减。

1. 二进制计数器

同步计数器各触发器是同时翻转的，根据同步计数器和二进制的特点，由 JK 触发器组成的四位同步二进制加法计数器的逻辑图如图 8-18 所示。各个触发器均接成 T 触发器，第 n 位触发器输入端 $T_n=Q_{n-1}Q_{n-2}\cdots Q_1Q_0$，各个触发器的触发脉冲 CP 输入端均连接在一起，总的输出脉冲（进位信号）$CO=Q_3Q_2Q_1Q_0$。

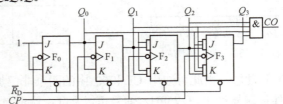

图 8-18　四位同步二进制加法计数器的逻辑图

其工作原理如下。

1）令 $\bar{R}_\text{D}=0$，此时 $Q_3Q_2Q_1Q_0=0000$，加法计数过程中，$\bar{R}_\text{D}=1$。

2）$T_0=1$，$T_1=Q_0$，$T_2=Q_1Q_0$，$T_3=Q_2Q_1Q_0$。

3）当输入第一个计数脉冲 CP 后，由于 $T_0=1$，$T_1=T_2=T_3=0$，故 F_0 的状态由 0 翻转到 1，F_1、F_2、F_3 不翻转，状态保持不变。四个触发器的状态为 $Q_3Q_2Q_1Q_0=0001$。

4）当输入第二个计数脉冲 CP 后，由于 $T_0=T_1=1$，$T_2=T_3=0$，故 F_0 的状态由 1 翻转到 0。F_1 的状态由 0 翻转到 1，F_2、F_3 不翻转，状态保持不变。四个触发器的状态为 $Q_3Q_2Q_1Q_0=0010$。

5）当输入第三个计数脉冲 CP 后，由于 $T_0=1$，$T_1=T_2=T_3=0$，故 F_0 的状态又由 0 翻转到 1，F_1、F_2、F_3 不翻转，状态保持不变。故四个触发器的状态为 $Q_3Q_2Q_1Q_0=0011$。

6）当输入第四个计数脉冲 CP 后，由于 $T_0=T_1=T_2=1$，$T_3=0$，故 F_0、F_1 的状态由 1 翻转到 0，F_2 的状态由 0 翻转到 1，F_3 不翻转，状态保持不变。故四个触发器的状态为 $Q_3Q_2Q_1Q_0=0100$。

7）当连续输入计数脉冲 CP 时，根据上述规律，只有第 n 位触发器前面的各个触发器的状态均为 1 时，第 n 位触发器的状态才会翻转，否则，第 n 位触发器的状态将保持不变。由以上分析可得由 JK 触发器组成的四位同步二进制加法计数器的时序图与四位异步二进制加法计数器的时序图相同。

通过对二进制计数器的分析可知，二进制计数器有如下特点：

1）计数器不管由什么触发器组成，每位触发器本身均接成 T 触发器形式。每输入 1 个计数脉冲，各触发器的状态均按递增（或递减）的顺序翻转或保持不变。

2）一个触发器有两个状态，N 个触发器组成 N 位模为 2^N 的二进制计数器，共有 2^N 个状态。

3）由二进制计数器的时序图可知，第 N 个触发器输出脉冲频率是计数输入脉冲频率的 2^N 分之一，即为 2^N 分频器。所以，二进制计数器又可作为分频器用。

2. 同步十进制加法计数器

二进制计数器结构简单，但在有些场合采用十进制计算器较为方便。十进制计数器是在二进制计数器的基础上，用四位二进制数来代表十进制的每一位数得到的，所以也称为二-十进制计数器。

与二进制数加法计数器比较，十进制加法计数器的第十个脉冲不是由"1001"变为"1010"，而是恢复"0000"，即要求第二位触发器 F_1 不得翻转，保持"0态"，第四位触发器 F_3 应翻转为"0"。

若用 JK 触发器组成同步二进制加法计数器，根据二-十进制计数器 8421BCD 编码方式的特点，由 JK 触发器组成的同步十进制加法计数器的逻辑图如图 8-19 所示。各个触发器均接成 T 触发器，各个触发器的输入 $T_0=1$、$T_1=\overline{Q_3}Q_0$、$T_2=Q_1Q_0$、$T_3=Q_2Q_1Q_0+Q_3Q_0$，各个触发器的触发脉冲 CP 输入端均连接在一起，总的输出脉冲（进位信号）$CO=Q_3Q_0$。其工作原理如下。

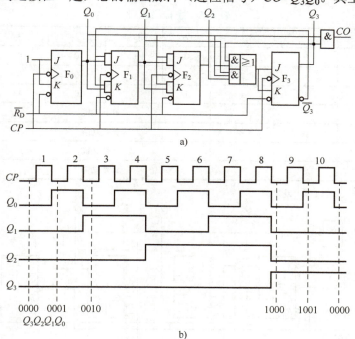

图 8-19 由 JK 触发器组成的同步十进制加法计数器逻辑图和时序图
a) 逻辑图 b) 时序图

1) 令 $\overline{R}_D=0$，此时 $Q_3Q_2Q_1Q_0=0000$，加法计数过程中，$\overline{R}_D=1$。

2) 当输入第一个计数脉冲 CP 后，由于 $T_0=1$，$T_1=T_2=T_3=0$，四个触发器的状态为 $Q_3Q_2Q_1Q_0=0001$。

3) 当输入第二个计数脉冲 CP 后，由于 $T_0=T_1=1$，$T_2=T_3=0$，四个触发器的状态为 $Q_3Q_2Q_1Q_0=0010$。

4) 当输入第三个计数脉冲 CP 后，由于 $T_0=1$，$T_1=T_2=T_3=0$，四个触发器的状态为 $Q_3Q_2Q_1Q_0=0011$。

5) 当连续输入计数脉冲 CP 后，根据上述规律，各触发器的状态与同步二进制加法计数器一样，直到第九个计数脉冲到来后，四个触发器的状态为 $Q_3Q_2Q_1Q_0=1001$。

6）当第十个计数脉冲到来后，由于 $T_0=T_3=1$，$T_1=T_2=0$，四个触发器的状态为 $Q_3Q_2Q_1Q_0$=0000。由以上分析可得由 **JK** 触发器组成的同步十进制加法计数器的逻辑图和时序图如图 8-19 所示。

 小提示：把多个一位十进制加法计数器互相连接，就可构成多位十进制加法计数器。此时个位计数器输出的进位信号就是十位计数器的输入信号，十位计数器输出的进位信号就是百位计数器的输入信号，其余类推。至于同步十进制减法计数器的分析方法与同步十进制加法计数器和同步二进制减法计数器的分析方法相似。

3. 集成计数器简介及其应用

目前我国已系列化生产多种集成计数器，即将整个计数电路全部集成在一个单片上，因而使用起来极为方便，下面以 CT74LS290 计数器为例，说明其引脚功能及使用方法。

CT74LS290 是集成异步二-五-十进制计数器，它的逻辑功能表见表 8-6。图 8-20 所示为 CT74LS290 的逻辑图、逻辑符号图和引脚排列图。

表 8-6 逻辑功能表

$R_{0(1)}$	$R_{0(2)}$	$S_{9(1)}$	$S_{9(2)}$	Q_3	Q_2	Q_1	Q_0	说明
1	1	0	×	0	0	0	0	异步清零
1	1	×	0	0	0	0	0	异步清零
×	×	1	1	1	0	0	1	异步置9
×	0	×	0	计数功能				计数
0	×	0	×	计数功能				
0	×	×	0	计数功能				
×	0	0	×	计数功能				

注："×"表示任意数，即 1 或 0 均可。

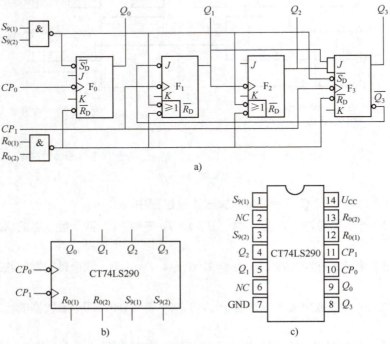

图 8-20 CT74LS290 的逻辑图、逻辑符号图、引脚排列图
a) 逻辑图　b) 逻辑符号图　c) 引脚排列图

图 8-20 中各接线端的功能说明如下：
1) $R_{0(1)}$ 和 $R_{0(2)}$ 是清零输入端，当两者都为 1 时，将四个触发器清零。
2) $S_{9(1)}$ 和 $S_{9(2)}$ 是置"9"输入端，当两者都为 1 时，$Q_3Q_2Q_1Q_0=1001$。
3) 计数脉冲由 CP_0 输入，Q_0 输出，F_1、F_2、F_3 不起作用，为二进制计数器。
4) 计数脉冲由 CP_1 输入，Q_3、Q_2、Q_1 输出，F_0 不起作用，为五进制计数器。
5) 若将 Q_0 端与 CP_1 端连接，计数脉冲由 CP_0 输入，为 8421BCD 码十进制计数器。

任务 8.4　译码显示器的分析与设计

【任务引入】

按照人们习惯，数字钟最终以时钟的制式来显示时间，这时需要将计数器输出的数码转换为数码显示器件所需要的输出逻辑和一定的电流，这就需要用到译码显示器。

【知识链接】

译码是编码的逆过程，即将每一组输入二进制代码"翻译"成一个特定的输出信号。实现译码功能的数字电路称为译码器。译码器输入为二进制代码，输出为与输入对应的特定信息，它可以是脉冲，也可以是电平。

8.4.1　编码器的分析与设计

用二进制代码表示某一信息称为编码，实现编码功能的电路称为编码器，编码器是一个多输入、多输出的组合逻辑电路，其每一个输入端线代表一种信息（如数、字符等），而全部输出线表示与该信息相对应的二进制代码。编码器分为二进制编码器、二-十进制编码器等。

（1）二进制编码器

将输入信息编成二进制代码的电路称为二进制编码器。由于 n 位二进制代码有 2^n 个取值组合，可以表示 2^n 种信息。所以，输出 n 位代码的二进制编码器，一般有 2^n 个输入信号端。

图 8-21 是三位二进制编码器的原理框图。三位二进制编码器的输入是 $I_0 \sim I_7$ 共 8 个高电平信号，输出是三位二进制代码 $Y_2Y_1Y_0$，因此又称为 8 线—3 线编码器。对于某一给定的时刻，编码器只允许输入一个编码信号，否则输出将发生逻辑混乱。高电平有效的 8 线—3 线编码器的编码表见表 8-7。

由编码表得到输出表达式为

$$Y_2 = I_4 + I_5 + I_6 + I_7$$
$$Y_1 = I_2 + I_3 + I_6 + I_7$$
$$Y_0 = I_1 + I_3 + I_5 + I_7$$

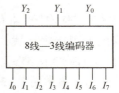

图 8-21　三位二进制编码器的原理框图

表 8-7　8 线—3 线编码器编码表

输入	Y_2	Y_1	Y_0
I_0	0	0	0
I_1	0	0	1
I_2	0	1	0
I_3	0	1	1
I_4	1	0	0
I_5	1	0	1
I_6	1	1	0
I_7	1	1	1

（2）二-十进制编码器

所谓二-十进制编码器，就是用 4 位二进制代码对 0~9 一位十进制数码进行编码的电路。这 4 位二进制代码又称为二-十进制代码，简称 8421BCD 码，编码器的编码见表 8-8。

表 8-8　8421BCD 码编码表

输入		输出			
十进制数	输入变量	Y_3	Y_2	Y_1	Y_0
0	I_0	0	0	0	0
1	I_1	0	0	0	1
2	I_2	0	0	1	0
3	I_3	0	0	1	1
4	I_4	0	1	0	0
5	I_5	0	1	0	1
6	I_6	0	1	1	0
7	I_7	0	1	1	1
8	I_8	1	0	0	0
9	I_9	1	0	0	1

由编码表可写出输出端 Y_3、Y_2、Y_1、Y_0 表达式为

$$Y_3=I_8+I_9=\overline{\overline{I_8 I_9}}$$

$$Y_2=I_4+I_5+I_6+I_7=\overline{\overline{I_4}\,\overline{I_5}\,\overline{I_6}\,\overline{I_7}}$$

$$Y_1=I_2+I_3+I_6+I_7=\overline{\overline{I_2}\,\overline{I_3}\,\overline{I_6}\,\overline{I_7}}$$

$$Y_0=I_1+I_3+I_5+I_7+I_9=\overline{\overline{I_1}\,\overline{I_3}\,\overline{I_5}\,\overline{I_7}\,\overline{I_9}}$$

根据以上逻辑表达式，可画出由与非门组成的 8421BCD 码编码器的逻辑图，如图 8-22 所示。最常用的二-十进制编码电路是具有高位优先编码功能的 8421BCD 编码器 CT74LS147，它是一个中规模集成组件，其引脚排列与使用可通过有关手册查出。

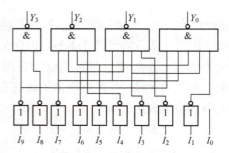

图 8-22　由与非门组成的 8421BCD 码编码器的逻辑图

8.4.2 译码显示电路的分析与设计

译码是编码的逆过程，把表示特定信号或对象的代码"翻译"出来的过程称译码，实现译码功能的组合逻辑电路称为译码器。它能将输入的二进制代码的含义"翻译"成对应的输出信号，用来驱动显示电路或控制其他器件工作，实现代码所规定的操作。常用的译码器有二进制译码器、二-十进制译码器和显示译码器等。

译码与显示电路

1. 二进制译码器

将二进制代码"翻译"成对应的输出信号的电路称为二进制译码器，如图 8-23 所示。它的输入是一组二进制代码，输出是一组高低电平值。若输入是 n 位二进制代码，译码器必然有 2^n 个输出端。所以二位二进制译码器有 2 个输入端，4 个输出端，故又称 2 线-4 线译码器。三位二进制译码器有 3 个输入端，8 个输出端，又称 3 线-8 线译码器。

图 8-23　二进制译码器示意图

2. 二-十进制译码器

将二进制代码译成 0～9 十个十进制数信号的电路，叫作二-十进制译码器。常用的有共阳极译码器 74LS247，共阴极译码器 74LS248，其中 74LS247 是集电极开路输出结构，输出必须接电阻；而 74LS248 内部有上拉电阻，输出不用电阻。

74LS247 是用于驱动共阳极数码显示器的译码器，是双列直插 16 引脚集成芯片，如图 8-24 所示。其输出端（a～g）为低电平有效，可直接驱动共阳极数码管。灯测试输入端 $\overline{LT}$ 为低电平有效，这样可使被驱动数码管的七段同时点亮，以检查数码管各段是否能正常发光，平时应置 $\overline{LT}$ 为高电平。当要求输入十进制数时，灭灯输入 $\overline{BI}$ 应为高电平或开路，对于输出为零时，还要求灭零输入 $\overline{RBI}$ 为高电平或开路。当 $\overline{BI}$ 为低电平，不管其他输入端状态如何，a～g 均为截止态。当 $\overline{RBI}$ 和地址端（A～D）均为低电平，并且灯测试 $\overline{LT}$ 为高电平时，a～g 均为截止态，灭零输出 $\overline{RBO}$ 为低电平。当 $\overline{BI}$ 为高电平或开路时，$\overline{LT}$ 的低电平可使 a～g 为低电平。

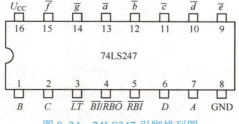

图 8-24　74LS247 引脚排列图

根据以上要求，在应用中只要将 $\overline{LT}$、$\overline{BI}/\overline{RBO}$ 和 $\overline{RBI}$ 这三个控制端均接 U_{CC}，译码电路就可正常工作，表 8-9 为 74LS247BCD 七段显示译码器功能表。

表 8-9 74LS247BCD 七段显示译码器功能表

十进制功能	输入端							输出端							字形
	$\overline{LT}$	$\overline{RBI}$	$\overline{BI}/\overline{RBO}$	D	C	B	A	a	b	c	d	e	f	g	
灭灯	×	×	0	×	×	×	×	1	1	1	1	1	1	1	全灭
试灯	0	×	1	×	×	×	×	0	0	0	0	0	0	0	8
0	1	1	1	0	0	0	0	0	0	0	0	0	0	1	0
1	1	×	1	0	0	0	1	1	0	0	1	1	1	1	1
2	1	×	1	0	0	1	0	0	0	1	0	0	1	0	2
3	1	×	1	0	0	1	1	0	0	0	0	1	1	0	3
4	1	×	1	0	1	0	0	1	0	0	1	1	0	0	4
5	1	×	1	0	1	0	1	0	1	0	0	1	0	0	5
6	1	×	1	0	1	1	0	1	1	0	0	0	0	0	6
7	1	×	1	0	1	1	1	0	0	0	1	1	1	1	7
8	1	×	1	1	0	0	0	0	0	0	0	0	0	0	8
9	1	×	1	1	0	0	1	0	0	0	1	0	0	0	9

一片 74LS247 驱动一只数码显示器如图 8-25 所示。72LS247 是集电极开路输出,为了限制数码显示器的导通电流,在 74LS247 的输出与数码显示器的输入端之间均应串有限流电阻。74LS247 输出限流电阻的选取原则是:5V 电源电压减去发光二极管的工作电压 1.8V,再除以数码显示器正常工作时的电流得数即为限流电阻的数值。正常工作时每段电流约为 8mA,所以数码显示器显示译码器配套使用时,在两者之就串入 400Ω 左右的限流电阻对数码显示器进行保护。

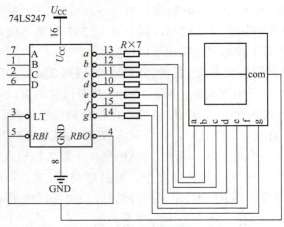

图 8-25 用 74LS247 构成数码显示电路

3. 显示译码器

目前广泛应用于微型电子计算器、数字钟及数字万用表等仪器设备上的显示器常采用分段式数码管显示器,它是由多条发光的线段按一定的方式组合构成的。图 8-26 所示的七段数码管显示器中,光段的排列形状为"日"字形,通常用 a、b、c、d、e、f、g 七个小写字母表示,DP 是小数点发光段。一定的发光线段组合,便能显示相应的十进制数字,例如当 a、b、c、d、g 线段亮而其他段不亮时,可显示数字"3"。分段显示器有荧光数码管显示器、半导体数码管显示器及液晶显示器等,虽然它们结构原理各异,但译码显示电路的原理是相同的。以半导体数码管显示器为例。

半导体数码管显示器是将发光二极管(发光段)布置成"日"字形状制成的。按照高低电平的不同驱动方式,半导体数码管显示器有共阴极接法(所有二极管阴极接地)和共阳极接法(所有二极管阳极并接到电源),分别如图 8-27a 和图 8-27b 所示。译码器输出高电平驱动显示器时,需选用共阴极接法的半导体数码管显示器;译码器输出低电平驱动显示器时,需选用共阳极接法。当两种接法中的某些二极管导通而发光时,则发光各段组成不同的数字及小数点,如图 8-26 所示。用七段数码管显示器显示,需要 BCD 七段显示译码器与之配合。

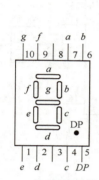

图 8-26 七段数码管显示器

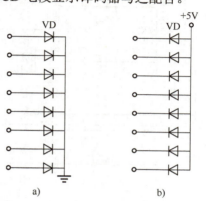

图 8-27 半导体数码管显示器共阴极接法和共阳极接法

a) 共阴极接法 b) 共阳极接法

任务 8.5 数字钟制作与调试

【任务引入】

完成一个数字钟的制作,此数字钟能进行正常的时、分、秒计时功能。要求使用 6 个七段发光二极管数码管显示器显示时间,其中时位以 24h 为计数周期,同时时钟能分别对时位、分位进行校正。

【知识链接】

数字钟电路的组成包括两个六十进制计数电路,一个二十四进制计数电路,数字译码器显示驱动电路,校时校分电路,555 构成的多谐振荡器电路等。其整体框图如图 8-28 所示。

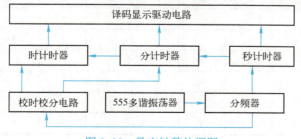

图 8-28 数字钟整体框图

8.5.1 工作任务分析

1. 秒脉冲电路

秒脉冲由 555 构成的多谐振荡器电路产生 0.1s 信号后，经 74LS160 进行十进制计算，得 1Hz 标准秒脉冲，供时钟计数器用，如图 8-29 所示。

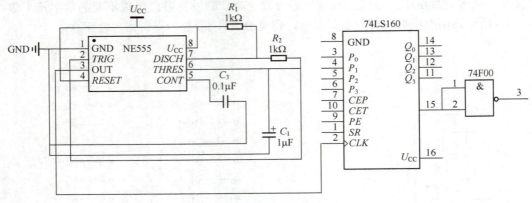

图 8-29　秒脉冲电路

2. 秒、分、时计数器

计数器秒、分、时的计数均使用中规模集成电路 74LS160 实现，74LS160 引脚图如图 8-30 所示。其中，秒、分为六十进制，时为二十四进制。秒、分两组计数器完全相同，如图 8-31 所示。一片 74LS160 设计十进制加法计数器，另一片设置六进制加法计数器。当计数到 59 时，再来一个脉冲变成 00，然后再重新开始计数。时计数器为二十四进制，当开始计数时，个位按十进制计数，当计到 23 时，这时再来一个脉冲，计数器置"0"，如图 8-32 所示。

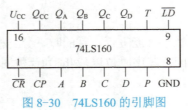

图 8-30　74LS160 的引脚图

表 8-10　74LS160 的功能表

输入									输出			
CP	$\overline{CR}$	$\overline{LD}$	P	T	A	B	C	D	Q_A	Q_B	Q_C	Q_D
×	0	×	×	×	×	×	×	×	0	0	0	0
↑	1	0	×	×	a	b	c	d	a	b	c	d
↑	1	1	1	1	×	×	×	×	计数			
↓	×	×	×	×	×	×	×	×	保持			
↑	1	1	1	0	×	×	×	×	保持			
↑	1	1	×	0	×	×	×	×	保持			

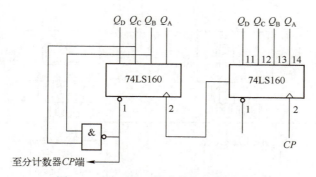

图 8-31　74LS160 构成的六十进制计数

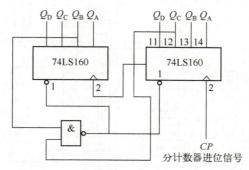

图 8-32　74LS160 构成的二十四进制计数器

3．译码、显示

译码、显示采用共阳极数码管显示器 SM4105 和译码器 74LS247 构成。74LS247 驱动器是与 8421BCD 编码计数器配合用的七段译码驱动器。74LS247 构成的六十进制计数译码驱动显示电路如图 8-33 所示。74LS247 构成的二十四进制计数译码驱动显示电路如图 8-34 所示。

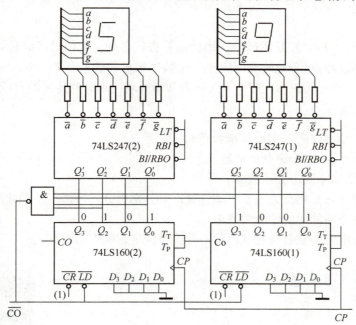

图 8-33　74LS247 构成的六十进制计数译码驱动显示电路

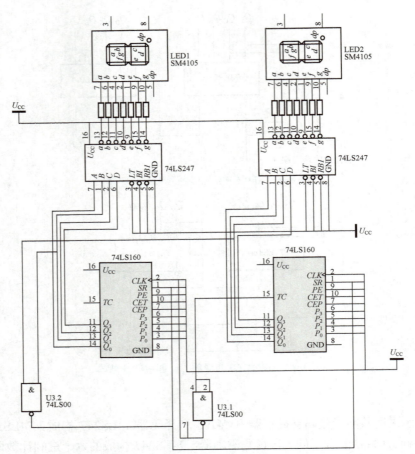

图 8-34　74LS247 构成的二十四进制计数译码驱动显示电路

4. 校正电路

校正电路有分校正和时校正两部分,用秒信号去代替分计数信号和时计数信号,使分或时计数快速进行,因此校时校分电路实际上是一个数字信号的转换开关。S_1、S_2 分别为时和分调节开关,可进行时、分时间调节,每个开关闭合和断开对应调时和走时两种状态。

5. 特性指标与具体要求

1) 由晶振和分频电路产生 1Hz 标准秒信号。
2) 秒、分为 00~59 六十进制计数器。
3) 时为 00~23 二十四进制计数器。
4) 可手动校时:只要将开关置于手动位置,可分别对分、时进行手动脉冲输入的校正。
5) 列出数字钟电路的元器件明细清单。
6) 写出数字钟电路的安装与调试说明,并按步骤进行制作与调试。

8.5.2　工作任务实施

1. 任务分组

学生进行分组,选出组长,做好工作任务分工(见表 8-11)。

数字钟的制作与调试

表 8-11 学生任务分配表

班级		组号		指导教师	
组长		学号			
组员					
任务分工					

2. 工作计划

（1）制定工作方案（见表 8-12）

表 8-12 工作方案

步骤	工作内容	负责人

（2）列出仪表、工具、耗材和器材清单

1）电路焊接工具：电烙铁、烙铁架、焊锡丝、松香。

2）机加工工具：剪刀、剥线钳、尖嘴钳、平口钳、螺钉旋具、镊子。

3）测试仪器仪表：万用表、双踪示波器、稳压电源、低频信号发生器、频率计、数字 IC 测试仪，电路主要元器件清单见表 8-13。

表 8-13 电路主要元器件清单

序号	名称	型号与规格	数量	备注
1	集成芯片	74LS160	7	
2	集成芯片	74LS00	7	
3	集成芯片	74LS247	7	
4	电阻	470Ω	若干	
5	集成芯片	NE555	1	
6	开关		2	

3. 工作决策

1）各组分别陈述设计方案，然后教师对重点内容详细讲解，帮助学生确定方案的可行性。

2）各组对其他组的方案提出自己不同的看法。

3）教师对问题与疑点积极引导，适时点拨，对学习困难学生积极鼓励，并适度助学。

4）教师结合学生完成的情况进行点评，选出最佳方案。

4. 工作实施

在此过程中，指导教师要进行巡视指导，引导学生解决问题，掌握学生的学习动态，了解课堂的教学效果。

(1) 元器件识别与检测

1) 使用万用表检测电阻、电容电位器好坏。

2) 数字集成电路的检测。将万用表拨在 R×1k 档或 R×100、R×10 档，先让红表笔接集成电路的接地脚，且在整个测量过程中不变。然后利用黑表笔从其第 1 只引脚开始，按着 1，2，3，4，…的顺序，依次测出相对应的电阻值。

3) 数码管显示器的检测。将 3V 干电池与 100Ω 电阻串接后，正极引出线固定接触在数码管显示器的公共阳极端，电池负极引出线依次移动接触笔画的负极端。这一根引出线接触到某一笔画的负极端时，该笔画就应显示出来。通过这种方法就可检查出数码管显示器是否有断笔（某笔画不能显示），连笔（某些笔画连在一起），并且可相对比较出不同笔画发光的强弱性能。

(2) 元器件安装

1) 集成电路芯片插装：认清方向，认准第一引脚，不要倒插，所有 IC 的插入方向一般应保持一致，引脚不能弯曲折断。

2) 元器件的插装：去除元器件引脚上的氧化层，根据电路图确定元器件的位置，并按信号的流向依次将元器件顺序连接。

3) 导线的选用与连接：导线直径应与过孔或者插孔相当，过大过细均不好；为检查电路方便，要根据不同用途，选择不同颜色的导线，一般习惯是正电源用红导线，负电源用蓝导线，地线用黑导线，信号线用其他颜色的导线；连接用的导线要求紧贴板上，焊接或接触良好，连接线不允许跨越 IC 或其他元器件，尽量做到横平竖直，便于查线和更换元器件，但高频电路部分的连线应尽量短；电路之间要有公共地。

4) 在电路的输入、输出端和其测试端应预留测试空间和接线柱，以方便测量和调试。

5) 布局合理和组装正确的电路，不仅使电路整齐美观，而且能提高电路工作的可靠性，便于检查和排除故障。

最终制作好的数字钟如图 8-35 所示。

图 8-35 数字钟的实物图

(3) 电路调试

1) 通电前的直观检查。对照电路图和实际线路检查连线是否正确，包括错接、少接、多接等；用万用表电阻档检查焊接和接插是否良好；元器件引脚之间有无短路，连接处有无接触不良，二极管、集成电路和电解电容的极性是否正确；电源供电包括极性、信号源连接线是否正确；电源端对地是否存在短路。若电路经过上述检查确认无误后，可转入静态检测与调试。

2) 静态检测与调试。断开信号源，把经过准确测量的电源接入电路，用万用表电压档检测电源电压，观察有无异常现象；如冒烟、异常气味、手摸元器件发烫、电源短路等。如发现异常情况，应立即切断电源，排除故障；如无异常情况，再分别测量各关键点直流电压，数字钟电路各输入端和输出端的高、低电平值和逻辑关系等，如不符，则调整电路元器件参数、更换元器件等。若电路经过上述调试确认无误后，就转入动态检测与调试。

3）动态检测与调试。在数字钟电路的输入端加上信号发生器，再通过输入标准的脉冲信号来依次检测各关键点的波形、参数和性能指标是否满足要求，如果不满足，要对电路参数做进一步的调整。发现问题，要设法找出原因，排除故障，继续进行调试。

（4）调试注意事项

1）正确使用测量仪器的接地端，仪器的接地端与电路的接地端要可靠连接。
2）在信号较弱的输入端，尽可能使用屏蔽线连接，屏蔽线的外屏蔽层要接到公共地线上。
3）测量电压所用仪器的输入阻抗必须远大于被测处的等效阻抗。
4）测量仪器的带宽必须大于被测量电路的带宽。
5）正确选择测量点和测量方式。
6）认真观察、记录测试过程，包括条件、现象、数据、波形、相位等。
7）出现故障时要认真查找原因。常见故障原因及检查方法见表8-14。

表8-14 常见故障原因与检查方法

故障现象	故障原因	检查方法
数码管显示器不亮	电源未接通	数码管显示器公共端未接地
		电源回路未接通或接触不良
	译码、驱动集成电路熄灭"使能端"有效	检查74LS247是否错误接地
数码管显示器显示数字乱跳	计数板与译码板之间的数据线未接或接触不良	检查数据线
	总电源电压低于3V	检查电路板是否有短路现象，供电设备电压档位错误或故障
秒显示位不亮	相连的电阻未接通	检查电阻是否损坏或连接线未接通
	相连的电阻连接错误	电阻错误接入电源正极或负极
秒显示位常亮	相连的电阻开路	检查电阻的阻值
通电后，数字显示始终没有变化	集成电路插反	检查74LS247的连线是否接好或其集成电路插反
集成电路发热	集成电路插反	观察集成电路引脚的位置是否正确
整机工作正常，但整机电流大于100mA	电容漏电	更换电容

5. 评价反馈

各组展示作品，介绍任务完成过程，教师和各组学生分别对方案进行评价打分，组长对本组组员进行打分（见表8-15～表8-17）。

表8-15 学生自评表

序号	任务	自评情况
1	任务是否按计划时间完成（10分）	
2	理论知识掌握情况（15分）	
3	电路设计、焊接、调试情况（20分）	
4	任务完成情况（15分）	
5	任务创新情况（20分）	
6	职业素养情况（10分）	
7	收获（10分）	
自评总分：		

表 8-16　小组互评表

序号	评价项目	小组互评
1	任务元器件、资料准备情况（10 分）	
2	完成速度和质量情况（15 分）	
3	电路设计、焊接质量、功能实现等（25 分）	
4	语言表达能力（15 分）	
5	团队合作情况（15 分）	
6	电工工具使用情况（20 分）	
互评总分：		

表 8-17　教师评价表

序号	评价项目	教师评价
1	学习准备（5 分）	
2	引导问题（5 分）	
3	规范操作（15 分）	
4	完成质量（15 分）	
5	完成速度（10 分）	
6	6S 管理（15 分）	
7	参与讨论主动性（15 分）	
8	沟通协作（10 分）	
9	展示汇报（10 分）	
教师评价总分：		
项目最终得分：		

注：每项评分满分为 100 分；项目最终得分=学生自评 25%+小组互评 35%+教师评价 40%。

拓展阅读

钱学森（1911—2009），浙江杭州人。1935 年 9 月赴美国留学，获麻省理工学院硕士学位、加州理工学院博士学位。新中国成立后，他毅然回国，为"两弹一星"的发展做出了极大贡献，是我国航天事业奠基人、国家杰出贡献科学家。

钱学森早年在应用力学、航空工程、喷气推进和航天技术、工程控制论等工程科学领域做出了诸多创新性的贡献，后又致力于系统工程、系统科学、思维科学的研究和推广。钱学森对教育事业怀有深厚的感情，他在集一生学术大成的基础上，对教育和人才培养模式的深刻思考，是留给中国教育界宝贵的精神财富。

钱学森在美国取得博士学位以后，被导师卡门留下当助手。当时卡门正在研究解决飞机的全金属薄壳结构在外压下垮瘪失效的临界压力值问题。于是，卡门让钱学森研究这个问题。钱学森前后写了五份演算文稿。他反复推敲，每次都是推倒重来，直到第五次，才感到满意。文稿总共 800 多页，但是发表的文章却只有 10 页。当他把第五次的文稿装入文档袋后，在封面上写上"Final"，但是他又很快意识到不妥，又在旁边添加了"Nothing is final !!!"其中富含哲理，说明真理的相对性，追求真理是永无止境的。

思考与练习

一、填空题

1. 由于555定时器的电路中有3个5kΩ电阻组成的_____，故该电路被称为555电路。
2. 振荡电路是由_____、_____、_____等元器件构成的。
3. CD4013是一个_____触发器。
4. 秒计数器电路由_____和_____组成。
5. 按发光二极管单元连接方式可分为_____和_____。
6. 译码是指将每一组输入_____代码翻译成为一个特定的输出信号。
7. 数码管显示器是一种半导体发光器件，其基本单元是_____。

二、判断题

1. 555定时器输出的功率可直接驱动微电机。（   ）
2. 用555实现多谐振荡，需要外接电阻和电容，并外接24V的直流电源。（   ）
3. 反馈电阻的作用是为反相器提供偏置，使其工作在放大状态。（   ）
4. 二分频信号由计数器的最高位输出。（   ）
5. 74LS247为集电极开路输出结构，输出需要接电阻。（   ）

三、分析题

设图8-36所示各触发器初识状态为0，试画出在 *CP* 作用下触发器的输出波形。

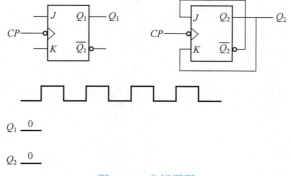

图8-36　分析题图

参 考 文 献

[1] 黄文娟，陈亮. 电工电子技术项目教程[M]. 北京：机械工业出版社，2013.
[2] 刘庆刚，晏建新. 电工电子产品制作与调试[M]. 北京：北京师范大学出版社，2018.
[3] 刘陆平，肖祖铭，孔云龙. 电工与电子技术[M]. 北京：北京师范大学出版社，2015.
[4] 吴峰，巩建辉. 电工电子技术[M]. 长春：吉林大学出版社，2017.
[5] 张娟，侯立芬，耿升荣. 电子技术应用项目式教程[M]. 北京：机械工业出版社，2020.
[6] 胡宴如，耿苏燕. 模拟电子技术基础[M]. 北京：高等教育出版社，2019.
[7] 李秀玲. 电子技术基础项目教程[M]. 北京：机械工业出版社，2013.
[8] 袁洪岭，印成清，张源淳. 电工电子技术基础[M]. 2版. 武汉：华中科技大学出版社，2017.
[9] 王宝根. 电工电子技术与技能[M]. 上海：复旦大学出版社，2010.
[10] 谢兰清. 电工应用技术项目教程[M]. 2版. 北京：电子工业出版社，2013.
[11] 纪静波. 低频电子线路[M]. 北京：机械工业出版社，2009.